縮訳版 戦争論

Vom Kriege

カール・フォン・クラウゼヴィッツ 著
加藤秀治郎 訳

日本経済新聞出版

一、註をつけると煩雑になり、それが通読の邪魔となることがあるので、つけないこととし、必要な補足は〔 〕のなかに入れて、本文中に繰り込んだ。これは長い説明の要る歴史的な説明の部分などを省略する方が、『戦争論』全体の骨格を押さえるのに便利だと思うからである。

一、「解説書」ではなく、「抄訳」を出版したのは、省略された部分が多いにせよ、クラウゼヴィッツの思想に直接触れてみる機会を提供したかったからである。たとえ短くとも、すべての章から一部を収めたことで、全体の感じがつかめるようになっているかと思う。逆に、重要な節は全訳に近いものとし、エッセンスを把握できるように配慮した。

一、どの部分を訳出するかは、今日のクラウゼヴィッツ研究で指摘されている点を考慮し、また、現代の日本の読者を想定して重要と考えられる部分を多くした。執筆から二百年ちかくになる古典なので、内容的に古くなった部分は省き、また、戦争と同盟についての注意点など、日本の読者へのアピールと思われる部分は多く残した。

一、抜粋にあたっては、篇や章を単位に取捨選択する方法もあり、レクラム版や徳間書店版はそのような方針で編集されている。本書ではそうせず、右に述べた観点から、独自に選んだ。どの部分を訳して収めるかについては、既存の翻訳や解説書などを参考にして、判断し作業を進めた。本書の作成にあたり、既存の訳書がなければ、はるかに大変な作業だったと思わざるをえない。また、どの章からも、必ず一部は訳出する方法をとり、『戦争論』がどこで何を論じた書物なのか、読者が多少なりとも感触を得られるようにした。分量は両書よりも少ないが、効率的に全体を把握できる内容になったのではないかとも考えている。

一、訳文は既存の翻訳を参考にしながら、ドイツ語の原典にあたって加藤が作成した。読みやすくするため、一つの文章を二つに分けたり、段落を増やしたりした。ただ、文章を勝手に変えることはしていないので、その点はくれぐれもご了解いただきたい。省略した個所は、すべて……で示したのは、そのためである。

一、長い文章の間に入っている見出しは、読者の理解の助けとなるもので、重要だと考える。もともと原書にあるものに加え、訳者が大幅に増やしてつけたのはそのためである。章タイトル以外に何もないと、何が論じられている個所なのか分からず、読者の注意の焦点が散漫になりがちだからである。

一、翻訳にあたっては三種類の全訳と、二種類の抄訳などを随時、参照した。また、定評のある英訳（Howard & Paret 訳）も参考にした。他に解説書で長い訳文を入れている文献も参照した。主要なものは次の通りである。ここに記して謝意を表したい。

〔全訳〕

・清水多吉訳『戦争論』（全訳、上下巻、中公文庫、二〇〇一年）
・篠田英雄訳『戦争論』（全訳、上中下巻、岩波文庫、一九六八年）
・馬込健之助訳『戦争論』（全訳、上下巻、岩波文庫、一九三三年）

〔抄訳〕

・日本クラウゼヴィッツ学会訳『戦争論：レクラム版』（抄訳、芙蓉書房出版、二〇〇一年）
・淡徳三郎訳『戦争論』（抄訳、徳間書店、一九六五年）訳者は右の馬込健之助氏と同一人物

で、右の全訳を抜粋・改訂して収めたもの。

〔その他〕

・大橋武夫『クラウゼヴィッツ「戦争論」解説』（日本工業新聞社、一九八二年）。解説とあるが、抄訳に準ずるものである。重要な部分を抄訳で収め、解説を加えている。

・ギーツィーほか『クラウゼヴィッツの戦略思考』（ダイヤモンド社、二〇〇二年）。原文から多くの文章を収め、解説を加えたもの。

・Howard & Paret (eds.), *On War*, Princeton, 1976. 定評を得ている英訳書。

・柘植久慶『詳解　戦争論』（中公文庫、二〇〇五年）、ベアトリス・ホイザー『クラウゼヴィッツの「正しい読み方」』（芙蓉書房出版、二〇一七年）いずれも詳しい解説書である。

数年にわたる作業だったので、方法など、必ずしも一貫していない点がある。収める個所をほぼ決めて、既存の訳を参照しながら拙訳を入力し、検討していくことを原則としたが、ここは収めようということで、とりあえず既存の訳文を入力してから、翻訳作業を行った個所もある。いずれにせよ、必ずドイツ語原文にあたり、手を入れている。ただ、個所によっては既存の訳文に似た文章が残っていることと思う。それは、このような作業の方法のためである。

以上の方針で編集したが、訳者の判断で〔　〕に入れた見出しや補足などは、誤解の原因ともなりかねないのは、その通りである。その点は批判をいただきながら改めていきたいので、ご指摘いただければ幸いである。

ともあれ、訳者（加藤）による新訳である。本書の全体を通読いただければ、既存の訳文だけを参照し、編集してまとめた書物でないことは、ご理解いただけることと思う。

それでも、本書の編集方針を邪道ではないかと考える方もあろうが、そういう方には全訳版にあたられたい、と言うだけである。

改めて先行訳書の訳者や、解説書の執筆者（訳者）らにお礼を申し上げるとともに、関係の方々にご理解をお願いする次第である。

不十分な点や誤訳なども、多々、残っていることと思う。読者の皆様の指摘を参考にしながら、今後、ベターなものにしていきたいと思っているので、編集部にぜひ感想をお寄せいただきたい。訳者はこれまでいくつかの訳書を手掛けてきたが、改訂の機会があれば必ず改めてきたので、この訳書についても遠慮なく指摘いただくよう、お願いしておきたい。

末尾ながら、お世話になった多くの方に感謝したい。特に、日経ＢＰ日本経済新聞出版本部にご紹介の労をとっていただいた杉之尾宜生・元防衛大学校教授と、解説を執筆いただいた防衛研究所の社会・経済研究室長の塚本勝也氏に謝意を表したい。塚本氏には翻訳に目を通していただき、貴重なコメントをいただいたことも有難かった。また、編集に当たられた堀口祐介氏にも、心からお礼を申し上げたい。

二〇二〇年九月

訳者　加藤　秀治郎

【凡例】

一、本書は、Carl von Clausewitz, *Vom Kriege*（1832〜34）第1版の抄訳である。訳出する個所は、訳者（加藤）が独自に選んだ。

一、原文は段落がかなり少ないので、読みやすさを考慮し、訳者が適宜、改行を施した。

一、文中に少し（　）があるが、すべて著者のもので、そのまま訳した。

一、訳者注は煩雑になるので、つけないこととした。補足は〔　〕のなかに入れ、本文に繰り込んだ。

一、訳文中にある……は、章（節）を単位とした場合の、前略、中略、後略を示す。

一、本文中に見出しが入っているが、もともと原書にあるものの他、訳者が付したものがある。訳者によるものについては〔　〕で括った。

一、原文にはイタリック体の個所があり、重要な個所の強調かとも思われるが、そうとは思えない個所もあって、あまり一貫性がなく、その点の判断をしかねたので、訳文に傍点をふるなどのことはしていない。

一、訳文中の〈　〉は、意味を取りやすくするために、訳者が入れたものである。《摩擦》のような《　》は、著者の独自の概念に注意を促すため、訳者が入れたものである。

【訳語説明】

※少し説明の必要な訳語について、ここでまとめて説明し、他は巻末の「訳語対照表」に譲った。

1、殲滅《せんめつ》戦争で有名なVernichtungは、「皆殺し」を連想させ、記述している内容より強烈すぎるので「撃滅」とした。無力化するのでよいことが、何度も説かれている。

2、戦いの上位・下位関係については、①「戦争」（Krieg）、②「戦役」（Feldzug）、③「会戦」（Schlacht）、④「戦闘」（Gefecht）、⑤「交戦」（Kampf）と訳した。相当する英語は①war, warfare、②campaign、③battle、④combat、⑤engagementである。他に、「戦い」一般をいう表現としてGefecht、Kampfが使われている場合も見られるが、そのような場合は「戦い」ないし「戦闘」とした。

3、専門家は今もFeldherrを将帥というが、一般にはあまり使われなくなっており、「高級司令官」とした。将軍も避けた。高級司令官よりやや広く使われている指導層については「指揮官」とした（ドイツ語はBefehlshaber, Handelnderなどいろいろである）。指揮官は地位の面で下層も含む総称である。高級司令官はその上層部で、最高位の個人と分かる場合「最高司令官」とした。

4、「攻撃」（Angriff）と対になるVerteidigungは、防衛とせず、「防御」とした。またOffensiveとDeffensiveもあり、「攻勢」「防勢」とした。後二者は戦略レベルに使うとの用法もあるが、日本語でも多様で、本訳書ではドイツ語表現の通り、上記の語に置き換えた。ドイツ語表現が同一で判別がつかない場合、「防御戦争」など直訳に近い方にした。

5、戦争と指導の合成語であるKriegsführungは、直訳では「戦争指導」となるが、ドイツ語と直訳の現代日本語ではニュアンスのズレが大きいように思われるので、「用兵」とした。『軍事の事典』(片岡徹也編、東京堂出版) ほかも、同じ指摘をしており、戦争指導は避けた (英語訳は conduct of war)。

6、積極/消極の意味とは別に、positiv には哲学・科学の実証主義に関係する意味もある。その場合、「積極的」とせず、「実証的」に近い訳語を選んだ。

7、Politik は、ドイツ語では政治・政策・方針にまたがる意味なので、場合に応じて訳し分けた。戦争の定義に、「ポリティークの延長」と「ポリティークを交えて」という表現があるが、「政治の延長」「〔外交〕政策を交えて」とした。

8、「覚え書」に戦争の doppelte Art という表現がある。決定的に重要な個所であり、「二種類」と訳される場合が多いが、「二重の性質」とした。Art には性質と種類の両方の意味があるが、二種類の場合、文法的に複数形でなければならない。ハワードらの英訳も本文は two types of war だが、解説では dual nature of war だ (矢吹啓氏から有益な示唆を得た)。

編者〔マリー夫人〕序

女性の私がこのような内容の書物に、あえて序を寄せるのを、意外なことと思われる方が当然おられるかと思う。友人にはことさら説明の要はないが、存じ上げない方のため、簡単に説明し、不遜の誹《そし》りを免れたいと思う。

本書は……夫〔カール・フォン・クラウゼヴィッツ〕が生涯の最後の十二年間、精魂を傾けて執筆したものである。……本書を完成させるのは夫の最大の願いだったが、刊行は没後にするとの意志を固めていた。……

夫は最初、自分の見解を、〔警句のように〕それぞれ別にあまり関連しない短い文章に書き記した〔が、その後、気持ちが変わった〕。……夫が残した記録に、次のようなものがある。日付のないものだが、早い時期のものと思われる〔後の研究では一八一八年頃と推測されている〕。

※　※　※

「ここに書き留めた論稿は、いわゆる戦略について、私が本質をなすと考えている主要事項を述べたものである。この論稿はまだ素材の域を出ないものだが、ある程度、全体的にまとめ上げられたと思っている。

ここにまとめた草稿は素材であり、事前に計画を練って書き上げたものではない。当初の私の意図は、体系や厳密な関連性を考慮せずに、戦略の最も重要な事項について、私が重要と考えたことを、短く、的確、簡明に書き留めておくことであった。その際、モンテスキューの用いたような叙述の仕方が漠然と念頭にあった。最初、〈茎や葉が生えてくる植物の〉《種》のようなものを考えていたのだ。そのような短くかつ箴言《しんげん》に富む文章は、述べられている事柄以上に、そこから思考がさらに発展することで、才気に満ちた人々を惹《ひ》きつけると思ったのだ。私が念頭に置いていたのは、才気に満ち、軍事的な事柄に精通した読者であった。

しかし結局、ここでも問題を展開して、体系化しようという私の気質に駆り立てられることとなった。しばらくの間は個々のテーマについて、明確で深い理解を得るため、論稿を書き、そこから最も重要な結論だけを取り出して、エッセンスを簡潔にまとめようとしていた。しかし、やがて私の性格そのものが出てしまい、書き得た論稿をさらに発展させていくこととなった。そして、軍事的な事柄に精通していない読者をも、考慮に入れることになった。

執筆を続けるにつれ、また考察に没入するほど、体系化を考えるようになり、次々と新しい章が付け加えられた。

結局、最終的な意図は、とにかく初期の論文に根拠を多く加えたり、最近の論文の諸分析を一つの結論に集約したりして、すべてをもう一度再検討し、全体を小さな八折判《オクタボ》の書物にまとめることとした。しかし、その場合も、自明なこと、言い古されたこと、通俗的なことなど、一般的なことはすべて省く、ということにした。私の自尊心は、二、三年で忘れられるような著書を書くのを許さないからであり、〈戦争という〉この問題に関心のある者なら、誰でも一度ならず手にするような書物を著すことにあるからである」

……夫はこの著作を没後に出版させるとの遺志をさらに固くしていた。そのことから見ても、この著作が永久の生命を得ることだけを念願し、夫には、当面の称賛や、名声を得ようという空虚な野心も、利己的な利害関心もなかったことを、ご理解いただけることと思う。……

※　※　※

……〔一八三一年に〕戦役から戻ると、再び著作を進め、その冬の間に完成できるかもしれない、と望んでいたが、神はそれを許さなかった〔夫はコレラを患い、帰らぬ人となったのである〕。……

このたび、何巻にも分冊され、刊行するのが、その遺稿である〔全一〇巻の初めの三巻が『戦争論』〕。すべて原文のまま、一字一句の加除修正もしないよう努めた。だが、いざ刊行となると手直ししなければならない点が少なからず出てきて、そうはできなかった〔ことをお断りしておかなければならない〕。……

また、〔遺稿の整理を手伝ってくれた〕私の弟〔フリードリヒ・フォン・ビューロー〕について触れることを、お許しいただきたい。……弟は〔その編集作業のなかで〕、書き換えに備えて夫が書いていた文章を見つけてくれた。一八二七年に書かれたもののなかにあり、この序文のすぐ後に掲げる《覚え書》がそれである。〔そこで夫は〕意図している作業に言及している。……

一八三二年六月三〇日

マリー・フォン・クラウゼヴィッツ

著者〔クラウゼヴィッツ〕の序

〔理論と現実〕

……本書の学問的な性質は、戦争という現象の本質の究明を試み、諸現象とそれを構成する諸要素の性質との関係を示そうとした点にある。どの点でも論理的な一貫性を追求したが、その思考の糸があまりにもか細い糸となった場合、その糸を断ち切り、再びこれに相当する経験的な現象に関連させる、という方法を選ぶこととした。……理論は常にその土壌たる経験の近くに置かれねばならないからである。……

〔従来の戦争理論〕

戦争について、精神と実態を十分に兼ね備えた体系的な理論を書くのは、おそらく不可能ではあるまい。しかし、これまでの戦争の諸理論は、それとはほど遠いものであった。非学問的な思考様式はともかく、従来のそれは、相互関係と体系の完全性を求めることに汲々《きゅうきゅう》とするあまり、日常茶飯事や、決まり文句や、無駄口にあふれていた。……

〔理論の内的な統合〕

本書で著者は、このような決まり文句で聡明な読者が戦争理論を遠ざけたり、わずかながら良いものがある原材料を薄めて、内容を乏しいものにしたりすることのないようにした。戦争についての長年にわたる考察、経験豊かで有能な軍人との交流、筆者自身の戦争での多くの体験から得た着想をもとに、そこから導かれるものを純粋な素材とすることにしたのである。

本書の各章は、外見上、相互にあまりよく連結していないように見えるかもしれないが、内的な相互関係に欠けているということはないと思う。おそらく、〔今後〕より優秀な理論家が現れ、個々の原石の塊《かたまり》のような本書のレベルにとどまらない書物を著し、不純物の混じらない、統一のとれた全体像をもたらしてくれることであろう。

覚え書

〔覚え書　その一――クラウゼヴィッツ、一八二七年七月一〇日執筆〕

清書されている六つの篇〔第1～第6篇〕の草稿を読み、もう一度全面的に書き直す必要があると思った。形式上もあまり整合性がとれておらず、単に寄せ集めにすぎないものにとどまっている。書き直しの作業では、〈戦争の二重の性質《ドッペルテ・アルト》〉について、どの個所でももっと明確になるようにしたい。そうすれば、戦争についての考えが、より分かりやすくなり、全体的傾向がより明確に特徴づけられ、正確に記述に適用できるようになるだろう。

この〈戦争の二重の性質〉とは、次のことである。まず一方は、敵を政治的に撃滅することであれ、抵抗力を奪ってこちらの思う講和を強制するものであれ、敵を倒すことを目的とする場合に、戦争が帯びる性質である。もう一方は、敵国の国境付近で敵国土のいくばくかを手に入れることなどを目的とする場合に、戦争が帯びる性質である。その地を永久に領有するか、講和の際の有利な取引材料とするかは、問わない。

もちろん〔戦争が〕、一方の性質のものから他方の性質のものに変化することもありうる。だが、二つの性質を異にする戦争では、企図がまったく別であることは、いかなる場合にも把握されていなければならない。また、二つの相容れない性質については、明確に認識されねばならない。戦争に事実、存在する性質の違いに加え、もう一つ、同様に不可欠な観点があり、それを完全に明確にしておかなければならない。それは、戦争は異なる手段でもって行われる国家の政策の延長に他ならない、ということである。このことを常にしっかり見据えておけば、戦争というテーマの検討にあたって統一性が得られることになり、複雑な問題もすべて容易に解決されるであろう。

この観点は、主に第8篇で大きな意味を有することとなろうが、第1篇でも十分に展開されなければならない。またそれは、第1篇から第6篇までの書き直しにおいても役立つであろう。書き直しでは、第1～第6篇で多くの不要な部分が削られ、欠落している事項が補われるであろう。また多くの一般論がより精確な議論となり、構成もよくなるであろう。

第7篇は「攻撃」だが、既に各章の簡単な草稿ができている。第7篇は、第6篇「防御」と表裏をなす篇と見なされてよいが、冒頭で述べた明確な観点にそって書きさえすれば、ゼロから始める必要はなく、第1～第6篇に手を加える際のモデルとなろう。

第8篇「作戦計画」では、戦争全体の計画を、全般的に考察する。既にいくつかの章の草稿があるが、どう見ても最終稿にはなってはいない。何が重要かを自ら正しく認識するため、全体の概略を記したものにすぎない。その限りのものでしかないが、それはできているので、第7篇が仕上がったら、すぐ第8篇に取り掛かり、仕上げたい。そこでは、冒頭で述べた二つの観点を適用し、すべてを簡潔にし、本質を突くように述べたい。

この第8篇では、戦略家や政治家の脳に刻み込まれた皺《しわ》ともいうべき固定観念を崩す作業をしたい、と願っている。また、この篇では少なくとも、何が重要であり、戦争においては何が考察されねばならないかを、示したいと思う。

私が〔本書の完成より〕早く亡くなり、作業が中断されるようなことがあれば、もちろん手許にある原稿は、未完のままの断片的思索の集積と言われても仕方のないものとなる。それは誤解にさらされ続け、つまらない批判を多く受けることとなろう。人は戦争のような問題については、思いついたことをそのまま書き、発表してよいと考えているからだ。自分の考えは〈2×2＝4〉というのが疑いないのと同じようなものだ、という調子である。そういう人も私のように、このテーマについて長年、考え抜き、戦史とつきあわせる労苦を厭《いと》わないのなら、当然、批判には慎重になるはずだ。

このような不完全なものながら、偏見をもたず、真理と確信とを渇望している読者なら、第1篇から第6篇に、戦争に関する多年の思索と熱烈な研究の成果を読み取り、戦争論についての従来の考えを根底から変えてしまう、いくつかの主題を見出していただけるであろう。

ベルリン　一八二七年七月一〇日

〔覚え書　その二〕

〔編者・マリー夫人の注釈〕

遺稿から、右の覚え書の他に、次の未完の覚え書が見出された。かなり新しく書かれたもののように思われる〔一八三〇年のものと推測されている〕。

大きな戦争での指揮・指導に関するこの書物の原稿は、私の死後、見出されるだろうが、現段階の原稿は、大きな戦争の理論を構築するため、素材を集めたものにすぎない。その大半は私の意を満たしていないし、第6篇は単に試論にすぎない。できるなら原稿を全面的に書き換え、別の方途を求めたいと考えているほどである。

にもかかわらず私は、これら素材を貫く主要な原則だけは、実際の戦争の観点からして、正しい戦争観であると見なしている。この主要な原則は、実際の経験に照らし合わせ、また、卓越した軍人との交流で学んだことを想起しつつ、多面的な考察によって得た成果である。

第7篇では攻撃について論じようとしたが、内容は皮相的なものにとどまっている。第8篇では戦争計画を取り上げており、そこで私は戦争の政治的な面と人的な面を特に考察しようとした。

〔現時点で〕私が本書で納得しているのは、第1篇第1章だけである。少なくともこの章は、私が主張したいと思っている方向を本書の全体にわたり示すのに役立つであろう。

大きな戦争指揮の理論、いわゆる戦略には、極めて難しい点があり、個々の事柄について明確に理解している人、必然的次元まで関連づけ、見解を有している人は、ごく少数しかいないと言えよう。戦争では指揮官の大半が直観だけで動く。才能の有無で多少違うが、うまくいったり、いかなかったりしているだけだ。

偉大な高級司令官は皆、直観のままに行動してきており、それでいつもうまくいったということは、ある程度、生まれながらの偉大さ・才能がそこに示されたということである。行動については、今後も同じであろうし、その直観で十分なのである。

しかし、自分で行動するというのではなく、会議などの場で他の人を説得するとなると、明快な概念が大事になるし、それらの相互関連を示す能力が求められるようになる。そして、この分野では認識が深まっていないので、議論は本質から外れた言葉のやり取りとなり、自説に固執するか、足して二で割るような無価値な妥協案に至るだけだ。

このようなわけで、戦争に関する事柄について、明確な見解をもつのは、役に立つことである。さらには、人間の精神はとにかく、明晰《めいせき》なことを好み、すべてを必然的な関係でとらえようという欲求を有しているのだ。

哲学的に戦争術を樹立するのは極めて困難であり、それに取り組んだ試みも、多くが失敗してきたことから、大半の人がこう言うようになった。〈そんな理論は不可能だ。不変の法則ではとらえられないことを扱っているからだ〉と。筆者も、以下のような命題の多くが容易に検証されないなら、その意見に賛成し、その試みを断念してもいい。だが、そういうことはないのである。

例えば、次のような命題がそうである。
●目的は消極的だが、防御は、相対的に強力である。攻撃は、目的は積極的だが、相対的に脆《ぜい》弱《じゃく》である。
●大きな成功を収めると、その後は小さな成功をつかみやすくなる。
●したがって、戦略上の成果は、いくつかの重点〔での成功〕に原因を求めることができる。
●陽動作戦は、基本的な攻撃より弱い力で行うものであり、その特別の条件を満たし、理に適《かな》ったものとなっていなければならない。
●勝利は、単なる会戦の戦場の占領にあるのではなく、敵の物理的・精神的な戦闘力の打撃にある。これは多くの場合、会戦での勝利の後に追撃して初めて達せられる。
●戦争での成果は、戦闘で勝ち取ったときに最大となる。それゆえ、ある戦線、ある方面から、他の戦線・方面への転換は、やむをえない場合の策と見なすしかない。
●迂《う》回《かい》戦術は、全般に味方が優越している場合、特に味方の交通線・退却線が、敵のそれにまさっている場合にのみ成り立つ。
●側面陣地もまた同様に、敵との関係で条件が限られている。
●攻撃はすべて、前進する過程で弱まっていく。

目次

編者〔マリー夫人〕序 001
著者〔クラウゼヴィッツ〕の序 004
覚え書 005

第1篇 戦争の本質について

戦争の本質について 037
第1章 戦争とは何か 038
1・序 038
2・定義 038
3・実力の最大限の行使 039
〔戦争の現実〕039／〔敵対感情と敵対的意図〕041／〔戦争での第一の相互作用〕042
4・敵の無力化が目標である 042
5・実力の無制限の行使 044
6・現実のなかでの〔エスカレーションの〕緩和 044

7・戦争は決して孤立した行為ではない 046
8・戦争は、継続することなく、単発の決戦で終わるものではない 046
9・戦争もその結果も決して絶対的なものではない 048
10・現実での蓋然性が、理論上の極限性・絶対性に取って代わる 048
11・かくて再び政治目的が重要になる 049
〔政治目的と軍事力行使〕049／〔撃滅戦争と睨み合いだけの戦争〕050
12・軍事行動の停止は、これまでの記述ではまだ説明されていない 050
13・軍事行動を停止させうる原因はただ一つで、常に一方にのみ存するかのように見える 051
14・このため軍事行動は連続性を得て、再び相互の行動が促される、と思われるかもしれない 052
15・そこで両極性の原理が必要となる 052
16・攻撃と防御は異種のものであり、また強弱を異にするので、両極性は適用できない 053
17・攻撃よりも防御が優位を占め、これがしばしば両極性の効果を消滅させる。それにより軍事行動の休止の理由が明らかになる 054
18・〔軍事行動停止の〕第二の理由は、不完全な状況認識にある 055
19・軍事行動の頻繁な休止で、戦争は絶対的形態から遠のき、蓋然性の計算が重きをなす 056

20・そこに偶然性が加味されるだけで、戦争は賭けとなる。戦争には賭けの要素がついて回る 056
21・客観的性質だけでなく、主観的性質からも、戦争は賭けとなる 057
22・このことは一般に人間性に最も適合している 057
23・しかし、戦争は死活的な目的への厳粛な手段だ――戦争のより詳細な規定 058
〔戦争と政治についての誤解〕058／〔現実世界の戦争〕059
24・戦争とは他の手段をもってする政治の継続に他ならない 060
25・戦争の多様性 061
26・どの戦争も政治行動と見なしうる 061
27・以上の議論から、戦史を理解し、戦争理論を基礎づける観点が得られる 062
28・戦争理論にとっての帰結 063

第2章 戦争における目的と手段 064

〔戦争の政治的目的〕064／〔敵の抵抗力〕065／〔敵の戦闘力撃滅の順序の如何〕066／〔純粋な概念の戦争と現実の戦争〕067／〔講和への動機〕068／〔政治的意図の変化〕069／〔敵の戦争の見通しに影響を及ぼす〕070／〔国際的な政治関係〕071／〔敵の国力の消耗〕071／〔戦争における手段〕073／〔戦争の手段は戦闘〕074／〔戦闘力の作用〕075／〔戦いの不可欠性〕076／〔敵戦闘力の撃滅〕077／〔味方の戦闘力保持〕078

第3章 軍事的天才 081
〔軍事的天才〕081／〔国民性と名将〕082／〔勇気〕083／〔知力の指導〕084／
〔偶然性〕085／〔眼力〕086／〔知性と勇気〕087／〔困難な状況での決断〕087／
〔頑強な頭脳〕088／〔冷静沈着〕089／〔知性と気質〕089／
〔指揮官の意志力〕090／〔名声と栄誉〕090／〔感情と知性の均衡〕091／
〔下級指揮官と勇気〕093／〔指揮官の強い気質〕093／〔頑固〕095／
〔地形感覚〕096／〔下級指揮官についての俗見〕097／
〔各レベルでの「天才」〕097／〔司令官と政治〕098／
〔高級司令官と総合的判断力〕099／〔軍事的天才の知力〕099
第4章 戦争における危険について 100
第5章 戦争における肉体的労苦について 101
第6章 戦争における情報 102
〔戦場の情報〕102／〔将校と情報〕103
第7章 戦争における摩擦 105
〔戦争での摩擦〕105／〔現実の戦争と机上の戦争〕106／〔戦争での摩擦〕106／
〔摩擦と司令官〕107
第8章 第1篇の結論 108

〔戦争での習熟〕108

第2篇
戦争の理論について 111

第1章 戦争術の区分 112
〔狭義の戦争術と広義の戦争術〕112／〔戦略と戦術〕113／〔戦略と戦術の関係〕114

第2章 戦争の理論について 115
〔1〕・当初、戦争術は単に戦闘力の準備という意味で理解されていた 115
〔2〕・攻城術で初めて、戦争それ自体が問題となった 116
〔3〕・その次に、ある程度、戦術が論じられるようになった 116
〔4〕・本来の用兵は、たまたま論じられたり、人知れず存在したりしているだけだった 117
〔5〕・諸々の戦争の実情が考察されるうちに、理論の必要性が生じてきた 117
〔6〕・確たる理論を確立しようという努力 117
〔7〕・物質的対象に限定された理論 118

〔8〕・兵数の優勢　118
〔9〕・軍の給養　119
〔10〕・策源　119
〔11〕・内線　120
〔12〕・これらの試みはすべて再検討の余地がある　120
〔13〕・これらの理論はどれも、天才について、規準を超えるものとして締め出してきた　121
〔14〕・理論に精神的要因を入れるようになると、理論は困難に　121
〔15〕・戦争の理論は精神的要因を度外視できない　122
〔16〕・用兵の理論の主な困難　122
〔17〕・第一の特性――精神的諸力と精神の作用（敵対感情）　122
〔18〕・危険の与える印象（勇気）　123
〔19〕・危険の及ぼす影響の範囲　123
〔20〕・その他の感情の力　123
〔21〕・精神の〔個人的〕独自性　124
〔22〕・精神の個性の多様性が、目的達成の手段の多様性を生む　124
〔23〕・第二の特性――活発な反応　124
〔24〕・第三の特性――すべての情報の不確実性　125

〔25〕・確定的な立論は不可能である　125
〔26〕・理論を可能にする代替的方策（困難は至るところに均等にあるわけではない）　126
〔27〕・理論は考察であるべきで、教説であってはならない　127
〔28〕・以上の観点から初めて理論は可能となり、理論と実践の矛盾は止揚される　129
〔29〕・そこで理論は、目的と手段の性質を考察する――戦術における目的と手段　129
〔30〕・手段の使用に常につきまとう諸事情　130
〔31〕・地形　130
〔32〕・時刻　131
〔33〕・天候　131
〔34〕・戦略における目的と手段　131
〔35〕・手段の使用に伴う諸事情　131
〔36〕・戦略は別に新しい手段を生む　132
〔37〕・戦略は、考察の対象たる目的や手段を、必ず経験から取り入れる　133
〔38〕・どこまで手段の分析を行うべきか　133
〔39〕・知識の顕著な単純化　134
〔40〕・高級司令官は、修業に多くの歳月は不要で、学者である必要はない　134
〔41〕・従来の〔理論の〕矛盾　134

〔42〕・こうして人々は知識の効用を否定し、一切を天賦の才能に帰してしまった　135
〔43〕・地位に応じて必要な知識も異なる　135
〔44〕・戦争の知識は単純だが、実行は必ずしも簡単ではない　135
〔45〕・いかなる知識が必要か　136
〔46〕・知識は能力とならねばならない　137

第3章　戦争術か戦争学か　138
〔1〕・用語法はまだ一致せず
(能力と知識――学なら純粋な知識を目指し、術なら能力を目的とする)　138
〔2〕・認識と判断を区別する困難(戦争術)　139
〔3〕・戦争は人間の相互作用の行為である　139
〔4〕・〔他の術との〕相違　139

第4章　準則重視主義　141
〔法則、原則、規準、準則〕141／〔作戦では法則は無用〕142／〔準則の限定的な効用〕142／
〔準則にそった戦争計画は不可〕143／〔準則重視主義の貧困〕144

第5章　検証・批評　145
〔戦史の検証の重要性〕145／〔判断を助ける道具〕146／〔検証・批評と戦史〕147／

〔成否の判断〕147／〔専門用語〕149
第6章 戦例について 149
〔戦史の例の使用〕149／〔考察すべき戦史はどの時代か〕150

第3篇 戦略一般について 151

第1章 戦略 152
〔戦場での戦略の修正〕152／〔名将の価値〕153／〔戦略の批評〕154／〔戦略実行の難度〕155／〔フリードリヒ大王の作戦〕156／〔フリードリヒ大王の評価〕156
〔1〕・遂行可能な戦闘は、そこから生じる結果を鑑みて現実的な戦闘と見なされる 158
〔2〕・戦闘の二重の目的 159
〔3〕・実例 159
〔4〕・このように考えないなら、戦争での他のことも正当に評価できない 160
第2章 戦略の諸要素 161

第3章 精神的な力 162
〔戦争での精神力〕162／〔精神力を考慮しない理論の問題点〕163／
〔兵法の方法論と精神力〕164
第4章 主要な精神的諸力 165
第5章 軍隊の武徳 167
〔軍隊の武徳の要素〕167／〔軍の組織と個人〕167／〔武徳のある軍〕168／
〔軍の武徳の概念〕169／〔軍の武徳と軍人精神〕169／〔武徳の源泉〕170
第6章 大胆さ 171
〔戦争と大胆さ〕171／〔地位と大胆さ〕172／〔高級司令官の大胆さ〕173／
〔司令官と決断力〕175
第7章 不屈 176
〔迷いやすい状況での強固な意志〕176
第8章 兵数の優位 178
〔力の優位〕178／〔兵数のもつ意味〕180／〔重要な地点での優勢〕181／
〔兵数の相対的優位〕182

第9章 奇襲 183
〔奇襲の効果と条件〕183／〔奇襲の失敗例〕184／〔奇襲成功の条件〕185
第10章 策略 187
第11章 空間における兵力の集中 187
第12章 時間のうえでの兵力の集中 189
〔兵力の集中の意味〕189／〔戦術と戦略での相違〕189
第13章 戦略的予備部隊 191
〔予備の二つの任務〕191／〔戦術での予備、戦略での予備〕191／〔戦略での予備と戦術での予備〕192
第14章 兵力の経済的使用 193
第15章 幾何学的要素 194
第16章 軍事行動の停止について 195

第17章　今日の戦争の性格について　196
第18章　緊張と休止――戦争の力学的法則　198
〔戦闘と休止〕198／〔緊張状態と均衡状態〕199／〔高級司令官に求められる資質〕200

第4篇

戦闘

203
第1章　概説　204
第2章　今日の会戦の性格　204
〔戦争と国益〕204
第3章　戦闘一般　205
〔今日の戦争〕205／〔敵の戦闘意志の放棄〕206／〔単純な攻撃と複雑な攻撃〕206／〔攻撃における知恵と勇気〕207
第4章　〔戦闘一般〕続き　208

〔敵の物的戦闘力の破壊〕208／〔退路の遮断〕208／〔敵の戦闘放棄が戦闘の勝利〕209
第5章 戦闘の意義について 209
〔戦闘の形態〕209／〔敵戦闘力の撃滅〕210
第6章 戦闘の継続期間 211
第7章 戦闘における勝敗の決着 211
〔勝敗の分岐点〕211／〔勝利への確実な道〕212／〔分岐点〕212
第8章 戦闘に関する両軍の合意 213
第9章 大会戦――大会戦での勝敗の決着 214
第10章 〔大会戦〕続き〔その一〕――勝利の作用 214
第11章 〔大会戦〕続き〔その二〕――会戦の遂行 215
〔会戦の回避は不可〕216
第12章 勝利を活用する戦略的手段 217

第13章 会戦敗北後の退却 218
第14章 夜戦 219

第5篇

戦闘力

221
第1章 概観 222
第2章 軍・戦場・戦役 223
1・戦場 223
2・軍 223
3・戦役 224
〔概念の定義の意義〕 224
第3章 兵力の力関係 225
〔兵数の優勢〕 225／〔各国軍の均質化〕 225

第4章 各兵科の比率 226
〔歩兵、騎兵、砲兵〕 226
第5章 軍の戦闘序列 227
1・軍の分割 229
2・各兵科の混成 230
3・配置 230
第6章 軍隊の一般的配置 230
第7章 前衛と前哨 231
第8章 先遣部隊の効果 232
第9章 野営 233
第10章 行軍 234
第11章 〔行軍〕続き〔その一〕 235

第12章 〔行軍〕続き〔その二〕 236
第13章 舎営 236
第14章 糧食 237
第15章 策源 238
第16章 交通線 238
第17章 土地と地形 239
〔地形と軍事行動〕 239／〔勝敗と地形〕 239／〔民衆の武装〕 240
第18章 制高地点 241
〔制高地点の利点〕 241／〔制高地点の影響は副次的〕 242

第6篇 防御

243

第1章　攻撃と防御　244
1・防御の概念　244
2・防御の有利な点　245
〔防御の力学〕246／〔防御は攻撃より強固〕246／〔防御と攻撃〕247
第2章　戦術における攻撃と防御の関係　248
〔奇襲、地の利、多方面からの攻撃〕248
第3章　戦略における攻撃と防御の関係　250
〔戦略における攻撃と防御〕250／〔戦術と戦略での双方の条件〕251／〔攻撃側の進撃〕252
第4章　攻撃側の求心行動と防御側の遠心行動　252
第5章　戦略的防御の性質　254
〔防御から攻勢へ〕254／〔侵略者の意図と行動〕255／〔戦場への軍の登場の遅速〕256
第6章　防御手段の範囲　256
〔国際社会の現状維持的傾向〕256／〔同盟〕257

第7章　攻撃と防御の相互作用　258
第8章　抵抗の種類　259
〔待ち受け〕259／〔国内への退却〕260／〔敵軍侵入での犠牲〕261／〔勝敗の決着〕261／
〔敵の疲労困憊〕261／〔攻撃側の無為による消耗〕262
第9章　防御的会戦　262
〔防御戦での諸段階〕262／〔決定的勝利は攻勢から〕263
第10章　要塞　264
第11章　〔要塞〕続き　265
第12章　防御陣地　266
第13章　要塞化陣地と堡塁陣地　267
第14章　側面陣地　268
〔側面陣地での敵への威嚇〕268

第15章　山地防御　269
第16章　〔山地防御〕続き〔その一〕　269
第17章　〔山地防御〕続き〔その二〕　270
第18章　河川防御　271
第19章　〔河川防御〕続き　271
第20章　〔沼沢地防御・氾濫〕　272
A・沼沢地防御　272
B・氾濫　273
第21章　森林防御　273
第22章　哨兵線　274
第23章　国土の要衝地　275

第24章 側面活動 276
第25章 国内への退却 277
〔退却と敵の兵站〕277／〔退却での精神的マイナス〕278
第26章 民衆の武装 278
〔国民戦争への賛成論・反対論〕278／〔現十九世紀の戦争と国民〕279／〔民衆部隊の抵抗の条件〕280／〔武装した民衆部隊〕281／〔国の運命と会戦〕282
第27章 戦場の防御 282
〔戦いの最終目的〕282／〔敵国の戦闘力〕283／〔同盟諸国の連合軍〕283
第28章 〔戦場の防御〕続き〔その一〕 284
〔決着を期する戦争〕284／〔防御側の利点〕284
第29章 〔戦場の防御〕続き〔その二〕——逐次的抵抗 285
第30章 〔戦場の防御〕続き〔その三〕——決戦を求めない場合の戦場の防御 286
〔決戦の意志のない戦場の防御〕286／〔高級司令官と指揮官〕287／〔戦場防御に規準なし〕287

第7篇

攻撃（草案）

〔第7篇、第8篇のための付言〕〔編者・マリー夫人〕 290
防御との関連での攻撃 291
〔攻撃・防御への接近法〕 291 ／〔第7篇における論点〕 292
第1章 防御との関連での攻撃 291
第2章 戦略的攻撃の性質 293
第3章 戦略的攻撃の対象について 294
第4章 攻撃側の戦闘力の低減 295
第5章 攻撃の極限点 295
第6章 敵の戦闘力の撃滅 296
第7章 攻勢会戦 297

第8章 渡河 298
第9章 防御陣地への攻撃 298
第10章 堡塁陣地への攻撃 300
第11章 山地攻撃 300
第12章 哨兵線への攻撃 302
第13章 機動 302
第14章 沼沢地、氾濫地、森林地帯への攻撃 303
〔沼沢地、氾濫地〕303／〔森林地帯〕304
第15章 決戦を企図する戦場での攻撃 305
〔攻撃の特性〕305／〔攻撃側は兵力を分割するな〕306
第16章 決戦を企図しない戦場の攻撃 306
〔小さな目標への攻撃〕306／〔攻撃側が注意すべき点〕307

第17章　要塞への攻撃　308
第18章　輸送隊への攻撃　309
第19章　舎営中の敵軍への攻撃　310
第20章　牽制　310
第21章　侵略　311
〔第22章〕〔付論〕勝利の極限点について　312
〔勝利の極限点〕312／〔勝敗と同盟関係の変化〕312／〔敵の抵抗力の強化〕313／〔転換点を過ぎての攻撃の無益〕313／〔攻撃から防御への転換点〕314／〔惰性の働き〕315／〔勝利の限界点の重要性〕316

第8篇　作戦計画

作戦計画　317
第1章　序　318

〔第8篇のテーマ〕318／〔理論と高級司令官〕319／〔理論の効用と限界〕320

第2章　絶対戦争と現実の戦争　321

〔戦争の目的と目標〕321／〔理論的概念としての絶対戦争〕322／〔絶対戦争の障壁〕323／
〔現実の戦争と絶対戦争〕324／〔戦争の理論〕325

第3章　〔戦争の内的関連〕〔軍事的諸目的の重要性と傾注する力の量について〕　327

A・戦争の内的関連　327

〔絶対戦争での結果の意味〕327／〔戦争の理論と戦争の二つの考え方〕329／
〔十九世紀初頭における戦争の激変〕330／〔戦争の絶対化と国家・国民〕331／

B・軍事的諸目的の重要性と傾注する力の量について　332

〔敵に加える強制力の大小〕332／〔敵・味方の相互作用とその限定〕332／
〔戦争遂行の《術》〕333／〔戦争の指導と軍事的天才〕334／〔時代と各国の状況〕335／
〔古代の軍隊と戦争〕335／〔中世の軍隊と戦争〕337／〔傭兵隊〕337／〔常備軍〕338／
〔過渡期の軍隊と中世の政治〕338／〔中世の外交と戦争〕339／
〔十八世紀の軍隊・戦争〕340／〔十八世紀の戦争の本質〕340／〔時代による変化〕341／
〔十八世紀における変化〕343／〔フランス革命と戦争の変化〕343／
〔ナポレオン登場とその反作用〕344／〔絶対戦争への動き〕345／
〔戦争の特殊な面と普遍的な面〕346／〔戦争の理論と戦争の普遍性〕347

第4章 軍事目標のより詳細な規定——敵の撃滅 348
〔撃滅の概念〕348／〔敵の重心〕349／〔同盟諸国に対する戦争〕350／〔敵の撃滅〕352／
〔戦争での時間〕353／〔時間の推移と優勢・劣勢〕354／〔迅速な攻勢戦争〕355／
〔緩慢な攻勢への批判〕355／〔攻勢戦争の吟味〕356／〔防御と原理〕357

第5章 〔軍事目標の詳細な規定〕続き 限定的な目標 357
〔撃滅が困難な場合〕357／〔攻勢か防勢か〕359／〔見通しが不明の場合〕360

第6章 〔軍事的目標に対する政治的目的の影響〕
〔戦争は政治の一手段である〕 360
A・軍事的目標に対する政治的目的の影響 360
〔戦争と同盟〕360／〔同盟国の思惑〕362／〔ナポレオン以後の同盟〕362／
〔弱い政治目的による戦争の停滞〕363／〔動機の弱い戦争もある〕363
B・戦争は政治の一手段である 364
〔異なる手段を交えた政治の継続〕364／〔戦争にグラマーはあるが、独自の論理はない〕365／
〔現実の戦争の自己矛盾〕366／〔政治への戦争の従属的性質〕367／〔政治と軍事〕368／
〔戦争の基本方針は内閣が決定〕369／〔戦争目標に適した決定と政治〕370／
〔軍事的手段と政治家〕371／〔政治と軍事の関係適正化〕372／
〔フランス革命と戦争〕372／〔戦争は政治の道具〕373

第7章 限定的な目標 攻勢戦争 373
〔攻勢戦争の限定的目標〕373／〔敵領土占領の条件〕374／〔限定的目標での攻勢〕375
第8章 限定的な目標 防勢 375
〔絶対的拒否だけではいけない〕375／〔防勢の意義〕376／〔防勢の二つの目標〕377
第9章 敵の撃滅を目標とする作戦計画 378
〔戦争計画の二原則〕378／〔敵の重心の絞り方〕379／〔重心への攻撃とその例外〕380／〔奇襲〕380／〔追撃〕381／〔ロシアの特殊性〕381／〔戦役の検証〕382／〔高級司令官〕382／〔作戦計画の原則〕383

訳者解題 385
変わらざる議論の軸――『戦争論』を読む意義（塚本勝也） 389
主要用語・概念定義集 399
訳語対照表 411

第1篇

戦争の本質について

第1章　戦争とは何か

1・序

本書では戦争という問題を考察するにあたり、個々の要素から始め、次いで部分や要素の集合に考察を進め、そして最後に全体について、その内的関連を検討していく。つまり単純なものから、複合的なものへと考察を進めていく。

ただ、他の場合にもまして戦争については、全体の本質を一瞥《いちべつ》しておく必要がある。部分の考察でも全体を意識しておかねばならないからである。

2・定義

戦争の定義といっても、衒学《げんがく》的な、学術風の定義の検討から始めるつもりはない。ここでは戦争の本質的要素を、二者の決闘という点から考えてみる。戦争は二者の決闘の拡大版に他ならないのである。無数の個々の決闘が集まって戦争の全体をなす、とすると、決闘する二者を考えてみればよいのである。

決闘する者はすべて、互いに物理的な力をふるい、完全に自分の意志を押しつけようとする。敵を打ち負かし、後の抵抗を不可能とすることが、当面の目的である。

つまり、戦争とは、相手に自らの意志を強要するための、実力の行使である。

相手の実力に対抗すべく、科学・技術の発達を生かして、実力は整えられていく。戦争での力の行使については、〔戦時〕国際法や国際慣習による自制は見られるものの、その制約はとりたてて言うほど強いものではなく、厳しい強制力はない。自らの実力を大きく弱めるようなことはなされない。

物理的な力たる実力《ゲヴァルト》は（道義的な力は国家や法律のなかにしか存在しない）、戦争の手段であり、相手に自分の意志を強要することがその目的である。この目的を確実に達成するには、敵の抵抗力を無力にしなければならない。理論上、それが軍事行動の本来の目標なのである。〔敵の無力化との〕この目標が、〔敵への自分の意志の強要という戦争の目的に代わって、当面の〕目的となるのである。そして、〔意志の強要という最終的な〕戦争目的の方は、戦争の考慮からある程度外される結果となる。

3・実力の最大限の行使

〔戦争の現実〕

博愛主義者はとかくこう言う。——戦争の本来の目的は、相手を武装解除させたり降伏させたりするだけでよく、必要以上の損傷を与える必要はない。これこそが兵法の奥義だ、と。このような主張はもっともらしく聞こえるが、誤っており、断固、論破しなければならない。戦争はそもそも危険なものであり、ただ善良な気持ちから発する、このような誤謬《ごびゅう》こそ最悪のものだからだ。

物理的な実力の最大限の行使といっても、知性がまったく作用しないわけではない。だが一方が、なにものにも躊躇《ちゅうちょ》せず、流血にひるむことなく実力を行使するのに、他方が優柔不断で、それをなしえないとすれば、行使する方が優勢を得るに違いない。したがって、相手に実力で対抗せざるをえなくなり、結果として双方の実力の行使は際限のないものとなる。抑制するものがあるとすれば、戦争に内在する〔敵・味方双方の〕力の均衡だけである。

現実はこのように正しく観察されなければならない。戦争の粗暴な部分を嫌悪するあまり、戦争の本質を無視するのは無益であり、本末転倒である。

文明国間の戦争と、非文明国間の戦争を比べると、文明国間の戦争はあまり残忍でなく、破壊性も程度がずっと低い。それはその国の内の社会状態や、それら諸国間の関係に起因するものである。このような各国社会の種々の事情や国家間関係は戦争を生じさせる要因ではあるが、戦争はまた、それらにより制約を受け、限定され、緩和されもする。これらの限定・制約は、戦争それ自体に内在しているものではなく、〔社会情勢や国際関係など〕戦争の外から与件として戦争に与えられるもの〔戦いが始まる前に既に存在するもの〕である。戦争の哲学に〔甘い考えから〕何か緩和の原理を持ち込むのは、まったく不合理である。

〔敵対感情と敵対的意図〕

人間相互の決闘は、二つの異なる要素からなる。敵対感情と敵対的意図がそれである。筆者は両者のうち敵対的意図が、普遍的に見られるという理由で、戦争の定義に入れた。いかに原始的で本能的な憎悪の感情といえども、敵対的意図をもたないものは考えられない。それに対して、まったく敵対感情のない敵対的意図なら、多く見られる。少なくとも、強い敵対感情のない敵対的意図は、いくらでも見られる。

非文明諸国の国民の間では、敵対感情と結びついた意図が働いている。他方、文明諸国では、知性と結びついた意図が有力である。しかし、これらの相違は、野蛮と文明それぞれの本質にあるのではなく、それぞれを取り巻く環境や制度などによっている。つまり、この相違は個々の場合のすべてに表れるのではなく、ただ多くのケースを見た場合に、相違が明確に表れる、というだけである。要するに、極めて文明的な諸国の国民でも、激情をもって戦う場合もあるのだ。

それゆえ次のような考えは誤っていると思う。――文明諸国間の戦争は、政府間の純然たる知性による行為であり、敵対感情とは次第に無縁になってきている。その結果、戦争は戦闘力という物理的な実力を実際に使い、最終的に決戦をすることは、現実的には不必要になる。彼我の戦闘力の物理的な量で考えれば十分であり、一種、代数学による戦争に他ならない、というのだ。――だが、これは誤っている。

近年の戦争の様相は、理論家にこの誤りを覚らせることとなり、理論家もまた、そのように認識を変え始めていた。いやしくも戦争が実力の行為である以上、それが感情と結びつくのは当然である。感情に端を発するものでなくとも、結局、多かれ少なかれ感情に結びついていく。戦争がどれほど敵対感情と結びついているか、その程度は、両国民の文明の度合いには関係なく、敵対的な利害の重要性と、対立関係の長短によって決まるのである。

今では、文明諸国の国民は捕虜を殺害せず、敵国の国土や都市を荒廃させないが、それは知性が用兵に作用しているからであり、ただ本能のまま振る舞うより、より効果的な実力行使の方法を学んできたからである。

ただ、戦争の概念に含まれる、敵の撃滅という傾向は、文明の発達によっても、阻まれもしないし、変更されもしないのである。それは、火薬の発明や火器の継続的改良が、十分に示してきたところである。

〔戦争での第一の相互作用〕

そこで筆者は、先述の命題を繰り返しておきたい。戦争は実力の行使であり、実力の行使には限界がない。だから一方は実力で他方に意志を強制し、そこに相互作用が生じる。それは理論上、行きつくところにまで行くこととなる、ということである。これが戦争に見られる第一の相互作用であり、第一の極限性である（第一の相互作用）。

4・敵の無力化が目標である

敵の抵抗力を打ち砕くことが軍事行動の目標である、と先に述べた。ここでは、このことが少なくとも理論上、必然的であるのを明らかにしておこう。

敵に自分たちの意志を強要するには、敵を不利な状態に追い込まねばならない。それは、こちらが敵に求めている犠牲よりも、耐えがたい状態でないといけない。当然ながら敵側の不利な状態は、一時的なものであってはならない。少なくとも、一時のことと思えるようであってはならない。そうでないと敵は、好機が訪れるのを待ち、絶対に降参しないだろう。敵がどれだけ軍事行動を継続しても、もっと不利な状況に追い込まれるだけだ、という状態にしなければならない。少なくとも、敵にそう思わせねばならない。

交戦国が置かれる最悪の状況は、まったくの無防備にされることである。それゆえ軍事行動によって敵がわが方の意志を受け入れるよう強要するとすれば、わが方は、敵の防御を実際に無力化するか、最低でもそのような脅威を感じざるをえない状況に、敵を追い込まなければならない。要するに軍事行動の目標は、敵の武装解除であれ、敵の打破であれ、そのような状況にしなくてはならないのだ。つまり軍事行動は常に、敵の武装解除か、敵の粉砕を目標としていなければならない、ということだ。

戦争とは、死んだような者が相手なのではなく、あくまで生きている力と力の衝突である。また、一方が無抵抗の状態なら、戦争にはならない。したがって軍事行動の究極の目標〔敵の武装解除、敵の打破〕について述べたことは、敵・味方の双方に当てはまる。

したがって、ここでも両者の相互作用が問題になってくる。敵を粉砕してしまわないことには、敵がわが方を粉砕するのではないかと、常に恐れていなくてはならない。そこでは自制がきかない状態となり、双方が相手を動かすこととなる。ここに第二の相互作用が生じ、第二の極限性が生み出される（第二の相互作用）。

5・実力の無制限の行使

敵を打倒しようとするなら、敵の抵抗力を知り、それに応じてどれだけ戦力を割《さ》くかを決めねばならない。敵の抵抗力は、分かち難い二つの要因からなる。一つは、敵の〔投入可能な〕兵員・装備の量であり、いま一つは意志力の強弱である。

敵の兵員・装備の大小は、数量的なものなので、（すべてではないが）測定可能である。しかし、意志力の強弱は測り難く、動機の強弱によって測りうるにすぎない。

ともかくこのようにして、敵の抵抗力をある程度、正確に知りえたなら、注入するこちらの精力の程度を調整できる。敵を圧倒するほどの実力を傾注するか、あるいはまた、それだけの余力がない場合、可能な範囲で強化することとなろう。だが、敵も同じことをするから、張り合うことになり、理論上、必然的に極限に向かうこととなる。これが第三の相互作用であり、第三の極限性である（第三の相互作用）。

6・現実のなかでの〔エスカレーションの〕緩和

このように知性は、探究心旺盛で、概念だけの抽象的世界から出ない限り、その思考は止まるところをしらず、無制限となる。知性は極限的なものに関わるからであり、ここで問題としている

〈実力と実力の抗争〉も、何にも抑制されず、何らかの法則にも従うことがないからである。戦争の純粋な概念から、目指す目標や用いる手段を決める絶対的観点を導こうとすると、不断の相互作用の過程を通じ、極限点に至らざるをえないこととなる。しかし、その場合、理屈が紡ぎ出す見えない糸で編まれたような、観念の遊戯以外の何ものでもなくなる。

絶対的なものに固執し、筆の勢いで困難な点は回避して、論理的厳密性から、ひたすら極限的状態を論じ、常に極限状態を覚悟し、いつも最高の緊張が必要だと説くとしたら、どうなるだろうか。――そんな見解は抽象的空論にすぎず、現実世界に何ら寄与することのないものとなろう。

……

だが、われわれが抽象の世界から現実世界へと移っていくならば、すべてが別の様相を呈してくる。抽象の世界ではすべてが〔乏しい根拠で考える〕オプティミズム（楽観主義）に支配されている。また、彼我の双方が、完全性を単に求めるだけでなく、実際そこに到達しうる、とされてきた。しかし、果たして現実世界で、いつかそうなるのか？――そうなりうるのは次のような場合に限られる。

一、戦争がまったく孤立した行為である場合。つまり、まったく突然、勃発し、それまでの、その国家の行動と何も関係がない場合〔これは次の第7節で検討する〕

二、戦争がただ一回の決戦、ないしはほぼ同時になされる一連の決戦からなる場合〔第8節で検討する〕

三、戦争が自己完結的な一回の決戦からなり、戦争後の政治的状態についての配慮が必要ない場

合〔第9節で検討する〕

7・戦争は決して孤立した行為ではない

まず〔前節の三条件の〕第一条件について検討する。戦う二者は互いに相手に対し、抽象的な存在ではない。このことは、〔第5節で述べた〕抵抗力を生み出すもの〔兵員・装備と意志力〕における要因についても同じである。〔客観的な〕外部のものに起因しない意志力〔の強弱〕がそれである。ただ、この意志力も外からまったく分からないというものでもない。今日見られた意志力から、明日見られる意志力も推測できるのである。

戦争はまったく突然、勃発するものではなく、瞬時に拡大するものでもない。だから双方とも、相手がこうだとか、こう行動するに違いない、と厳密に把握していなくとも、相手の現在の状況や行動から静動の大半を判断できる。

しかし、人間はもともと不完全であり、完全無欠には遠い存在である。この人間の欠陥は、相戦う敵・味方のどちらにも言えることである。このこともまた、戦争論での〔純理論的に導き出される〕抽象的原理の行き過ぎを緩和する作用をする。

8・戦争は、継続することなく、単発の決戦で終わるものではない

〔第6節での三条件の〕第二の条件については、次のように考えられる。

戦争が、一回きりの決戦や、同時的になされる一連の決戦で決着がつくものなら、当然、決戦の

準備では、いつも全戦力が投入される傾向が生じる。一回失敗すれば、決して回復できない、ということになるからだ。そうなると現実世界ではせいぜい、敵の準備、それもこちらが知りうる限りの状況を基準に、自軍の準備をするだけになり、すべてが再び抽象的世界に入り込む。

だが、数次の継続的な軍事行動で決着がつくものであるなら、当然、話は異なる。決戦に先立つ軍事行動は、そのすべての現象が後続の軍事行動の尺度となりうる。そして、ここで現実世界がこのようにして入り込み、抽象的世界において極限に向ける力について、〔抑制し〕緩和する作用が働くことになる。……

このことから戦争当事者は無制限な戦力の使用を抑制し、一度に全戦力を消耗しつくさないように努めることとなる。

ところで全戦力が同時に行使されない理由としては、諸戦力の性質と、それを行使する仕方にも原因がある。戦争に用いられる諸力〔の源泉〕とは、実際の戦闘力、国土の面積・人口、同盟諸国の三つである。

国土の面積・人口は、実際の戦闘力の基盤となる資源だが、〔広大なロシアの面積のように〕それ自身も戦力の有力な部分をなしている。もっとも、それは全国土のうち、戦場に属すか、戦場に著しい影響を与える部分に限られる。

さて、可動的な実際の戦闘力はすべて、同時に使用できるが、要塞、河川、山地、住民など、国土の方は、そのすべてを同時に活用することはできない。……ここでもまた、戦争の実態では、戦力を一時に完全に集中して使えるものではないのである。

さらには同盟国の協力だが、戦争を遂行している国の意志によって左右しうるものではない。国際関係の状況により、同盟国は時期を遅らせて参戦したりすることも多い。また、各国の勢力関係の如何を眺め、各国のバランスが崩れかけている場合、均衡を回復するように、介入を強化したりする。……

9・戦争もその結果も決して絶対的なものではない

最後に〔第6節での第三の条件だが〕、決戦によって戦争全体の帰趨《きすう》が完全に決まっても、それだけで必ずしも絶対のものと見なすわけにはいかない。しばしば敗戦国は敗北という事実を、一時的な災禍と考え、他日、他国との政治的関係などで挽回できると思っている場合がある。

こういう事情から、彼我双方の緊張の高まりが緩和され、実力の極度の使用が抑えられることは、説明を要しない。

10・現実での蓋然性が、理論上の極限性・絶対性に取って代わる

軍事行動は、実力の行使を極限に向かわせる、というのが〔理論上の〕厳格な法則だが、右のような訳で現実はこの法則から遠いものである。また、極限に至る恐れがなくなり、極限を追い求めることもなくなると、実力の行使は、極限に向かわず、程度をどうするかの判断に委ねられるようになる。その判断は、現実世界の現象が示すデータから、蓋然《がいぜん》性の法則にもとづいて下される。

交戦国は、純粋に概念上の存在ではなく、具体的な国家、政府である。とすれば戦争もまた、単

に観念的なものではなく、独特の姿をとる実際の行動のプロセスとなる。また、実際の事実関係が、未知のこと、今後どうなるかの予想のデータとなる。

彼我双方は、それぞれ敵の性格、装備、状態、諸条件にもとづき、蓋然的な法則を手掛かりに相手の行動を推測し、それに応じて自らの行動を決めていく。

11・かくて再び政治目的が重要になる

〔政治目的と軍事力行使〕

ここで、先に（第2節で）触れた問題が、おのずと考察の対象として再び登場してくる。それは戦争の政治目的である。これまでの〔純理論上の〕検討では、敵の無力化・撃破の意図、つまり戦争の極限化の法則が、ある程度、この政治目的を後景に退かせていた。しかし、〔現実の世界で〕この法則の力が弱まり、無力化・撃破の意図が目的から後退すると、戦争の政治目的が再び重要となってくる。

すべての考慮が、個々の人物と諸条件から導き出される蓋然性の計算だとすると、そもそもの動機たる政治目的が、当該の問題で非常に重要な要因とならざるをえない。敵に求める犠牲が小さければ小さいほど、敵の示す抵抗も小さいものとなる、と予想される。また、敵が犠牲を拒み抵抗する力が小さいなら、それだけ自軍が示すべき実力も小さくて済むようになる。これも言うまでもない。

さらには、こちらの政治目的が小さなものだと、それだけ重要視されないこととなり、場合によっては、目的を断念するのも容易になる。このような理由からも、自軍が軍事的に実力を発揮する程度は、それだけ小さくなっていく。

それゆえに、戦争の根本的動機としての政治目的は、軍事行動で達成する目標についての尺度となるし、実力の行使をも規定する尺度となる。……

〔撃滅戦争と睨み合いだけの戦争〕

軍事行動の目標が政治目的に対応している場合、政治目的が控え目なものなら、それに応じて一般に軍事的目標も控え目になる。また、政治目的が高度に重要なものなら、軍事行動もそれだけ大規模になる。このように、戦争では〔政治目的の〕重要性と〔軍事行動に〕投入されるエネルギーには内的矛盾がなく、相関的な関係にあるのが説明できる。このことから、撃滅戦争から〈武装しての睨《にら》み合い〉まで、戦争はそれぞれ軽重様々なものとなっているのが理解できよう。……

12・軍事行動の停止は、これまでの記述ではまだ説明されていない

相戦う両者の政治的要求の重要性がいかに低かろうと、また、用いられる手段がいかに軽かろうと、さらには、軍事行動が設定する目標がいかに小さかろうと、軍事行動というものは〔理論上〕一瞬でも停止しうるものであろうか。これは戦争の本質に深く関わる問いである。……

戦争における軍事行動に要する所要時間を認めるとしても、所要時間以外の時間の消費、つまり軍事行動の休止は、すべて戦争の本質に反している、と筆者は考えざるをえない。少なくとも一

見、そうである。ここでは、彼我双方のいずれか一方の軍事行動の展開についてではなく、双方の全面的な軍事行動の展開について論じているのである。それを忘れてはならない。

13・軍事行動を停止させうる原因はただ一つで、常に一方にのみ存するかのように見える

敵・味方の双方が戦闘の準備をする場合、必ず両者を敵対させる原因がある。両者が戦争の準備状態を続け、講和〔条約〕を結んでいない場合、両者を敵対させる原因が存在しているに違いないのだ。行動が停止されるのは、彼我の双方が、より有利な時機を待つとの判断をしている場合に限られる。

一見すると、この条件は常に一方の側にしか存しないかのように見える。一方がこの条件にあれば、他方は当然その反対にあると思うからだ。つまり、一方が軍事行動に出るのがよいと思うときには、他方は待ち受けに利益があると思うに違いない、と見えるのだ。

だが、彼我の実力が完全に均衡状態にある場合は、軍事行動は停止しえない。そのような場合、達成したい積極的目的を有する側（攻撃側）が行動を進めるからだ。

しかし、均衡状態については次のようなケースも考えうる。積極的目的、つまり強い動機をもつ側が、動員しうる実力では劣る場合である。そこでは動機と実力の総合（積）で、ある種の均衡が成り立っている。そして、しばらく均衡状態が変化しそうにないなら、双方が講和に動くだろう。だが、変化の可能性があるなら、どちらか一方が有利になりうるのであり、不利になる他方は、あえて戦わざるをえなくなろう。

つまり、このように均衡の概念でもってしても、軍事行動の中断を説明するには足りない。均衡状態というものも、いっそう有利な時期を窺《うかが》っている状態以外の何ものでもないのである。……

14・このため軍事行動は連続性を得て、再び相互の行動が促される、と思われるかもしれない

軍事行動の連続性が現実にあるとするなら、それによって再びすべてが極限にまで高められよう。ますます感情が煽《あお》られ、戦争全体が強い激情に包まれ、荒々しい力が行使されよう。加えて、軍事行動の連続性は、より厳格に作用し、緊密な因果関係を生じさせる。個々の行動がすべて、より重大で、より危険になる、と思われるのだ。

しかし、軍事行動がこのような連続性をもつのは稀《まれ》である。いや皆無と言う方がよい。それをわれわれは承知している。戦いでの軍事行動の時間はごくわずかにすぎず、他の時間はすべて休止している、というような戦争が大半を占めているのだ。そういう戦争が変則的なわけではなく、軍事行動の休止はありうることである。そこに矛盾はない。そのことを示し、なぜそうなのかを述べておきたい。

15・そこで両極性の原理が必要となる

本書ではこれまで、彼我の一方の高級司令官の利害は常に、同じ程度に他方の高級司令官の利害と相反すると考えてきた。つまり、ここに真の両極性《ポラリティ》を想定してきたのである。この両極性の原理については後に一章を設けることとする〔実際には書かれていない――訳者〕。ここでは次のこと

だけ述べておきたい〔第16～17節でも触れる〕。

両極性の原理は、〔敵と味方が〕一つの同じ対象について、相互にプラスとマイナスが量的に対応し、差し引きゼロになるような状態で、初めて妥当するものである。会戦《シュラハト》にあっては、両者とも互いに勝利を目指して戦う。それこそが本来の両極性である。一方が勝利すれば、他方の勝利はないからである。だが、〔攻撃と防御のように〕二つの別の事柄については、二つの事柄自体に両極性が存在するのではない。〔攻撃と防御の〕二つの事柄が〔会戦など〕他の第三の事柄と共通の関係を有する場合、両極性はその共通の関係にあるのである。

16・攻撃と防御は異種のものであり、また強弱を異にするので、両極性は適用できない

仮に、戦争に防御がなく、ただ敵への攻撃という形式しかない、と仮定してみる。つまり、攻撃と防御の相違は積極的動機の有無だけであり、積極的な動機は攻撃にはあるが、防御にはなく、戦闘の形態はいつも同じだ、と仮定してみる。その仮定の下では、一方の有利は他方の不利となるから、両極性《ポラリティ》が存在することとなる。

しかし、軍事行動には、攻撃と防御という二つの形式がある。後に見るように、攻撃と防御はまったく異なるもので、強さも異なる。したがって両極性は、攻撃それ自体や、防御それ自体には見られず、二つの事柄がともに関係するもの、つまり決戦に両極性が見られるのである。

一方の高級司令官が決戦を遅らせようとすると、他方の司令官は早めようとするに違いない。例えば、Aにとって今すぐ攻撃するより四週間後に攻撃する方が有利ならば、Bにとっては四週間後

より今攻撃する方が有利である。AとBでは利害がまったく反対なのである。しかし、だからといってAを今直ちに攻撃するのがBにとって有利だ、という結論にはならない。明らかにこれはまったく別個の問題なのである。

17・攻撃よりも防御が優位を占め、これがしばしば両極性の効果を消滅させる。それにより軍事行動の休止の理由が明らかになる

後に明らかにするように、防御は攻撃より強力な戦闘方式である。そうであるなら、一方が決戦の先送りで得る利益と同じだけの利益を、相手側が防御によって得るのかどうかを問わなければならない。同じでない場合、決戦先送りの利益は、相手の防御の利益と釣り合わないので、軍事行動の推移に影響する。利害関係の両極性から生じる〈戦争を促進する力〉は、攻撃と防御の強さに差があることで消滅し、作用しなくなるだろう。

したがって、現状が有利であるものの、防御の利益がなくてもいいほどには優勢でない側は、軍事行動に出ると、その先、不利な境遇になるという、見通しを受け入れることになる。防御しながら不利な境遇に耐えていく方が、すぐ攻撃に出たり、講和に動いたりするよりも、ずっと有利だからである。

私の確信するところでは、（正しい意味での）防御の利益は極めて大きく、その優越性は一見、想像される以上に大きい。戦争中の軍事行動の停止期間は、実際その少なからぬ部分が、この事情に由来する。それは戦争の本質と決して矛盾しない。

防御が攻撃に対して有する有利性から、軍事行動は妨げられ、中断される結果になるのであり、軍事行動への動機が弱いほど、頻繁に停止される。〔歴史的〕経験もまた、これを教えている。

18・〔軍事行動停止の〕第二の理由は、不完全な状況認識にある

もう一つ、軍事行動を停止させうる理由がある。状況認識が不完全なことである。自軍の状況なら高級司令官は正確に認識できるが、敵情は不完全な情報に依存せざるをえず、判断を誤る。そして敵情判断の誤りから、行動すべきは自軍であるのに、そう考えないで〔好機を逃して〕しまう場合がある。

このような状況の不十分な認識から、軍事行動はしばしば時機を逸したものとなり、停止すべきでないときに停止したりする。また、軍事行動を遅れさせるのでなく、加速させるように作用することもある。しかし、これは戦争の本質と矛盾するものではなく、軍事行動を停止させる自然な一因と見なされなければならないものである。

人間はその本性からして、敵の戦力については過小評価するよりも、過大評価しがちである。このことを考慮するなら、敵情など状況を不完全にしか認識しえないことは、一般に、軍事行動を停止させ、また、軍事行動の極限化という原理を和らげるように、作用するのを認めなければならない。

軍事行動を停止させるこの可能性は、戦争のエスカレートを緩和する、もう一つの原理を軍事行動にもたらす。つまり、その原理は時間でもって軍事行動を薄め、危険の進行を阻み、彼我の間で

崩れたバランスを取り戻す手段をもたらすのである。……

19・軍事行動の頻繁な休止で、戦争は絶対的形態から遠のき、蓋然性の計算が重きをなす

軍事行動が緩慢になり、また、しばしば停止され、停止の期間が長くなると、それだけ敵情認識の誤りをより早く是正できるようになる。また、指揮官はそれだけ、蓋然性と、〔確実と思われる〕推量とを重視でき、大胆に行動するようになり、観念的に無限定な方向に向かわずに、すべてを蓋然性と推量による計算にもとづいて考えるようになる。

現実の戦争では、その性質上、所与の状況から必ず蓋然性の計算をする必要があるのだが、軍事行動が多かれ少なかれ緩慢に進展することで、蓋然性を計算する多少の時間的余裕がもたらされる。

20・そこに偶然性が加味されるだけで、戦争は賭けとなる。戦争には賭けの要素がついて回る

これまで、戦争の客観的性質から、戦争がどれだけ蓋然性の計算によるものとなるかを見てきた。しかし、戦争には、それを賭けとする要素が一つだけ存在する。偶然性《チャンス》がそれで、偶然性は実際の戦争と不可分の関係にある。およそ人間の諸活動のうちで、戦争ほど、偶然性と全般的に、また不断に関連している活動はない。しかも戦争では、この偶然性によって運命がいたずらをし、運・不運で大きく左右されることになる。

21・客観的性質だけでなく、主観的性質からも、戦争は賭けとなる

ここで、戦争の主観的な性質、つまり戦争の遂行で用いる主観的な諸力に目を転じてみる。そうすると戦争は、賭けとしての様相を一段と濃くする。軍事行動がなされる領域には本質として危険が伴うが、危険ななかでの人間の精神において最も重要なものは何かといえば、それは勇気である。

なるほど勇気は、慎重な計算と調和しうるが、だが、勇気と計算はもともと別の性質のもので、精神力としては異なるものである。他方、冒険心、運を天に任す気構え、大胆さ、図太さは、それぞれ勇気が様々に発現したものに他ならない。これらの心理的傾向は、すべて偶然の世界を求めている。偶然の世界こそが、それら要素が活発に活動する領域だからである。

要するに、こう思うのである。――兵法上の見積もりでは、もともと数学的な厳密性のような絶対的なものは、確たる根拠を有していない。戦争には最初から可能性、蓋然性、運・不運など、賭けの要素が、大小様々の糸のように混入している。この賭けのような性質が、戦争を隅々まで貫いている。戦争が人間の営みのなかで最もカードゲームに似ている。

22・このことは一般に人間性に最も適合している

人間の知性は常に明晰、確実であるのを願うものだが、その半面、不確実さに心を惹かれることもある。……

戦争の理論が、このような人間性を理解することなく、いたずらに絶対的な観念上の推論や原則論だけを弄《もてあそ》んでいるなら、そのような戦争理論は、もはや現実生活には何ら実用的な価値がないものになろう。戦争の理論は人間的なものを十分顧慮すべきであり、勇気、大胆さ、さらには無謀さをも取り上げるべきである。……

23・しかし、戦争は死活的な目的への厳粛な手段だ——戦争のより詳細な規定

〔戦争と政治についての誤解〕

……戦争は〔賭けの要素があるものの〕娯楽ではない。勇敢に戦い、勝利を喜びさえすればよいものでもないし、熱狂的気分を発散させる活動でもない。戦争とは、死活的な目的を達成するための、厳粛な手段なのである。戦争に伴う運・不運の変化とか、戦争に内在する情熱、勇気、創造的精神、熱狂といった高揚感などは、どれも手段としての戦争の特性にすぎない。

国と国との戦争、具体的には両国の全国民と全国民が繰り広げる戦争は、特に文明諸国間の戦争の場合、常にある政治的状態から生じ、もっぱら政治的な動機から引き起こされる。その意味で戦争は、政治的な行為である。

戦争の抽象的な概念からは、実力の完全かつ絶対的な発現となるが、そこからはこう考えられやすい。戦争が最初、政治から始められるにしても、始まってしまうと政治から完全に独立したものとなり、政治は押し退けられ、ひたすら戦争独自の法則に従うようになる、と。そして、戦争固有の法則にしか従わなくなる、と。それはちょうど、埋められた地雷が、設定された方向と範囲でし

か爆発しないようなものである、と。

政治と戦争の遂行が、十分に調和せず、右のように理論的に切り離されてしまうと、このような考え方が広まってしまうのが一般的であった。だが、事実はそうではない。そう考えるのは根本的に間違っている。

〔現実世界の戦争〕

先に見たように、現実の世界で繰り広げられる戦争は、敵・味方の緊張を一撃で吹き飛ばすような極限的なものではない。そうではなく、様々な諸力がまったくバラバラに作用するものであり、慣性と摩擦による抵抗をもろともしないほど強いときもあれば、何の効果も及ぼさないほど弱々しいときもある。その意味で戦争は、力の作用が強くなったり弱くなったりする、脈拍のようなものである。

激しい実力の行使と、穏やかな行使が繰り返されるうちに、早晩、敵・味方の間の緊張は弱まり、双方の力は着実に衰える。言い換えるなら、こうである。スピードはいろいろだが、戦争は目標に向かって進む。しかし、たいへん長く続き、途中で目標に影響が及んで、戦争の方向を変えてしまうことがあるのだ。つまり、指導的知性の意志によって、戦争の行方が変わる可能性があるということである。……

さて本書では、戦争とは政治目的から発するものだと考えているが、そのことを考えると、戦争を呼び起こした最初の動機が、戦争遂行でも終始、最も強く意識されるのは当然である。だが、だからといって政治目的が圧制者のように支配するわけではない。政治目的も、手段の性質に適合しなければならない。また、戦争という手段の性質によって、政治目的が大きく性質を変えることもある。それでも、政治目的が優先的に考慮されることに変わりはない。政治・政策が軍事行動の全般を律しているのであり、戦争での爆発的な力の性質が許す限り、政治・政策が軍事行動に間断なく影響し続けるのである。

24・戦争とは他の手段をもってする政治の継続に他ならない

こうして筆者は、次のような見解に至った。つまり、戦争は政治的行動であるだけではなく、政治〔対外政策〕の手段でもある。彼我両国の間で政治的交渉を継続するなかで、それとは別の手段を用いて、政治的交渉を継続する行為と言えよう。

そこに戦争に固有の点があるとすれば、それは戦争という手段の独自性だけである。そこで、兵法が一般になしうること、また高級司令官が個々の場合になしうることは、政治の方向性と意図が、戦争の手段と矛盾するものとならないよう、要求することである。

確かにその要求は、些細《ささい》なことではない。しかし、個々の場合に、その要求がどれだけ強く政治的意図に反映されたとしても、それは常に、政治的意図の単なる修正と考えられるだけのものである。というのは、政治的意図こそが目的であり、戦争はその一手段にすぎないからである。いかなる場合も手段は、目的を離れて考えられてはならない。

25・戦争の多様性

戦争は、動機が強く、死活的で、国民の全存在に関わるものであるほど、抽象的に考えられた〔絶対的な〕形態に近づいていく。また、戦争に先立つ緊張が殺気立つものほど、そうなる。つまり、〔絶対的な〕戦争らしさが強まり、敵の撃滅がますます肝要となり、戦争の目標と政策の目的が一致する度合いが強まる。そして戦争はより純粋なものとなり、政治的なものは薄らぐように見えるのである。

反対に、戦争の動機と緊張が弱い場合、それだけ戦争では自然的傾向〔激しい実力の行使〕が薄まり、論理的方向からそれたものとなる。また、それだけ戦争の政治目的は理念的な戦争目標から隔たり、戦争は政治的なものとなる。

ところで読者が誤解されないよう、注意しておかなければならない。つまり、戦争の自然な傾向というのは、哲学で考えられる傾向、つまり、論理上、本来有する傾向を指しているのであって、戦いに関わっている実際の諸力の傾向をいうものではない、ということである。例えば、双方の感情の力や興奮のことではないのである。……

26・どの戦争も政治行動と見なしうる

ここで主題に立ち返る。戦争には、政治がまったく消滅してしまったかのような戦争もあれば、逆に政治がはっきり前面に出てくる戦争もある。それは事実だが、政治が消滅したように見える戦争も、そうでない戦争も、どちらも政治的なものである。

国家を一人の人間のように〔擬人化して〕考え、政策（政治）が国家の知性によって決定されると考えるなら、その政策には、内外のすべての情勢が計算され、把握されているに違いない。そうして把握される全情勢には、前者の〔政治が消滅したかのような実力だけの〕性質の戦争を生じさせる情勢もまた、含まれている。

要するに、政策（政治）は全般的情勢の洞察なのだが、そうではなく政治についての因襲的な考えにとらわれていると、戦争と政治の関係を見誤ることになる。つまり、ただ実力の行使を回避し、慎重に対処し、老獪《ろうかい》に事を運び、不誠実との悪評を辞さない要領の良さを政治と考えていると、前者の〔政治が消滅したかのような〕戦争よりも、後者の〔政治が前面に出る〕戦争の方が、政治とより密接な関係にあるかのように思ってしまうのだ〔が、それは正しくない〕。

27・以上の議論から、戦史を理解し、戦争理論を基礎づける観点が得られる

以上のことから次の点が分かる。第一に、いかなる状況でも戦争は、独立して存在するものではなく、常に政治のための手段と見なされなければならない。このように考えることで初めて、戦史のすべてを矛盾に陥らずに解説できるようになる。また、この観点からのみ、膨大な戦史の文献について道理に適った洞察をなすことができる。

第二に、このような見解は、戦争を生じさせた動機と状況の性質に応じ、個々の戦争がどれだけ異なるものとならざるをえないかを、示してくれる。……

28・戦争理論にとっての帰結

戦争は、具体的な局面に応じて性質を変える。真にカメレオンさながらである。だが、それだけでなく、戦争の全体像から支配的傾向を見るに、三つの面からなる独特の三位一体をなしている。第一は、戦争の基本的な性質である強制性（暴力性）である。憎悪と敵意からなり、一途な本能と見なせるようなものだ。第二は、計算可能性と偶然性からなる賭けの要素である。そこから戦争では、精神活動が自由に動ける余地が生じる。第三は、戦争が政治の道具だという従属的性質である。それにより戦争は、純然たる知性の下に置かれる。

三つの面の第一の要素は、主に国民と関連が深く、第二の要素は、概ね高級司令官とその配下の軍隊と関連が深い。第三の要素は、政府と関連している。戦争で燃え上がる激情は、戦争に先立ち国民の心に内在していなければならない。偶然を伴う確率の領域で、勇気と才能がどのような作用を見せるかは、高級司令官とその軍隊の特質に依拠している。しかし政治の目標だけは、政府が独力で統制できる。

それぞれ異なる定めのような、こうした三つの傾向は、戦争の本質に深く根ざしており、また、その重要性はその時々に変化する。いずれかの傾向を考慮しない理論、三者間の関係を勝手に定めようとする理論があるとすれば、それは、たちまち現実と矛盾したものとなる。

それゆえ戦争の理論では、〔磁石のように引き付ける〕三つの点の間を揺れ動く三つの傾向について、いかにバランスを保つかが課題となる。

どのようにして、この難しい課題をまずもって果たしうるのかは、戦争の理論の篇〔第2篇〕で探究したい。いずれにせよ、本章でなしえた戦争の概念規定は、戦争の理論の基本構造を照らす最初の光となる。それはまず、大きな塊たる戦争の諸要素を腑分けし、類別するのを可能にしてくれるだろう。

第2章　戦争における目的と手段

〔戦争の政治的目的〕

前章では、戦争の性質が複合的であり、変化しうることについて論じた。本章では、このことが戦争の目的と手段にどのような影響を及ぼすのかを考察してみたい。

戦争が政治目的を達成する正当な手段であるには、その戦争は総体として、どのような目標を設定しなければならないのか。――まずこれを問いとしてみる。すると、戦争の政治目的や個々の状況と同様、戦争の目標が状況に応じて変わりやすいものであるのが分かる。

戦争の純粋な概念を確認しておくなら、戦争の政治目的は、本来、戦争そのものとは直接、関係ないものだ、と言わねばならない。戦争が、敵を屈服させ、こちらの意図を受け入れさせる実力の行使だとするなら、常に敵を打倒すること、つまり敵の抵抗力を奪うことだけが唯一の目的となり、それだけで十分なはずだからである。

ここではまず、戦争の純粋な概念から演繹《えんえき》される、この政治目的について、現実の世界で検証してみる。現実の世界でも、このような純粋な概念の戦争に近い戦争が多く見られるからである。

〔敵の抵抗力〕

敵国の抵抗力を奪うとは、何を意味するのか。――これについては、後に戦争計画を論じる際により詳細に論じる。ここでは差し当たり三つの事象を区別することに限定する。一般的な要因として、それぞれ他のすべての要素を含んでいるものがそれで、戦闘力、国土、敵の意志の三つの要因である。

戦闘力は撃滅されねばならない。言い換えると、敵の戦闘力をして、もはや戦いを継続できないような状態に陥れなければならない。本書で「敵の戦闘力の撃滅」というときは、この意味で理解されるべきであることを、ことわっておこう。

国土は占領されねばならない。国土から新たな戦闘力が生じる恐れがあるからだ。

しかし、戦闘力が撃滅され、国土が占領されたとしても、それと併せて敵の意志が挫《くじ》かれないと、戦争の終結とは見なされない。敵の政府と同盟国をして講和条約に調印させ、敵国民を降伏させない限り、戦争の終結とはならない。つまり、敵の諸力の敵対的緊張とその力の作用はなくなったとは見なされないのである。というのは、わが方が敵国土を完全に占領していても、敵国の内部や敵の同盟国の援助で、新たな戦闘が起こされかねないからである。

もちろん、そのようなことは講和の後でも生じることがある。しかし、そういうことは、戦争というものは完全に決着がつき、けりがつくことなどない、ということを示しているにすぎない。いずれにせよ、仮にそういうことが起きるにしても、講和が締結されると、その後には密かに燃え続けていた〔抵抗への〕感情の火も消え失せ、緊張も次第にゆるんでいくのである。どの国にも、またいかなる状況下でも、常に平和を求める国民が多数いるのであり、講和が締結されると、そういう人々は抵抗することなど考えないものだからである。ともかく、常に講和の締結でもって目的は達せられ、戦争という事業は終わった、と見なされねばならない。

〔敵の戦闘力撃滅の順序の如何〕

戦闘力は先の三要因のうち、国土防衛のために最も必要なものであるから、まず戦闘力を撃滅しなければならない。次いで、国土を占領し、この二つの戦果のうえに、こちら側の状態により、敵に講和を迫る、というのが自然な順序である。

敵の戦闘力の撃滅は、普通、徐々になされるのであり、敵の国土もそれにつれて占領されていく。この二つは相互に作用するのが一般的であり、国土の一部を失うと、戦闘力の弱体化を招く。しかしながら、この順序は決して必然的なわけではない。それゆえ、いつも順序通りに起こるとは限らない。

敵の軍隊は、著しく弱まる前に、自国の奥深く〔離れた〕国境付近にまで退却したり、さらには国外に逃れたりすることもある。その場合には、国土のかなりの部分が占領される。国土全部が占領されることもある。

〔純粋な概念の戦争と現実の戦争〕

敵の抵抗力を完全に剝奪・粉砕するという、抽象的な意味での戦争の目的は、政治目的達成のための究極的な手段であり、他の一切のことを含んでいる。だが、現実の世界では、それは必ずしも一般的ではない。また、講和のための絶対的な必要条件というわけでもない。それゆえ、このことを戦争理論の法則として定立することはできない。

彼我の一方が抵抗力を失ったわけでもないのに講和が結ばれた例、さらには両者の力関係が著しく崩れたとさえ思えないのに講和に至った例など、いくらでも挙げることができる。それだけではない。具体的な事例を見ると、戦争と呼ばれるものには、敵の完全な撃滅など考えられもしないケースもある。敵がはるかに強い場合がそれである。

戦争の純粋な概念から演繹された戦争の目的は、一般に現実の戦争とは適合しない。その理由は、前章で論じたように、概念と現実は同一ではないからである。戦争が純粋な概念通りのものなら、明確に戦闘力で差のある二国の間で戦争が生じるのは、不合理なこととなるし、そんな戦争は実際に起こらない、ということになろう。〔戦争が生じるには〕物理的な実力の差は、最大限でも双方の精神力で相殺される範囲内でなければならないこととなり、そんなことは欧州各国の現在の社会状態では妥当しないであろう。

だが、現実には力量に差のある国の間の戦争も見られる。それは現実の戦争が、純粋な概念のうえでの戦争とは著しく様相を異にするからである。

〔講和への動機〕

現実の戦争では、抵抗を続けるのを不可能ならしめるほどに敵を追いつめることのないまま、講和に持ち込まれることがある。その動機には二つのものがある。第一は、勝算がまったく成り立たない場合であり、第二は、勝利のために支払う犠牲があまりにも大きい場合である。

前章で述べたように現実の戦争は、内的必然性に従う、厳格な法則性に則したものではなく、蓋然性の推測による判断に委ねられている。このことは、戦争が誘発された状況からして、戦争が蓋然性での計算に適合するほどそうであり、また、戦争の動機と彼我の緊張が弱いほど、顕著になる。このことからして、蓋然性の計算によって講和に向かう動機が生じるのを理解できよう。

したがって戦争は、必ずしも敵を撃滅するところまで遂行されなくてもよいのである。戦争の動機と彼我の緊張が弱い場合、ほんの少し可能性をほのめかすだけで、敵を譲歩させるに十分なことがある。事前に相手がそれもありうると考えるようなら、その可能性の方に努力を向けるのは当然で、敵を完全に撃滅するという、回りくどい方法は避けようとするだろう。実際にもやるまい。

講和への動機でさらに一般的なのは、戦力の消耗についての考慮である。既に損耗《そんもう》した戦力と、この先損耗すると思われる戦力、その両方についてである。戦争は決して燃え盛る激情による行為ではなく、政治目的によって起こされるものである。そうである以上、政治目的の価値の大小により、払われるべき犠牲の大小が決まってくるのは当然である。この犠牲の大小は、単に量的な多寡だけでなく、犠牲を受ける期間にも当てはまる。戦力の消耗が政治的価値に釣り合わないほど大きくなると、政治目的が放棄され、講和が結ばれることとなる。

〔政治的意図の変化〕

それゆえ次のような現象を目にすることとなる。彼我の一方が他方を完全に無力化しえないような戦争にあっては、講和への双方の姿勢が強くなったり弱くなったりする。結末がどうなるかの見通しと、予想されるコストの大小とによって、講和への動機が揺れ動くのである。

仮に双方の講和への動機が同じくらい強いとすると、双方はその政治目的の〔妥協的な〕中間点で折り合うであろう。また、一方の側で講和への動機が強まれば、相手側では弱まるだろう。双方の講和への動機の和が、ある程度十分なプラスとなれば講和となるが、そこでは、講和への動機が弱かった者に最も有利な結果になるのは、当然であろう。

ここでは、ある点を意識的に無視して論を進めている。政治目的が積極的性質のものか、消極的性質のものかによって、不可避的に軍事行動に相違がもたらされること、がそれである。後述のように、この相違は極めて重要だが、ここではより一般的な観点を維持しておかなければならないからである。また、戦争が経過するなかで、当初の政治的意図が大きく変わり、最後にはまったく別のものとなることすらもあるからである。それまでに得られた成功や、今後の予測される成り行きによって、当初の政治的意図に修正が加えられていくためである。

〔敵の戦争の見通しに影響を及ぼす〕

そこで、どのように目的達成の可能性を高めうるかが問題となる。まず、当然だが、敵の戦闘力の撃滅と、敵の国土の一部占領という、二つの手段によってであり、これは敵の打倒という同じ目的につながる。だが、この二つの手段も、その目的の達成にとっては、まったく同じというわけではない。

敵戦闘力に攻撃を仕掛ける場合でも、もし敵戦闘力の撃滅を目指すのなら、最初の一撃の後、すべてを粉砕するまで、次々に打撃を加えなければならない。だが、敵国の一部占領を目指すのならまったく別であり、一回の勝利だけにとどめ、敵を不安にさせ、こちら側が優勢だという印象を植え付けて、将来を悲観させればよいのである。この方針に照らして行うものなら、それに見合うだけ、敵の戦闘力を叩けばよいのである。

敵国の一部を占領するのでも同様であり、敵の打倒を意図していない場合は、〔意図する場合とは〕別の事柄となる。完全な勝利を目指すのなら、敵戦闘力の撃滅こそが有効な行動であって、一部地域の占領はその結果、得られるもの、というだけである。敵の戦闘力が打破される前に、敵の領土の一部を占領するのは、仕方なくなされるようなものと見られなければならない。

それに対し、自軍が敵の戦闘力の打倒を目指しておらず、また、敵も流血の決戦を求めないばかりか、それを恐れていると、こちらが確信している場合は、どうか。――敵の無防備な地方や、防御が脆弱な地方を占領すると、それで有利となる。そして、その利益が、敵をして全体での勝利を悲観させるに十分なものなら、講和を近づけるもの、と見なすべきなのである。

〔国際的な政治関係〕
また、敵の戦闘力を完全に撃滅しなくとも、目的達成への可能性を高める独特の手段がある。直接、政治的な影響をもたらす工作がその一つである。敵の同盟国を離間させたり、〔敵国への協力を停止させて〕同盟の有効性を失わせたり、はたまた自国に新しい同盟国を得たりすること、がそれである。敵・味方の政治的関係を変え、味方に有利な状況を作り出すなど、様々な工作ができる。これらの方法が、どれだけ勝利への見通しを高めるか、また敵の戦闘力の完全な打倒よりもどれだけ容易であるかは、簡単に理解できる。

〔敵の国力の消耗〕
第二に、敵に国力を消耗させる手段について考えねばならない。敵に負わせる犠牲・負担を大きくする手段がそれである。

敵の国力の消耗とは、一つには戦闘力を損耗させることである。味方からすれば、敵の撃破である。もう一つは、敵が一部国土を失うことによる。自軍からすれば一部地方の占領でもたらされる。……

この二つの他に、直接、敵の国力の消耗を狙う独特の方法が三つある。

第一の方法は侵略、つまり敵国の一地方の占領である。だが、ここでの占領は、そこを長く保持する意図のものではない。あくまで、そこで軍税をとりたてたり、荒廃させたりするために行うものである。それは敵国を征服したり、軍に打撃を与えたりするためでなく、ただ、敵に犠牲を及ぼすのを目的としている。

第二の方法は、全般に敵の犠牲を増大させるべく、自軍の行動を特定の対象に集中させるものである。軍事力の使用には二つの異なる方向があるのは、容易に理解できよう。一つは、敵の完全な打倒を目的とする場合に適する方法である。もう一つは、敵の完全な打倒が不可能であるか、それを目指さない場合に、より有効なものである。普通、〔打倒を目指す〕前者の方法がより軍事的であり、後者の方法はより政治的と言われる。しかし、より高い見地に立つと、どちらも軍事的であり、所与の条件の下で、ある場合は前者、ある場合は後者が選ばれるにすぎない。

第三の方法は、敵を疲弊させるものである。その影響が及ぶ範囲は広く、前二者よりはるかに重要である。疲弊という言葉を用いたのは、単にその事柄を一語で言いたいからではなく、その言葉が実によく物事の本質を表わしており、単なる比喩《ひゆ》にとどまらないからである。戦いで敵を疲弊させるということには、連続的に軍事行動を行い、敵の物質的な戦力と意志を次第に消耗させる、との意味が含まれているのである。

戦いが継続する間、敵より長く持ちこたえようと思うなら、できるだけ小さな目的で我慢しなければならない。事の性質上、大きな目的の場合、小さな目的より多くのエネルギーを要するからである。意図しうる最小の目的は、純粋な意味での抵抗〔徹底した自衛〕、つまり能動的な意図のない戦闘である。このような方針《ポリシー》の下では、自軍の用いうる手段たる戦闘力は、敵に対して相対的に最も大きくなり、成果は最も確実となる。

さて、このような消極性はどの程度、許されるものなのか。――完全な受動性が許されないのは明らかだ。ただ我慢するというのは戦闘ではないからであり、抵抗といえども一種の活動であって、活動である限り、敵の戦力の多くを破壊し、その意図を断念させねばならないのだ。ただ敵の意図を断念させることだけが目標となっている、という点で消極的であるにすぎない。……

このように消極的な意図から、すべての手段を純然たる抵抗に集中する方法により、戦闘が有利になる場合がある。だが、その有利さも、敵の有する優位と釣り合うくらい大きくなければならない。戦いが続き、最後には、敵の疲弊が大きくなり、敵の軍事活動が当初の政治目的と釣り合わない点に至ると、敵は政治目的を放棄せざるをえなくなることがある。この理由から、弱者が強者に抵抗する場合に、相手を疲弊させるこの方法が広く用いられている。……

〔戦争における手段〕

戦争では目標達成に至る道はいくつもあり、すべてが敵の打倒と結びついているわけではない。敵の戦闘力の撃滅、敵国の一部地域の征服、敵領土の占領、政治と直接結びついた工作、敵の攻撃の受動的〈待ち受け〉などがある。これらはすべて個々の具体的ケースの特性に応じ、敵の意志を屈服させるのに用いられる手段である。……

目標達成への様々な近道を過小評価したり、めったにない例外と考えたり、それによって生じる作戦上の差異を軽視したりしてはならない。それには、戦争を呼び起こす政治目的の多様性を自覚する必要がある。戦争には国家の存亡をかけた撃滅戦争もあれば、強制された同盟関係や、空文化している同盟関係によって、仕方なしに行われる戦争もあるのだ。われわれは一瞥しただけで、それを見分けられなければならない。

戦争の二つの性質のなかで、両極端の戦争の間に無数の種類があるのであり、どれも現実に発生するものである。そのどれかを理論のなかで退けようとするなら、いろいろな種類の戦争をすべて否定しなければいけなくなる。そんなことは現実の世界に対し目をふさぐこととなる。

以上、戦争で追い求めねばならない目標について、一般的に述べてきた。次に戦争の手段に目を向けることとする。

〔戦争の手段は戦闘〕

戦争の手段はただ一つしかない。それは戦い《カンプフ》である。たとえ戦争の手段がどれだけ多様であろうと、戦争の概念上、常に戦争に現れる作用は、すべて戦いに源を発する。たとえ、その戦いがどれだけ憎悪・敵愾心《てきがいしん》に発する殴り合いから掛け離れていようとも、そうである。また、たとえ戦いでないものがいかに多く入り込もうとも、違いはない。戦争の概念からして、戦争に現れる一切の現象は本来、戦いに由来する。

したがって、戦闘力に関係するものはすべて、軍事活動の一部をなす。つまり、戦闘力の組成・養成《クリエーション》、維持、使用のすべてがそうである。

そのうち戦闘力の組成・養成と維持とは、明らかに手段であり、戦闘力の使用は目的である。

……

〔戦闘力の作用〕

多くの理由から、戦いの目的が、敵つまり相手の戦闘力の撃滅ではなく、それが単なる手段と見られる場合がありうる。そのようなときはどの場合も、敵の撃滅もまた重要ではなくなっている。そこでは戦いは実際になされず、単に戦闘力を推し測る作業で十分に代替でき、それだけのものとなる。それ自体に価値はなく、結果的に判断をもたらすことに価値があるのだ。つまり、決戦をしたのと同じ効果を生むのである。

戦闘力の差が非常に大きい場合、目算だけで、双方の戦闘力が評価できる。その場合、実際に戦いが生じることはなく、弱者はただちに屈服するだろう。

戦いの目的が、必ずしも関連する敵戦闘力の撃滅にない場合、実際の戦いなしに、その目的が達せられることがある。つまり、相互の戦闘力を確認し合い、戦いの結果を考えてみるだけでも達成されるのだ。とすれば、往々にして、実際になされた戦いが重要な役割を演じることなく、大きな戦役《フェルドツーク》が遂行されることがあるのも、納得できよう。

こういうことがあるのは、過去の戦史が数多くの事例でもって証明している。当然ながら、戦例の多くが流血なしの決着に正当性を与えているのであり、それは戦争の本質に矛盾するものではないのである。もっとも、このような解決の仕方によって高い名声を勝ちえている戦争があるものの、それが批判に堪えるものかどうかについては、ここでは触れない。ただ、このような経過をたどる戦争もあるということを、示しておきたいだけだからである。

〔戦いの不可欠性〕

われわれは戦争で、唯一の手段しか有していない。戦い《ゲフェヒト》がそれだ。しかし、戦いは様々な形で行なわれ、様々な戦闘方法をすべて受け入れさせる。戦争の目的が多様なためである。その結果、以上の考察から何も引き出せなかったかのように思われるかもしれない。しかし、そんなことはない。手段は戦いだけという統一性から、一筋の糸が発しており、その糸が軍事行動という織物全体を縦横に貫き、織り上げられているからである。

これまで筆者は、敵戦闘力の撃滅を、戦争で追求されうる諸目的の一つと見なしてきた。だが、この目的がいろいろな目的のなかでどういう重要性を有しているのかについては、詳しく述べないできた。

それは個々のケースで、諸事情により決まることであるとして、普遍的な重要性を規定しないできたのである。今や再度、この問題に立ち戻り、撃滅という目的にどのような価値を置くべきか、判断できるようにしたい。

戦いこそ、戦争で効果を上げる唯一のものである。そして戦いでは、対峙《たいじ》する敵の戦闘力の撃滅が、目的達成の手段である。実際に戦闘が行われない場合も、このことは妥当する。決戦をすれば、戦闘力の撃滅が必至だとの予測が成り立つからである。

それゆえ敵の戦闘力の撃滅があらゆる軍事行動の基礎であり、あらゆる軍事行動を結合する支点でもある。〔石を組み合わせた〕アーチが、礎石を土台にしているようなものである。だから、軍事行動はすべて次の前提の下に始められている。つまり、武力による決着が基礎にあり、決戦がなされれば自己に有利な結果がもたらされよう、との予測に立って軍事行動はなされるのである。武力による決着と、戦争での大小の諸作戦の関係は、現金取引と手形取引の関係に譬《たと》えられよう。この二つがどれだけ掛け離れたもののように見えようとも、また、決戦がどれだけ稀になっても、軍事行動である限り〈取引での決済のように〉、決戦遂行の能力は不可欠なのである。……

〔敵戦闘力の撃滅〕

このように、敵の戦闘力の撃滅は最も効果的な手段である。

だが、それは〈他の条件が等しい場合〉という前提の下で、敵戦闘力撃滅が最高に有効ということである。したがってこのことから、慎重な熟練の発揮よりも、向こう見ずの突進が常に勝利への道だ、などという結論を下そうとするなら、誤解もはなはだしいこととなる。拙劣な猪突猛進は、敵の戦闘力を撃滅させるより、味方の戦闘力を撃滅させてしまうだろう。そんな見解が筆者の見解であるはずがない。

なお、ここでより大きな効果というのは、手段についてではなく、目標について言っているのである。ここでは単に、達成されたある目標の効果を、他の場合の効果と比べているのである。注意を促しておかなければならないが、敵の戦闘力の撃滅という場合、戦闘力の概念を物質的なそれに限る必要はない。いや、むしろ精神的戦闘力も必ずなかに含めて考えるべきだ。物質的・精神的な戦闘力は、二つが互いに絡み合っており、引き離せないからである。ある大規模な戦闘力の撃滅（大勝利）が、他のすべての武力による戦闘に不可避的な影響を及ぼすことを、少し前で述べたが、それはまさに精神的な戦闘力への影響なのである。その表現が許されるなら、精神的要素は、最も流動的な要素であると言えるのであり、その影響はすぐ全部隊に広がる。

敵戦闘力の撃滅は、他のどの手段より優れているが、高いコストと危険性が伴う。そして、そのコストと危険性を避けたいがために、他の手段が検討される。

敵戦闘力の撃滅という手段に高いコストが伴うのは、容易に理解されるであろう。自軍の戦闘力のコストは、他の条件にして等しければ、敵の撃滅を意図するほど、それだけ大きくなるからである。

だが、この手段の危険性は次の点にある。自軍が大きな効果を求めると、失敗した場合には、より大きな負の作用が味方に降りかかり、いやがうえにも、大きな不利な結果を招くことである。

それに対し、他の手段は、もちろん成功の場合には大きなコストを払わないで済むし、失敗したとしてもそれほど危険性が伴うわけではない。しかし、そこには一つの必須条件がある。こちらが武力による決着を選ばず、別の手段に訴える場合、敵も同じような意図であることが前提だ、ということだ。もし、敵が武力による決着を選ぶとすると、味方も当初の意図に反して、武力による決着で応じなければならないだろう。その場合には、一切は決戦の結果にかかることとなる。……

〔味方の戦闘力保持〕

ここからは、敵戦闘力の撃滅という行為のネガ〔陰画〕の面にあたる、味方の戦闘力の維持について考察しなければならない。〈敵の戦闘力の撃滅〉と〈自軍の戦闘力の維持〉という、双方の活動は相互作用をなしており、常に相伴って現れてくる。この双方の活動は、一つの意図の相互の両側面なので、両者のいずれかが優勢な場合について、どんな結果が生じるかを考察すればよい。

敵の戦闘力を撃滅させようという活動は、積極的な目的のものであり、敵の撃滅を最終目標とする積極的成果を上げようとするものだ。それに対し、味方の戦闘力の維持は、消極的目的のものであり、敵の敵対的な意志を砕くことが目標である。つまり、純然たる抵抗であり、行動の持続期間を長引かせ、究極的には敵の戦意を失わせるのが目標である。

積極的目的をもつ行動は、撃滅の行動を起こさせ、消極的な目的の行動は、敵の行動を待ち受けるものである。

どれだけ長く待ち受けをすべきか、また、どれくらいなら許されるのか。――ここでまた、攻撃と防御の源泉の問題に直面するのだが、待ち受けの長短の問題については、後に攻撃と防御の原則を考察する際に、より詳しく述べることとする。ここでは、待ち受けで時間を稼ぐといっても、待ち受けは決して純然たる受け身の行為であるのを許されないこと、待ち受けと結びついた行動にあっても、他の諸目標と並んで、関与してくる敵戦闘力の撃滅が目標となる場合があること、この二点を指摘するにとどめる。

したがって、消極的な目的とは、敵戦闘力の撃滅より、流血を伴わぬ解決を目指すものだ、との考えは根本的に間違っている。無論、消極的な側の取り組み方が積極的な側より優勢な場合、無血の解決を招くことがあるのは確かだが、そこには必ず危険性がある。その方法が適切かどうかは、自軍の側とはまったく別の条件、つまり相手側の条件にかかっている。

それゆえ、自軍の戦闘力を維持するのが主たる観点なら、無血の解決を目指すという方策は、決して自然な手段とは見なされない。いやむしろ、その方法が状況に適合していない場合、自軍の戦闘力が完全に滅ぼされる結果となろう。極めて多くの高級司令官がこの過ちを犯し、それによって破滅させられている。

消極的な軍事活動の側が優勢な場合、追求しうる唯一・必須の方法は、決戦を抑制することである。指揮官は決戦を回避し、決定的瞬間まで待ち受ける。その結果は、一般にはこうである。時間的には行動を遅延させることになり、空間的には状況が許すなら、敵を広大な空間に引き込むことになる。

単に待ち受けを続けると極めて不利になる、という瞬間があるが、まさにそのときが、受動的な活動では利点が消滅する時点と見なされねばならない。そこで、それまで双方の均衡《バランス》で抑制されていた敵の戦闘力が再び現れる。それは抑制されていただけで、排除されてはいなかったものであり、こちらを撃滅するという賢明な努力が再びそのまま姿を現す。

これまでの考察で確認してきたように、戦争で政治目的を達成する方途は多様だが、手段は唯一、戦い《ゲフェヒト》あるのみである。軍事行動はすべて、武力による決着という最高の法則に従っているのだ。そして、敵が決戦を求めているなら、味方も決戦を避けては通れない。戦争の指揮にあたり、あえて決戦以外の手段を採ろうとする者は、敵が決戦による解決を求めていないこと、また、たとえ敵が決戦に訴えたとしても、敵は必ず敗北するであろうことを、あらかじめ信じていなければならない。要するに、戦争が追求するあらゆる目的のうちで、敵の戦闘力の撃滅という目的が、常に最高位にあるものとして現れる、ということである。……

第3章　軍事的天才

〔軍事的天才〕

特別な任務はどれも、ある種の熟練でもって遂行されるものだが、知性と情意の点で非凡な天分が必要である。このような知性と情意に極めて優れており、極めて大きな業績を上げられるなら、そのような知性と情意を併せもつ人物を《天才《ジーニアス》》と呼ぼう。

もちろん天才という言葉は様々な意味で用いられており、天才の本質を定義するのが極めて難しいのは承知している。だが、筆者は哲学や言語学の専門家を自任してはいないので、ごく普通の意味でこの言葉を用いてよいだろう。したがってここでは、特定の活動について、たいへん高度な能力を発揮できる人物を天才と呼んでも許されよう。

ここでしばらく、天才の能力と気高い精神について考察し、その概念の内容を吟味したい。だが〔本書では〕極めて高度な才能に恵まれた者、という本来の天才だけを論じているわけにはいかない。天才の概念は曖昧であり、何ら明確な境目があるわけではないからである。本書では主に、軍事行動をするのに必要な精神力について、共通の傾向を考察しなければならない。そうすれば、その傾向を軍事的天才の本質と見なしうるであろう。

共通の傾向といったのは、軍事的天才が、勇気など、単一のものを志向する精神力ではないからである。それに加え、知性や気質などの力がなくてはならない。また戦争に役立たない方向性のものでは、軍事的天才と言えないだろう。軍事的天才とは、種々の精神力を調和的に複合したものである。そこでは、いくつかの精神力が特に優れているにしても、他の精神力の発揮を妨げるようであってはならない。

〔国民性と名将〕

戦士が皆、多かれ少なかれ軍事的天才の要素を備えていなければならないというのなら、われわれの軍はどれもたいへん弱いものであろう。ここでは天才を、精神力の独特の特性としているが、社会全体が多方面で多様な精神力を求め、そのように人材が養成されているなら、そういう〔軍事的天才の〕特性は軍においては稀にしか見られないからである。逆にその国の社会の活動領域が多面的でなく、その国で軍事的行動が支配的であるなら、そこにはそれだけ軍事的天才が幅広く見られるに違いない。

しかし、これは軍事的天才の見られる範囲を意味しているだけであり、決して軍事的天才の程度の高さを意味してはいない。というのは、高度の軍事的天才は、その国の国民の、一般的な精神的教養の程度に強く依存しているからである。文化の程度が低く、好戦的な国民の場合、文明的な国民以上に軍事的精神が人々に広く深く浸透している。というのは、そういう諸国民の間では、個々の戦士のすべてにその精神が備わっているからである。それに対し文明国の諸国民は、必要な時に備わってくるのであって、決して内的衝動に駆り立てられてそうなるのではない。

だが文化程度の低い国民の間には、真の偉大な高級司令官《フェルドヘア》は見られないし、軍事的天才と呼ばれる人物は極めて稀にしか存在しない。軍事的天才を得るには、知性の力が発展している必要があるのに、文化程度の低い国にはそれが欠けているからである。……

〔勇気〕

戦争には危険があふれており、それに立ち向かう勇気こそが、何よりも戦士の特質である。

勇気には二種類ある。第一は自らの危険に対する姿勢であり、第二は責任を負う勇気である。責任を負うということには、何か外部の審判に対する責任もあれば、内なるもの、つまり良心の審判に向き合うときの責任感というものもある。ただ、ここでは、〔自らの危険に対する〕第一の勇気についてだけ論じる。

自らの危険に立ち向かう勇気にも、二つの種類がある。その一つは、危険にたじろがない姿勢である。それは、その人の生来の性格であったり、生命を問題にしない気質であったり、習慣から生じるものだが、いずれにせよ恒常的な性格と見なしてよかろう。

もう一つの勇気は、名誉心、愛国心や、何らかの熱情など、前向きの動機を源とする能力である。それは恒常的な心的状態というより、心情ゆえの感情である。

この両者が別の効果をもたらすことは、容易に理解できよう。まず〔危険にたじろがない〕第一の勇気の方が、〔心情ゆえの〕第二の勇気よりも確実である。第一の勇気は後天的な性質となる可能性があり、いったん獲得すれば、その人物から消えてなくなることはない。また、第二の勇気は、行き過ぎを見せてしまうことが多い。第一の勇気は、どちらかというと沈着さに近いもので、第二の勇気は、向こう見ずに近いと言えよう。また第一の勇気は精神を冷静にするものである。第二の勇気は精神を刺激するが、ときに向こう見ずにさせてしまう危険性がある。したがって、この両者が兼ね備わって初めて、完全な勇気となる。

〔知力の指導〕

戦争という分野には、肉体的な辛労と苦痛がついてまわる。この辛労と苦痛に屈しないためには、先天的であれ後天的であれ、辛労・苦痛に耐えうる一定の体力と精神力が必要である。こうした特性を備えた人なら、健全な知力の指導の下にあれば、すぐに立派に戦争に役立つ存在となる。この特性は、文明の発達していない国でも、文明半ばの国でも、国民一般に見られるものである。

戦争が戦う者に求める資質をさらに検討していくと、卓越した知性の力の必要性に気づく。戦争は、不確実性の世界である。軍事行動がなされる場の事象の四分の三までは、多かれ少なかれ、不確実性という濃い霧に包まれている。そこで的確な判断力でもって真相を見通すのに何よりも必要なのは、洗練された鋭い知性である。

無論、平凡な知性でも偶然、真相を見出すこともあろう。また、非凡な勇気が知性の不足を補うこともあろう。しかし、あまり良くない結果となって、知性の不足が明るみに出るのが普通だ。

〔偶然性〕

戦争は偶然の支配する世界でもある。人間の活動分野のなかで、戦争以上に偶然という外的要因の働く領域は見られない。それはあらゆる面で戦争が、不断に偶然性と接しているからだ。偶然は、状況のすべての面で不確実性を強め、事態を混乱させるのである。

あらゆる情報や想定が不確実なうえに、偶然が混じり込んでくるため、戦争で指揮官は常に予想とは違う事態に出くわす。このことから作戦それ自体や、作戦上の想定に影響が及ぶ。予定していた作戦を中止させるほどに影響が大きい場合、言うまでもないが、新たに作戦を立て直さなければならない。だが、そのような場合には、往々にしてそのためのデータも欠けている。状況は即断即決を求め、データを吟味して作戦を練り直す時間的余裕などない。軍事行動の進展につれ指導者は早急に決断を強いられ、現状を再評価する時間などなくなってしまうからだ。

だが実際には、自分たちの想定を補正したり、生起した偶然を検討したりしてみると、当初の計画を抜本的に覆《くつがえ》すほどのものではなく、大半は単に計画をぐらつかせる程度のものである。この場合、状況についての情報が増えても、不確実性は減少するどころか、増大するばかりである。というのも、こうした変化はすべて一度に生じるのではなく、少しずつ生じ、意思決定は絶えず揺らぐからである。いうならば精神は、常に武装していなくてはならないのである。

予期せざる新事態に当面しても、たじろぐことなく戦争を続けていくには、二つの資質が不可欠である。一つは知性であり、どんな暗闇でも常に内的な光を投げかけ、真相はどうかを見出すものだ。第二は、知性という微弱な、内的な光を頼りに行動していく力たる勇気である。先の第一のものは、フランス人のいう《クゥ・ドゥイエ》〔一瞥での眼力〕である。第二のものは、決断力のことである。

〔眼力〕

戦争で最も関心を集めたのは個々の戦闘であり、戦闘では時間と空間が重要な要素である。迅速な決戦を旨とする騎兵隊中心の時代には、特にそうであった。そのため迅速で適切な決断というクゥ・ドゥイエ〔眼力〕の概念は、まず時間と空間を測ることについて語られ、その後、正しい目測だけを意味する言葉となった。

このため戦争術の教官は、多くがこの概念を、この限定的な意味でしか用いていなかった。だがその後、実戦での〈瞬間的になされる決断〉のすべてという意味で理解されるようになったのであり、それを見誤ってはならない。例えば、適切な攻撃地点を素早く見抜くことなどがそうである。

このように《眼力《クゥ・ドゥイエ》》は、単に肉体的な眼力だけでなく、精神的な眼力も意味するようになっている。旧来の慣用では、これは戦術の領域に属するものだったが、戦略においても欠かせないものである。戦略でも、しばしば迅速な決断が求められるからである。

この言葉には具象的・局限的な意味もあるが、その部分を除くなら、《眼力》の意味は、真実を、迅速かつ的確に把握しうる能力に他ならない、ということが明らかとなる。普通の人なら見逃しやすく、永い観察と熟慮の末にやっと見出しうるような真実を、即座に認識するのが《眼力》ということである。

〔知性と勇気〕

決断は、個々の場合においては勇気の働きであり、それが性格として身につくと、心の習慣となる。しかしここで問題にしているのは、身体への危険にたじろがないという意味での勇気ではなく、責任を担う姿勢としての勇気である。いわば、心が揺らぐことに耐える勇気の方である。このような勇気は、しばしば〔フランス語の〕《クラージュ・デスプリ》〔精神的勇気〕と呼ばれている。この勇気が知性を源としているからである。

だが、この種の勇気は知性の働きというより、心情の働きによるものである。単なる知性はそれ自体では勇気とならない。往々にして極めて知性的な人が決断力を欠いているのはそのためだ。それゆえ知性はまず、勇気という感情を覚醒させ、それにより自己を維持し、支えなければならない。危急に際しては、思慮よりも感情が人を強く支配するからである。……

〔困難な状況での決断〕

不確かな状況にありながら、それを克服し決断を下すのは、知性なくしてはかなわない。しかも、知性を正しく働かせなければならない。優れた理解力と強い感情をともに備えていても、決断ができるわけではない、と筆者は主張したい。

困難な課題に取り組む素晴らしい精神的眼力を有し、大きな責任を負う勇気も備えているのに、困難な事態になると決断できなくなる人がいる。そういう人は勇気と知性が分かれてしまっており、共働しないので、第三の要因たる決断力を発揮できないのである。

決断というものは、断固たる決意で物事を断行する必要性を自覚し、意志を固める知性の働きがあってこそ、下せるものなのである。このような知性の独特の働きのゆえに、強い心の持ち主は、躊躇したり手遅れになったりするのを何よりも警戒して、決断を下すのである。それに対し、ここでいう知性の乏しい人は、決断できないまま終わってしまう。

もちろん、知性の乏しい人でも困難な状況で、ためらわずに行動できるかもしれない。だが、それは熟慮のうえでの動きではなく、熟慮しないから疑念に悩まされないだけである。しかし無思慮な行動では、必ず矛盾に陥ることとなろう。……

〔頑強な頭脳〕

決断はあくまで、知性の独特の性質があって初めて生ずるもの、と筆者は考える。そして、この性質は鋭利な頭脳というよりも、強固な頭脳に属している、と考えるのである。低い地位にあって最大の決断力を示した者でも、高い地位につくや決断力をたちまち喪失してしまう者があり、それは多くの事例で示されるが、それは決断力のこの側面から説明される。

そういう人もまた、決断を下す必要性を十分認識しており、誤った決断をした場合の危険性も承知している。だが、直面する問題に不慣れなので、その人の知性は本来の力量を失ってしまう。そして、不決断のリスクに呪縛されてしまい、それだけ臆病になる。ただ勢いに任せて行動するのに慣れている者ほど、そういうときは尻込みするものなのだ。

〔冷静沈着〕

〔一瞥での心眼たる〕《眼 力《クゥ・ドゥイエ》》や決断力と密接な関係にあり、同じように重要なものに冷静沈着がある。戦争のように予期できないことが多発する分野では、冷静沈着が大きな役割を果たさなければならない。その姿勢こそが、予期せぬことを、よく克服するものだからである。不意に話しかけられて適切な答えができるのは、冷静沈着によるのであるし、同様に、予期せぬ問題に適切に対応し、また危急の際には迅速に対処できるのも、冷静沈着による。それは驚嘆に値する働きである。対応は状況に適合するものであればよく、非凡であることを要しない。……

〔知性と気質〕

この〔冷静沈着という〕素晴らしい特性は、知性の資質と気質の均衡のどちらにより多く負っているのか。これは、個々の状況により異なるが、どちらも、なくてはならないものである。適切な応答は、機知に富んだ頭脳の働きにより多くを負っているし、危急の際の適切な対処では、とりわけ気質の均衡が大きい。

戦争を取り巻くのは、危険、肉体的労苦、不確実性、偶然という四つの要素である。それを全体としてみると、これらの重苦しい要素が立ち塞がるなかで、確実かつ効果的に前進するには、気質と知性の大きな力が必要なことが、容易に理解できる。その力は状況に応じ、いろいろな形で現れる。戦史の書物には実行力、堅固、不屈、強固な気質、強い性格といった言葉が見られる。

これら英雄的性格はすべて同一の意志力の発現であり、それが状況に応じて形を変えて現れるだけだ、と見なす人もある。しかし、これらは互いに似てはいるが、同一のものではない。……

〔指揮官の意志力〕

部隊が勇気に満ち、快活、敏捷《びんしょう》に戦っている間は、目的追求のため指揮官が意志力を示さねばならない局面はほとんどない。しかし、いったん状況が困難に傾くと、事態は進捗《しんちょく》しなくなる。特別なことをしようとすると、状況は必ず困難になり、物事は潤滑油のきれた機械のように動かなくなる。この抵抗を克服するには、指揮官の大いなる意志力が必要となる。……

個々の兵士の力が次第に失われ、兵士自身の意志ではもはや自分を鼓舞できなくなると、全軍の活力低下が高級司令官に重くのしかかってくる。司令官の胸に燃える炎、精神の光明によって、すべての兵士に決意の炎、希望の光明を燃え上がらせなければならない。司令官がこれをなしうる限り、軍を統制し、主人たるべき地位を維持できる。……

〔名声と栄誉〕

激しい戦闘の最中に人々の胸に生じる崇高な感情のなかで、名誉心と栄誉への熱望ほど強力で、揺るぎないものはない。だが不当にもドイツ語ではこの観念を、野心とか功名心などと品性下劣な言葉で語り、品位のない不随的な意味を与えている。

確かに、この崇高な感情が戦争で誤って利用され、人類への不当極まりない不法行為がなされたのは、その通りである。しかし、もとをただせば、これらの感情は人間性の極めて高貴なものである。戦争にあって、大規模な組織体に魂を吹き込む生命の息吹そのものである。

祖国愛、理念・思想への熱情、雪辱の念、種々の情熱など、他にも感情があり、いずれも普遍的で高尚に見えるが、名誉心と栄誉への熱望の感情を不必要にするものではない。なるほど、それらの感情も、軍の全体を鼓舞し、士気を高揚させるであろう。だが、指揮官が卓越した武勲を挙げようとするに際しては、ぜひとも同僚より高い地位につきたいという昇進への意欲ほど、強力なものはないのである。

他の感情はどれも、名誉心ほどには指揮官を駆り立てるものではない。つまり、個々の軍事行動を、あたかも自分の土地のように考え、豊かな実りを得るため、熱心に耕《たがや》し、入念に種を蒔《ま》くことに努力を傾注させる点で、名誉心に代わるものはないのだ。

トップから下層まで、階級を問わず指揮官が皆、このように努力し、競争し、刺激し合うことで、軍隊に命が吹き込まれ、成果を上げることが可能になるのだ。特に高級司令官にはこう問いたい。――名誉心をもたずに偉大な将軍となった人物など、存在したことがあるのか。そんな人物を考えられるのか、と。

〔感情と知性の均衡〕

堅固とは、個々の交戦での強さの点で、強固な意志の抵抗力をいう。忍耐とは、持続性の点で、長期の意志の抵抗力をいう。

堅固と忍耐という言葉は、極めて似通っており、かなり混同されて使われているが、その本質の違いを看過してはならない。個々の激烈な交戦に対する堅固は、純然たる感情の力に支えられている。それに対して忍耐は、知性に支えられている。軍事行動が継続されると、それだけよく考えられた計画となり、そこから忍耐が増すからである。

次に、気持ちの強固さと精神力の強さである。まず、この二つの言葉をどんな意味に解すべきか。

気持ちの強固さは決して、感情の表出が激しいという、激情を指しているのでないのは明らかだ。そんなことは慣用的用法から外れる。気持ちの強固さとはむしろ、どんなに興奮が高まっても、またどれほど強烈な激情の渦のなかにあっても、なお知性に従って行動できる能力のことである。

では、この能力はもっぱら知性の力に起因するのか。いや、そうではあるまい。確かに、優れた知性がありながら、自制心を失う人がいるが、だから疑わしいというのではない。そういう人は包括的な知性を欠くというより、独特の強い知性を欠いているから、と言えるかもしれないからだ。強いストレスのさなかにあっても、知性に従って行動する自制心は、強い気持ちそのもののなかに存すると考えるのが真実に近い、と筆者は考える。つまり、燃え上がる激情のなかにあって、それを完全になくすのではなく、それと均衡を保つ、もう一つの感情があり、その均衡により知性が優位を確立しうるのである。

とするなら、この均衡をもたらすものは、人間の品位を重んじる感情、つまり、人間のもつ最も高貴な矜持《きょうじ》に他なるまい。言い換えると、その矜持は、明察力と鋭い知性を備えた人間として、常に品位を保つよう振る舞おうとする内面的欲求のことである。要するに、強い気持ちとは、極めて激しい感情のなかでも均衡を失わない状態、と断言できる。……

〔下級指揮官と勇気〕

すぐかっとなり、興奮しやすい性格はそれ自体、日常生活にも、戦争にも適さない。強い衝動という点は長所だが、それは長続きしない。しかし、その性格が勇気や野心の方向に働けば、下級の指揮官が統制する局面なら、短時間で終わるから役立つことがよくある。そこでは一度、大胆な決断を下し、魂を奮い立たせて戦えばよいからだ。

実際、大胆な突撃や強力な急襲は、わずか数分で終わる。しかし、会戦での思い切った戦いとなると丸一日の行動であり、戦争全体となれば一年も続く〔ので話は別だ〕。……

〔指揮官の強い気質〕

もう一度、繰り返しておきたい。強い気質の人間とは、感情の激高しやすい者のことではなく、感情が高まっているときにも均衡を失わない者のことである。つまり、胸のなかに嵐が渦巻いているにもかかわらず、洞察と信念を失わない者のことである。譬《たと》えていうと、嵐にもまれる船舶の羅針盤のように、常に進路を見失わない者である。……

一段高いところから行動を導く、一般的な原則や見解は、物事に対する明晰で深い洞察から得られるものであり、結論の出ていない個々の具体例については、そのような原則・見解だけがいわば判断の規準となる。しかし、初めに規準に依拠して個々のケースについて意見をもつと、その後、別の現象に直面したり、批判が出されたりしたとき、それに抗して当初の意見を貫くのは容易ではなくなる。

実際の事例と基本原則の間には大きな溝があることが多く、両者を推論で結びつけようとしても、溝を埋められるとは限らない。そこでは、ある程度の自信が必要だし、ある程度の懐疑心も有益である。

そこでは多くの場合、思考過程の外にあって、思考過程そのものを支配している基本原則が、最も頼りになる。疑問をもった場合はいつも最初の見解に立ち戻り、強い確信でもって覆すのでなければ方針を変えない、という原則がそれである。〈幾度もの検討を経て、有効性が確認されている原則に従っていれば、必ず真実に近づける〉との、強い確信である。そのときの印象がいかに強烈でも、それに惑わされず、方針を堅持するのを忘れてしまうことがあってはならない。

たとえ疑問を抱かせるような事態に直面しても、先に吟味した確信を優先し、その確信を堅持するなら、その行動は堅実性と持続性を得て、強い気質の持ち主となろう。一般に性格と呼ばれるものは、こうして培われる。

感情の均衡が性格の強さに大きく寄与しているのは明らかだろう。それゆえ、不屈の精神を有する人は、たいてい強い性格の持ち主である。

性格の強さを論じた以上、その亜種である頑固さにも言及しておく必要があろう。具体的な事例では、性格の強さと頑固さを見分けるのは難しいことが多いが、その概念的な相違はわりに容易に理解できる。

〔頑固〕

頑固とは知性の足りない状態のことではない。〔性格の強さとは違い〕頑固とは、〔自分の誤りを認め〕自分のそれより優れた見解を受け入れようとしない態度だ、と筆者は考えるのである。知性を洞察の能力とするなら、頑固さに知性を認めるのは、必ずしも矛盾ではない。頑固さとは、感情が誤った作用をしていることだ。

この意志の執拗さ、他人の批判を受け入れない姿勢は、端的にいって特殊なエゴイズムによるものである。自分自身の精神活動だけで自他のすべてを律することに最大の快楽を感じる心理だ。これは一種の虚栄心と言ってよいだろう。ただし、虚栄心は外見だけで満たされるが、頑固さの方は中身にもこだわり、譲らない。

したがって、次のように言えよう。他者の判断に反対する場合に、説得力のある証拠や一段高い原則にもとづかず、もっぱら反抗的な感情によるものであるときには、性格の強さは、頑固さに変質してしまっていることとなる、と。

確かに、実際の場面でこの定義が役立つかどうかは定かでないが、少なくとも、頑固さと性格の強さを見分ける効果はあろう。つまり、性格の強さが単に際立ったものが頑固さだ、などと見なす誤りを防ぐのに役立つと思われる。両者は相互に似ており、関連し合っているが、本質的にはまったく異なるものである。性格がさらに強くなることと、頑固さとの間には何の関係もない。知性もなく、性格も強くないのに、極端なほどに頑固な人がいるのはそのためだ。……

〔地形感覚〕

戦争と地域・地形の関係は、軍事行動を極めて独自のものにしている。園芸、農業、建築、水利工事、採鉱、狩猟、林業など、土地を利用する人間の他の活動を考えてみると、いずれも空間的には限られており、短い時間で十分調査しうる程度である。

しかし、戦場での指揮官は軍事での業務を、肉眼では見渡せない空間に関係させねばならない。その空間はいくら努力しても把握しきれず、また不断に変化しており、正確な知識も把握しきれないのである。

無論、敵も同じ難しい課題に直面する。しかし〔違いもあり〕、まずこの共通の課題を才能と訓練により克服できた側が、必ず大きく優位に立つ。第二に、この困難な課題が双方同じだと一般に言われるが、個々のケースにより決してそうではない。一般には交戦国の一方（防御側）が、相手〔攻撃側〕より地形に通じている。

この極めて困難な課題を克服するには、地形感覚という、独特な精神的能力が必要である。どんな土地についても、速やかに正確な幾何学的映像を作り上げる能力のことである。それでもって容易かつ正確に自己の位置を発見しうるのである。……

〔下級指揮官についての俗見〕

戦争全体であれ会戦であれ、その頂点に立つ一人の高級司令官と、その下にある指揮官との間には大きな開きがある。それは、指揮官が高級司令官の監督の下にあり、ずっと狭い範囲でしか自由に考えたり行動したりできない、という単純な理由による。

このために世間一般の人は、卓越した理性は最高の地位にある者のみに見られ、その下にある者は普通の知性で十分だと考えている。それどころか、一般の人は下級指揮官について、軍に長年仕えた結果、思考が偏り、精神が貧困となった愚か者とさえ見なしている。そして、勇敢さを称えるかに見せて、その単純さを冷笑する傾向がある。

筆者はもちろん、そのような下級指揮官の地位向上を求め、声を上げるつもりなのではない。そんなことをしても、その能力向上につながらないし、その生活上の幸福にも何ら寄与するところがない。筆者は、この事実を紹介するだけであり、知性が乏しくとも、勇敢なら戦場で功績を残せるとの、誤った見方を正したいだけだ。

〔各レベルでの「天才」〕

先に見たように、最下層の指揮官でも、将来、卓越した人物となるには、卓越した知的能力を必要とし、階級を昇るにつれ、そうした知的能力は高まる。そうであるなら当然、栄誉ある軍の第二級の指揮官についても、まったく別の見方をしなければならない。彼らは、博識な学者、文章をものする事業家、交渉の巧みな政治家に比べるなら、凡庸な人物のように見えるかもしれないが、印象に惑わされてはならない。実務での知的能力には、目を見張るものがあるからだ。

もちろん、階級が低いときに栄誉を得て昇進したものの、実際はその地位に値しない人物も見られる。だが、困難な事態に直面せず、恥をさらさずに済むかもしれず、どんな評価を受けるべきか、判断が分かれ、正確さは期しがたい。逆に、そういう事情から、しかるべき地位にあれば名声をあげうるのに、低く評価されている人物も少なくない。

戦争で優れた戦果を上げるには、地位の下位から上位まで、それぞれ非凡な天才が求められる。しかし、歴史や後世の評価は、卓越した知性をもつ最上級の司令官たる最高司令官にのみ《軍事的天才》の称号を与えてきた。理由は、高級司令官には他の階級よりはるかに高い知性や精神力が求められるからである。……

〔司令官と政治〕

高級司令官が政治家になることもあるが、政治家になっても、高級司令官であることをやめてはならない。高級司令官はそれぞれ、一方で内外の政治情勢に通じ、他方では手中にある手段で何をなしうるかを正確に把握しているものだからだ。

しかし、〔政治と軍事を取り巻く〕あらゆる状況は多種多様で、諸関係の境界も不明確であり、考慮しなければならない重要な要素は数多い。また、その大部分は蓋然的にしか知りえない。したがって、戦場で指揮する者は、真の実相を感知する知的見識によって、随所でこうした要素を把握しなければならない。そうでないと、見たこと、考えたことが錯綜し、判断がつかなくなってしまう。

ナポレオンは、〈高級司令官が下さねばならない決断の多くは数学の計算問題さながらで、その難問を解くにはニュートンや〔数学の巨人〕オイラーのごとき能力を借りても不当ではない〉と言っているが、この意味で至言《しげん》である。

〔高級司令官と総合的判断力〕

高級司令官にここで求められる高度な知力は何か。非凡な知的眼力となった統一的認識力と、判断力である。それが羽を広げると、高い視点から物事を容易に判別できるようになり、曖昧なものをたちまち取り除いていく。凡庸な知性の者には、多大な努力を要し、途中で疲労困憊《こんぱい》となるこの作業を、簡単に片づけてしまう力がそれである。

しかし、このような高度の知的作業、天才ならではの視点も、先に述べたような優れた感情や性格を欠いていると、歴史にその名をとどめずに終わってしまうこととなる。

単に真理を追究するということだけでは、人を強く行動に駆り立てることはない。認識と意志の間、〈知っていること〉と〈できること〉の間には、常に大きな隔たりがあるのだ。……

〔軍事的天才の知力〕

高度の精神力とは何かを、子細に規定することはしない。最後に、一般に定義されている知力での区分を認めたうえで、どの種類の知力が軍事の天才と最も密接に関わっているのかを考えてみよう。この問いについて、経験から得た知識と考察からすると、答えは次のようになる。——創造性に富むよりは、分析を重視すること。部分的に深めて考えるより、包括的に物事をとらえること。また、気持ちを掻《か》き立てるより、冷静でいられること。そういう人物こそ、戦争において同胞と子弟の幸福、そして祖国の名誉と安全を託しうる人物である、と。

第4章　戦争における危険について

……仮に、新兵をつれて戦場に向かうとしよう。戦場に近づくにつれ、大砲の轟音《ごうおん》がはっきりしてくる。砲弾はうなる音となり、戦争を経験しない者の注意を惹く。敵陣からの砲弾が次々、付近に落下しはじめる。軍司令官が幕僚を従えている丘に急ぐ。……

師団長のところに向かう。砲弾が次々に落下し、自軍の大砲の轟音が激しくなる。さらに師団長の下から、旅団長の指揮所に向かう。勇敢さで知られる旅団長も用心して、高台や家屋、木立の陰に隠れている。危険が高まっている証拠だ。……砲弾のすさまじい音が続いている。

さらに少し進み、戦闘部隊に近づく。射撃戦のなか、歩兵隊が驚くべき忍耐力で何時間も前線に踏み止まっている。銃弾が耳や頭をかすめ、肝を冷やす。あたりの大気は短く鋭い音で震えている。負傷してうずくまる兵士、息絶えて倒れている兵士の姿を見ると、胸が締めつけられる。

このように危険が積み重なる有様《ありさま》を見せつけられ、新兵は思考がいつもと異なり、今までにない働き方をしているのを、否応なく知らされる。初めて戦場に放り出され、こういう印象を抱いたら、よほどの人物でない限り、即座に決断を下す能力などなくしてしまうだろう。

確かに、慣れるとそうした印象はすぐに薄らぐ。多少の個人差はあるが、三〇分もすれば、周囲のことを多少気にしないようになっていく。しかし、普通の者なら、完全に気にしない状態とはならないし、本来の精神面の弾力性も回復できない。われわれはここで、このような状況では任務の遂行が困難になるのを、改めて理解できよう。担当の活動範囲が大きいほど、その傾向が強まる。

このような困難な状況下で、普段ならごく普通にできる行動をすべて遂行するには、情熱的で、禁欲的、天性の勇気をもち、激しい名誉心や危険に立ち向かう豊富な経験――これらの多くを備えた人物がぜひとも必要になる。

戦争における危険は、当然つきまとう摩擦・障害の一部である。それを正しく理解しなければ、認識は真実に至りえない。本章で言及したのはそのためだ。

第5章　戦争における肉体的労苦について

……筆者の見解では、肉体的労苦が判断に及ぼす影響は大きく、判断を下す際にはそのことを念頭に置いておかねばならない。……

　肉体的労苦は、知らぬ間に高級司令官の知性の活動を阻み、目に見えず精神力を消耗させる。そのことは、誰の目にも明白である。……これも戦争における様々な摩擦・障害の最も重要な要因の一つである。……

第6章　戦争における情報

〔戦場の情報〕

　敵軍と敵国についての知識のすべてを情報という。自軍の思考と行動の基礎になるものだ。この思考・行動の基礎たる情報には、不確実性と変わりやすさという性質がある。情報のこの性質を考えるなら、戦争という構造物が危険にあふれ、脆《もろ》いこと、うっかりしていると犠牲になりかねないことに、すぐ気づくだろう。

　どの書物にも、確実な情報でなければ信用してはならない、とか、何事にも疑いをもち続けよ、などという言葉が見られる。だが、このようなことは、空疎な書物のうえでの虚言にすぎない。それこそ、何らかの体系や綱要を著そうという三文文士の小賢しい知恵、書くことがないときの方便にすぎない。

〔将校と情報〕

戦場で得られる情報は、大半が相互に矛盾している。誤報はさらに多い。そして、他のものも大部分はかなり不確実である。そこで将校には、一定の識別力が求められる。そのための識別力を与えるものは、事物と人間性についての知識であり、優れた判断力である。また、蓋然性の法則にも従わなければならない。戦場から離れた作戦室で当初の計画を練る場合でも、情報面で困難があるが、様々な情報が入り乱れる戦場では、困難は際限なく大きくなる。

それでも、相互に矛盾する情報を集めることができ、そこに多少なりとも均衡が生じ、批判的な検討が自然に求められる場合は、まだよい。そういう偶然に恵まれない場合は、批判的吟味がなされないので、判断に慣れない未熟な将校にはもっと悪い事態となる。多くの情報が相互に支持・肯定し合い、確実だとされると、本当らしく見られていく。そして大慌てで判断を下してしまう。だが、やがて、報告は嘘《うそ》や誇張、誤りだったことが分かり、まったくの誤報だったと認識される。

要するに、〔戦場では〕情報はたいてい間違っている。しかも人間の恐怖心が虚偽の傾向を助長させる。誰でも、良いことよりも悪いことを信じたがる傾向があり、悪い面を過大視しがちだ。このようにして伝えられる危険についての情報は、大海の高波のようなもので、一度は引く。だが、また打ち寄せる。かくべつ目に見える理由がなくとも、再び寄せてくるのだ。指揮官は自己の内なる知識を信頼し、波に流されないよう、岩のようにどっしり構えていなければならない。

この任務は容易ではない。したがって、生まれつき楽天的な気質ではなく、戦争の経験を積んで判断力を磨いていない指揮官なら、個人的な思いを抑え、希望を抱いて、弱気に動かされないよう、自己をコントロールするようにしなければならない。そうすることで初めて心の均衡を維持できるようになる。

物事を正確に認識するのが困難なことは、戦争での最大の摩擦の一つである。当初考えていたことと現実が大きく異なって見えるのは、まさに《摩擦《フリクション》》のためである。感覚的につかむ印象は、緻密な計算で得る予想よりはるかに強い。それゆえ多少とも重要なことをなす場合、どの指揮官も最初、考えていたものといかに異なるかを知って、疑問に取りつかれてしまう。だがそれを克服しなければならない。

凡庸な人物は、他人の言葉に左右されやすく、いよいよ事を遂行する場面となると、決断できなくなる。状況が最初の想定と違うと感じると、それだけ他人の言葉に影響されるのだ。自ら計画を立て、その計画が実行される状況を自分で見ている者ですら、それまでの自分の考えに迷いを感じてしまう。指揮官が確たる自信をもつことが、眼前の見かけの圧力から自分を守ってくれるはずのものである。

戦争という舞台装置には、危険を大きく見せ、運命を暗示させるものがある。だが、戦況の進展とともに、それが消え、視界が開けると、当初の自分の考えが保持される。これこそが、計画と実行の間にある大きな違いである。

第7章　戦争における摩擦

〔戦争での摩擦〕

……戦争では確かに万事が至って単純である。しかし、ごく単純というのが曲者《くせもの》で、実は難しい。これらの困難が積もり積もると《摩擦《フリクション》》を生み出すのである。これがどんなものであるかは、〔聞き知っていても〕戦争を実地に体験したことのない者には、到底思い及ばない。

ある旅人を例に説明してみよう。日が暮れないうちに、あと二つの宿駅〔宿場〕、という道のりだ。整った道を馬なら約四、五時間であり、これだけなら話は簡単だ。だが、着いた最寄りの宿駅にはまともな馬がおらず、ひ弱な馬が数頭いるだけだ。そのうえ、山道で満足に整備されていない。夕闇も迫り、旅人は疲れ果て、みすぼらしい宿屋でも喜んで入っていくほどになる。

戦争でも同じようなことが起こる。戦争計画では予見できなかった無数の出来事、小さいながら面倒な事態が発生し、〔それが積もり積もって〕たちまち予定が狂う。そして当初の目標からはるかに遠いところにとどまらざるをえなくなる。これが〔物体の接触で生じる物理現象と同じような〕《摩擦》である。鉄のような強い意志をもつ者だけがこの摩擦・障害を克服できる。……

〈現実の戦争と机上の戦争〉

現実の戦争と机上の戦争を、かなり一般的に区別する唯一の概念は《摩擦》である。軍事的なマシーンたる軍と、軍に属するものは、すべて極めて単純であり、操作しやすいように見える。しかし、〔戦争では〕その組織《マシーン》のどこを見ても部品のようなものではなく、多数の生きた人間からなり、その個人もまたあらゆる面で《摩擦》を抱えていることを、忘れてはならない。

理論上、大隊長は下された命令の実行に責任を負っている。また、大隊は軍規によって結束し、一枚岩となって行動するし、大隊長は定評ある意欲的人物に違いないから、〔軍隊における〕大隊は車軸が鉄製の軸受けのなかで、ほとんど摩擦なく動いていくように考えられる。——理論的には、その通りに思えるだろう〔だが現実の世界ではそうはいかない〕。

〈戦争での摩擦〉

〔観念では摩擦はあまり考慮されないが、〕しかし、現実の世界ではそうではない。戦争が始まれば、〔摩擦のために〕思考での誇張や誤りはただちにさらけ出される。大隊は多数の兵士からなるが、何か偶発的なことがあると、その最下級の兵士が大隊という組織《マシーン》の動きを止めてしまったり、正常な働きを損なってしまったりする。戦争につきものの危険や、そこで求められる身体的な労苦も、障害を大きなものにする。そして、そうした危険や労苦が、障害の最大原因と見なされてしまうだろう。

この恐るべき《摩擦》は、機械装置の摩擦とは異なり、少数の個所に限られない。戦争では摩擦は、偶然と重なり、至るところで推測しえない現象をもたらす。大半が偶然によるものだから、推測できないのも当然なのだ。例えば天候がそれである。霧が立ち込めるや、敵をいち早く発見することもできないし、時機を失せず砲火を開くのも不可能となる。指揮する将校への報告も遅れる。

……

〔摩擦と司令官〕

戦争での〔摩擦について〕諸々の小さな困難を比喩で説明してみよう。……戦争での行動は、抵抗の多い物質のなかでの運動に似ている。水中では、歩行という極めて簡単な運動でさえ、容易にできないし、的確に行えない。それと同じように、戦争では普通なら並の水準すら維持できないのである。

それゆえ、真に戦争を知っている理論家の言は、畳の上の水練のようなもので、傍観者にはまことに奇怪で、オーバーに聞こえるに違いない〔だが、摩擦により実際に困難なのだ〕。同様に、水中に潜ったこともなく、体験したことの本質を抽象化する能力のない理論家の言うことは、非実際的で愚かしいのである。誰でも教えることができる歩行のようなことを、当たり前に教えているにすぎないのだ。……

この《摩擦》についての知識は、最高司令官に求められるものであり、その称賛される戦争体験の主要な部分は、このことに他ならない。もちろん、摩擦についてよく知っている司令官が、畏敬の念を起こさせる最高の司令官だ、ということではない（最高司令官にもなかには小心者がおり、私もこれまでに何人も見てきた)。最高司令官は摩擦を知らねばならないということであり、それは可能な限り摩擦を克服するためである。それは摩擦を正確に予想するためなのではない。摩擦の予測など、摩擦の性質からして不可能なのである。……

一見簡単なことを難しくしているのは、ここで述べた摩擦だということである。……

第8章　第1篇の結論

〔戦争での習熟〕

本書でこれまで、〔戦場の〕危険、肉体的労苦、〔錯綜する〕情報、〔狭義の〕摩擦と呼んできたものは、戦争の内と周辺に存在し、戦争の環境を形づくっているもので、軍の活動のすべてを阻害している要素である。これらのすべては、その妨害作用ゆえに、摩擦一般という総称的概念の下に包括できる。

この摩擦抵抗を和らげる潤滑油はないものか。——ただ一つある。だが、それは高級司令官、いや最高司令官にも思いどおりにはならないものである。軍隊が戦争遂行に慣れ、巧みになること、習熟がそれである。

習熟によって身体は、厳しい労苦のなかで強化される。また、大きな危険に直面することに習熟すると精神も鍛えられる。判断力も習熟により、第一印象に流されないよう鍛えられる。戦争に慣れるとはそういうことであり、貴重な資質たる思慮分別を学ぶことになる。軽騎兵や狙撃兵といった最下層から、師団長に至るまで、全員が学ぶのであり、高級司令官の仕事はそれでずいぶん楽になるであろう。

暗い部屋に入ると、人間の眼は瞳孔《どうこう》を拡大し、わずかな光を吸収しようとする。最初、見えなかった物が次第に何とか識別できるようになり、最後には分かるようになる。それと同じことが戦場の兵士にも言える。新兵には真っ暗闇の夜でも、〔習熟すると〕次第に立ち向かえるようになるのだ。……

第2篇

戦争の理論について

第1章　戦争術の区分

〔狭義の戦争術と広義の戦争術〕

……戦争では、その活動について〔戦いの準備の活動と、戦いそのもの、という〕二つの種類を分ける必要がある。この区別が実際に重要なことを知ってもらうには、一方の領域で極めて有能な人物が、他方の領域ではまったく役に立たず、些事《さじ》にこだわる人物である例が、いかに多いかを指摘するだけでよい。

この二つの活動を区別して考えるのは、決して難しいことではない。既に武器をとり、装具をまとった戦闘力を、所与の手段と見なせばよい〔それ以前が準備だ〕。戦いの手段を有効に使用するには、その戦闘力の主要な効力《エフェクト》・性能を知りさえすればよい。

それゆえ本来の意味〔狭義〕の戦争術《クンスト》（兵術）とは、既存の手段を戦争に際して有効に使う技術をいう。これを用兵〔コンダクト・オブ・ウォー〕と名づけるのは、極めて適切な呼び方であろう。これに対して広義の戦争術とは、戦争のためになされる全活動、つまり戦闘力をつくる全部の活動であり、徴兵、武装、装具の準備、訓練など、すべてが含まれる。……

〔戦略と戦術〕

用兵とは、戦いの計画、および戦いの指揮である。戦いがただ一回の軍事行動であるなら、戦争術をさらに区分する理由はない。だが戦いは、多かれ少なかれ、ある程度数多くの軍事行動、つまり、それぞれがまとまった個々の軍事行動からなっている。第1篇第2章で述べたが、戦闘《ゲフェヒト》〔という単位〕がそれである。そして、戦闘がさらに新たなまとまりを形成している。

そのことから、〔二つの〕まったく異なる活動が生じる。一つは、戦いそれ自体を組み立て、指揮する活動であり、もう一つは、戦争の目的を達成するために〔個々の〕戦いを結びつけ、束ねる活動である。前者は戦術と呼ばれ、後者は戦略と呼ばれる。

今日では戦術と戦略という分類が、ほとんど一般的に使われている。そして各人はそれぞれ個々の事象を、自分なりの区分で、どちらに分けるかをかなり明確に承知している。だが、区分の根拠は不明瞭にされたままである。しかし、漠然とであれ、この区分がなされてきたのだから、区別それ自体に深い理由があるに違いないはずだ。本書ではこれまで両者の区分の根拠を探求してきた。そして、改めてこう言いたい。――この区分が使われてきた理由は、まさに大多数の人々が使ってきたから、というにすぎない。一部の著述家が勝手に使っているような、本質にもとづかない概念規定は、理解に堪えないものであり、本書では使用できない、と。

したがって本書では、戦術とは、戦い《ゲフェヒト》において戦闘力を使う方法を指し、戦略とは、戦争目的を達成するのに戦いを用いる方法を指す、とする。

個々の完結した戦闘とは、より厳密にはどう定義できるか。また、そのような個々の完結した戦闘の有する性質とは何か。——この問いには、戦闘という概念をより詳細に論じた後で、初めて明確に答えることができよう。

戦闘とは何かについては、今の時点では、二つのことを言うにとどめざるをえない。第一は、戦闘が空間的には、一人の指揮官の命令が届く範囲で行われるものであって、時間的には、連続的に行われている戦いの総称だ、ということである。第二は、戦闘が必ず決定的な勝敗の分岐点を経なければ終わらない、ということである。……

〔戦略と戦術の関係〕

狭義の戦争術はさらに、戦術と戦略に分けられる。戦術は個々の戦い《ゲフェヒト》を形づくる方法を扱い、戦略は〔戦争目的達成のための〕戦いの用い方を扱う。戦術も戦略も、戦闘の間の行進の仕方や野営、兵舎の設営に言及するが、それが戦闘〔の型〕に関するものなのか、戦闘の意義に関するものなのかによって、戦術についてのことにもなれば、戦略についてのことにもなる。

戦術と戦略は相互に密接に関連している。それをこのように厳密に区別しても、用兵に直接影響することは何もないので、無意味ではないかと、疑問に感じる読者も無論多いだろう。当然だが、理論的な区別を戦場に持ち込めば、すぐ効果を発揮するだろうなどと考えるのは、まったくの学者趣味というものであろう。

しかし、理論が最初になすべき任務は、互いに絡み合い、諸々の用語や概念が混同されて用いられているのを明らかにし、整理することである。個々の用語や概念について共通の理解が得られて初めて、問題を明瞭かつ容易に議論できるようになるのであり、ひいては読者と同じ視点をもつことも可能になるのである。

戦術と戦略は、空間的・時間的に相互に影響し合う二種類の活動だが、本質的にまったく異なるものである。それぞれの関連する概念を正確に定義しなければ、その二つの活動の内部にある法則と、両者の関係は明らかにしえない。……

第2章 戦争の理論について

〔1〕・当初、戦争術は単に戦闘力の準備という意味で理解されていた

〔この章では、戦争の理論の歴史を扱う。〕以前には戦争術〔兵術〕や戦争学〔兵学〕という名称は、もっぱら〔戦争での〕物質的な事柄に関する知識や技能の総体、との意味で理解されていた。論じられていたのは、具体的には、武器の製造・準備・使用、要塞や堡塁《ほうるい》の構築、軍の編成やその移動方法であった。それらはすべて、戦争で使われる戦闘力の記述に向けられていた。

こうした知識や技術は、物的事象だけの一面的活動に限られていた。それは本質的には、いわば手作業から少しずつ、洗練された機械作業の技術へと発展してきたものだった。その知識・技術の

全体と戦闘そのものとの関係は、刀鍛冶《かたなかじ》の技芸と剣術の関係とあまり異なるところがなかった〔良い刀鍛冶は強い剣士とは限らず、知識・技術で戦争に強くはならない〕。危険に直面し、諸要因が交錯するなかでの戦闘力の使用や、目指す方向へ精神力や勇気を奮い起こす実際の活動は、いまだ論じられていないのである。

〔2〕・攻城術で初めて、戦争それ自体が問題となった

戦いそのものの指導、つまり、このような物的な戦闘力を委ねられた軍の知的活動について、明白に言及されたのは攻城術が初めてであった。しかし、それとて多くの場合は、攻撃坑道、塹壕《ざんごう》陣地、反撃坑道、砲台など、いち早く現れた新しい物的対象物との関連にとどまり、知的活動の進歩もそのような事物に示されるだけであった。……

〔3〕・その次に、ある程度、戦術が論じられるようになった

戦術〔の議論で〕はその後、戦術を構成するバラバラな諸部分を寄せ合わせただけのものを、軍隊特有の特性にもとづく普遍的な体系とするよう、試みられた。その理論は戦場で使われてみたものの、自由な知的活動には発展しなかった。むしろ軍隊は、隊列と戦闘序列によって機械のように動かされるものにされ、ゼンマイ仕掛けの時計のように命令をこなすべきものとなった。

〔4〕・本来の用兵は、たまたま論じられたり、人知れず存在したりしているだけだった

用兵は本来、あらかじめ準備した軍事的手段を、個々の戦況に応じ自由に運用することを指す。そのため用兵は、長い間、理論の対象になるとは考えられず、個人の資質に委ねられるべきものと考えられてきた。

しかし戦争が、中世に見られたような〈一対一の決闘〉から、整然と組織化された形態へと、次第に変化していく過程で、戦争について、いろいろと考察されなければならなくなった。もっとも、そうした考察は、回想録や歴史書のなかで付随的に論じられるにとどまったり、人知れず存在したりしているだけだった。

〔5〕・諸々の戦争の実情が考察されるうちに、理論の必要性が生じてきた

次第にこうした考察が積み重ねられ、歴史が検証に付されていった。それにつれ、戦史につきものの見解の対立を解決するのに、基礎となる原則・規準を早急に整える必要性が高まってきた。論争は、主要な論点でもないものについてなされ、明確な法則を求めているわけでもなかった。様々な見解がただ交錯し、混沌としているのであり、人々の知性には不快だったに違いない。

〔6〕・確たる理論を確立しようという努力

このような背景から、用兵について、原則や規則、さらには体系までもつくり上げようと、努力

が払われた。実証的《ポジティヴ》な理論が目指されたわけだ。だが、用兵がこの分野で直面する無数の困難は当然考慮されなかった。前述のように、用兵はほとんどあらゆる方面に関係し、限りなく広がっている。ところが体系や理論的構築物にはいずれも、総合化して、限定するという面があり、そこに理論と現実が矛盾せざるをえない所以《ゆえん》がある。

〔7〕・物質的対象に限定された理論

理論の著作家は対象が内包する困難性を思い、対象を物質的事物と、活動の面に限ればよいのではないか、と考えるようになった。ただ確実《ポジティヴ》〔実証的〕であり、検証できる結果を得ることだけに関心をもつようになった。そして計算可能なものだけが考察の対象とされるようになったのである。

〔8〕・兵数の優勢

兵士の数が、物的事象の一つであるとされ、勝利をもたらす諸々の要因から切り離し、兵数の優位が論じられた。兵数という事象について、時間と空間の組み合わせをいろいろ変えることにより、数学的な法則に仕立て上げることができたからだ。兵数以外の諸条件は、すべて無視しうる、と考えられた。彼我が同じ条件の下で戦うなら、その効果は事実上、相殺されるという理屈である。

兵数という要因に影響する条件を考察するための一時的な措置であるなら、それも一理あるだろう。しかし、これを恒久的な措置とし、数的な優位をもって唯一の法則と思い込み、ある時点、ある地点で、数的に優位に立つことこそ戦争術の奥義だ、とするような結論は、現実の世界の道理からまったく遊離した過度の単純化と言わなければならない。

〔9〕・軍の給養

物質的要素では、その他に、給養《きゅうよう》についての理論的な体系化が試みられた。軍が一定の編成をとるものとの前提で、軍の補給は大規模な用兵を規定する要因だ、とするものである。そこでも数値が挙げられたが……そんなものは実際の役には立たない。

〔10〕・策源

ある才気に富む理論家〔ビューロー〕は、相互に関係している諸要因を策源《ベース》〔作戦基地〕という単一の概念にまとめようとした。食糧の補給、軍と軍備の補充、本国との後方連絡線の確保、さらには必要な場合の後退路の確保などが諸要因とされた。これらを策源に凝縮したのだが、その際まず、すべての個々の関係に代えて、この概念を用いている。次いで策源それ自体に代えて、策源の大きさ（規模）で論じ、最後にはそれも〔九〇度の角度の内への集中など〕戦闘力と策源の織りなす作戦角度で論じようとしている。

こうした作業はどれも、単に純粋に幾何学的な結論をもたらしただけで、まったく無意味なものであった。しかし、それは当然で、別に驚くべきことではない。このような置き換えを行うなら、真実をねじ曲げたり、一部の要因を無視したりするのは避けられないからだ。

ただ策源という概念それ自体は、戦略上、必須のものなので、これを編み出したのは偉大な功績としてよい。だが、右のような方法で策源という概念を用いるのは、まったく認めることができない。実際、これを推し進めた理論家は、一面的な結論に導かれざるをえず、さらに不合理な方向に議論を進め、包囲攻撃がどんな作戦よりも有効である、と主張するに至っている。

〔11〕・内線

〔策源についての〕誤った理論に対抗して提唱され、称讃されたのは、内線〔複数の敵勢力に対する放射状の戦闘〕という、また別の幾何学的原理である。これは、戦争で真に有効な手段は戦闘《ゲフェヒト》だけだ、という確たる基礎に立っていたが、純粋に幾何学的な概念であり、先述の理論とはまた別の一面性に陥っていて、実戦には適用できない。

〔12〕・これらの試みはすべて再検討の余地がある

これら様々な理論上の試みで、真理に近づく進歩と見なされうるのは、その分析的な側面だけである。総合的な面、つまり軍事行動を律する原則や規準は、まったく役に立つものではない。

およそ戦争では何も確かなものはなく、数量的に分析するにしても、極めて大きい変動幅を念頭に置いておかなければならないはずである。

だが理論はすべて、原則で処理するのを試みるだけで、どれも一定の数量を求めることに固執している。軍事行動では、精神的諸力とその作用も重要なのであり、物質的数量だけを対象としていてはならない。

さらに戦争は、常に敵・味方の不断の相互作用の過程であるのに、これらの理論は一方の行動しか考慮していない。

〔13〕・これらの理論はどれも、天才について、規準を超えるものとして締め出してきた

〔戦争の理論は〕一面的考察に終始し、その貧弱な知力で理解の及ばないことは、すべて学問の外にある、としてきた。それは天才の領域に委ねられ、天才は規準《ルール》を超える存在とされてきた。

平凡な兵士がつまらない規準にいろいろと縛られ、そのなかを這い回らなければならないとしたら、何と惨《みじ》めなことか。天才にとって、そんな規準はあまりにも低劣なもので、無視するか、笑いぐさにされるだろう。

天才の行動そのものが、最高の規準であるに違いない。そして理論は、天才の行動がどのように優れているか、なぜ優れているかを、示す以上のことはできまい。

また、理論が精神力と矛盾しているとしたら、そんな理論は何と哀れなことか。いくら謙虚にしても、そんな理論では決してこの矛盾は解消できない。むしろ謙虚になればなるほど、理論は嘲《ちょう》笑《しょう》と軽蔑を受け、現実の世界から排除されてしまうことになる。

〔14〕・理論に精神的要因を入れるようになると、理論は困難に

いかなる理論も精神的要因という領域に踏み込むと、無限の困難に直面する。……

医学は、多くが身体的現象だけを対象とし、動物的な有機体に関わっている。だが、この有機体は絶えず変化しており……このことが医学にははなはだ困難をもたらしている。これに精神的作用が加わるとさらに困難が増す。

〔15〕・戦争の理論は精神的要因を度外視できない

……誰もが経験に照らすと、精神的要因を度外視することは、決して許されないと考える。……これら精神的要因を理論に取り入れるにあたっては、実際の経験こそが依るべき根拠となる。心理学や哲学の空論は、戦争の理論の典拠となりえない。高級司令官たる者はそのような空論に関わらないようにすべきである。

〔16〕・用兵の理論の主な困難

用兵の理論に内在する困難をさらに明瞭に見極め、その理論が有していなければならない特質を導き出すため、本書では軍事活動の本質をなす主要な特性について、さらに詳しく考察しなければならない。

〔17〕・第一の特性——精神的諸力と精神の作用（敵対感情）

特性の第一は、精神力とその作用である。

元来、戦いは敵対感情の発現だが、しかし、戦争での敵対感情は、しばしば単に敵対意志から発することがある。特に大規模な戦いではそうである。……

戦いの本質からして、活気づけられるものは感情の他にも存在する。……功名心、支配欲がそうであり、様々な興奮などもそうだ。

〔18〕・危険の与える印象（勇気）

戦いには本質的に危険が伴う。すべての軍事行動は、危険が立ち込めるなかでなされねばならない。あたかも空中の鳥や水中の魚のように、軍事行動は危険のなかにある。……

〔19〕・危険の及ぼす影響の範囲

戦争での指揮官に対する危険の影響を正しく評価するには、目前の身体的危険だけを注視していてはならない。単にわが身が脅かされるのを感じるだけでなく、自分が率いる者のすべてが脅かされるのを感じなければならない。また、いま現在の危険だけでなく、関係あるすべての時点での危険を想像して脅威を感じなければならない。さらには、危険そのものだけでなく、責任の観念の下で、十倍にも拡大された危険の脅威を感じなければならない。……

〔20〕・その他の感情の力

本書では戦争における感情として、敵対感情や、危険から生まれる感情を、その主要なものと見なしてきたが、人生でのあらゆる感情もまた、戦争と無関係ではない。……上層の軍人の間では、地位が高まるにつれ、自分の周囲のものを、それだけ多く見なければならない。その結果、あらゆる方面への関心が喚起され、善悪様々な激情が胸中を去来する。嫉妬《しっと》、高潔、高慢、謙虚、憤怒、感激、これらはいずれも、戦争という大きなドラマを動かす諸力となりうる。

〔21〕・精神の〔個人的〕独自性

指揮官における精神の特性も、感情の特性に劣らず、戦争に大きな影響を及ぼす。空想的で極端で未熟な人物に期待するものと、冷静で堅固な精神の持ち主に期待するものでは、その差が小さいはずがない。

〔22〕・精神の個性の多様性が、目的達成の手段の多様性を生む

精神面での個性の多様性は、特に考慮されねばならず、その影響は地位が上の者ほど大きくなる。特に上級の指揮官についてはそうである。地位が上級であれば、それだけの知性が要求されるからである。第1篇で述べたように、この精神面での個性の多様性こそが、目的達成の手段の多様性を生み出し、結果について蓋然性や幸運の余地を、大きくしたり小さくしたりする。

〔23〕・第二の特性——活発な反応

軍事行動の第二の特性は、活発な反応であり、また、そこから生じる相互作用である。ここでは繰り返さないが、その反応を予測するのは難しい。先述のように、精神的諸力を量的に論じるのが

困難だからである。このような相互作用はその性質からして、いかなることも予定通りにさせないように働く。

自軍の方策が敵に及ぼす作用は、軍事行動の要因のなかでも最も個別的なものである。そもそも理論は、大量の現象を扱わなければならないので、個々の特殊性を一つひとつ取り上げることができない。そのようなものは、理論の及びえないものであり、当事者の判断と才能に委ねられるのである。……

〔24〕・第三の特性——すべての情報の不確実性

戦争ではすべての情報がかなり不確実だということも、独特の困難である。〔《戦場の霧》と言われるものだが〕すべての行動が、かなり輪郭のかすんだ薄明かりのなかで行われなければならない。それはちょうど、霧のなかや月明かりのなかでモノを見るようなものである。奇怪に見えたり、実際より大きく見えたりする。

このように乏しい明かりの下で、十全な認識が得られない事柄は、個人の才能で推測するか、好運に委ねるしかない。それゆえ客観的な見識が不足しているなかで頼らざるをえないのは、ここでも〔指導者の〕才能か、偶然の恩恵ということである。

〔25〕・確定的な立論は不可能である

対象の性質上、戦争術を確定的《ポジティヴ》〔実証的〕な理論的構築物とすることによって、戦争術を作戦上の足場とし、指揮官がどこでも自分以外に頼れるものをつくろうとするのは、まったく不可能だ、と言わなければならない。

強いてそのような学問体系をつくっても、指揮官は自分の生来の才能にしか頼れない事態に直面すると、理論を棄《す》て、理論と矛盾する行動に出なければならなくなる。その学問体系がどれだけ多面的であっても、先述のような結果になるのである。才能ある者や天才は法則にとらわれず行動するのであり、理論は現実と相容れないのである。

〔26〕・理論を可能にする代替的方策（困難は至るところに均等にあるわけではない）

この困難から脱するには二つの方途が考えられる。

第一の方途は次のようなものだ。本書で軍事活動について一般論として述べてきたことは、地位のレベルにかかわらず同じように妥当するものではない。下級の地位の者には、個人的犠牲を厭わない勇気が求められるが、難しい判断を迫られることは少ない。関係する現象の範囲がより限定されており、目的と手段の数もより限られている。データはより確実で、たいていは実際に見聞したことがあるものだ。だが、地位が上がると、判断での難しさが増え、最上級の司令官では計り知れないものとなり、ほとんどすべてを天才に委ねなければならない。

また、テーマの具体的な区分でも、困難は同じように大きいわけではない。その作用が物的な面に多く現れるものだと、それだけ困難は少なくなるが、逆に精神的な面に多く出てきて、意志を左右する動機に及ぶとなると、それだけ困難は大きくなる。

だから、理論的な法則に則して戦闘《ゲフェヒト》を準備・計画し、遂行する方がやさしく、戦闘目的の決定などで理論を生かす方が難しいのである。戦闘は、実際の武器でもって遂行されるものであり、精神的なものが介在するにしても、物質が主である。しかし、戦闘の結果を〔戦争目的に照らし〕さらなる軍事行動へとつなげる〔戦略の〕領域では、精神的な要因が重要となる。要するに、戦術は、戦略と比べ、理論での困難はずっと少ないのである。

〔27〕・理論は考察であるべきで、教説であってはならない

〔困難を脱し〕理論を可能にする第二の方途は、次の見地に立つことである。つまり、理論は必ずしも確定的《ポジティヴ》〔実証的〕な教義・行動の指針である必要がない、ということだ。

同じ物事について同じ目的で、ある活動がなされ、同じ手段が何度も繰り返し用いられる場合には、そうした物事、目的、手段は、合理的な考察の対象となりうる。もちろん状況により多少の変化はあろうし、そのような変化には極めて多様な組み合わせをみせるだろうが、本質的に変わりはない。しかし、右のような考察こそが、理論の本質的部分であり、その名にふさわしいものである。

そのような考察は、対象について分析的に精査することであり、それによってわれわれは研究対象をより正確に認識できる。これを過去の経験——本書の場合なら戦史——に当てはめると、研究対象を熟知できよう。

理論はこのような究極的な目的を達するにつれ、知識という客観的形態から、能力という主観的

形態のものに変わっていく。そして事の性質からして、決定を能力ある人物に委ねる場合も、理論はその人物の一部となって有効性を発揮するようにさえなるだろう。

理論は戦争を織りなす諸現象を精査し、一見、混沌としていて、整理のつかなかった状況を、より明瞭に見分けられるようになる。また、使用する手段の特性を詳細に説明できるようにもなる。さらには、その手段がもたらしうる効果を明らかにし、意図した目標を明確に定義することも可能となる。そして戦争の諸分野の隅々にまで、綿密な考察の光を当てるようになる。――そうなると理論は、その主要な任務を果たすこととなる。

そこまでくれば、戦争について書物で学ぼうという指揮官の手引とすることができる。曲がり角で進むべき道を示したり、その後の学習を容易にしたり、判断力を高めたり、迷路に入り込むのを防いだりできるのである。

よく知られていない対象について、専門家が全体を解明するのに半生をかけるなら、短期間にただ理解しようとする人より、造詣《ぞうけい》が深いであろう。つまり、何もない状態から始め、独力で道を切り拓いていかなくて済むよう、〔あたかも専門家があらかじめ〕物事を整理して説明しておくこと、これが理論の役目である。

戦争の理論は、未来の指揮官の精神を養ったり、自学研鑽を助けたりするためにあるのである。しかし、それをそのまま戦場に持ち込んではならない。それはちょうど、賢明な教師が若者の知的発達を導いたり、促したりするものの、その手を生涯、引っ張ろうとはしないのと同じである。

戦争の理論の行う考察から、原則や規則がおのずから定まり、真理が自然に結晶するなら、理論は精神の自然法則に逆らわないだけでなく、むしろ自然法則を際立たせるものとなろう。あたかもアーチが、そのような土台の積み重ねのうえに、頂点の要石で完成するように、真理のアーチも根本原理の積み重ねで出来上がるのである。

しかし、戦争の理論がこれを果たすのは、ただ哲学的な思考様式に即して、関連の事柄を統一的にとらえる視点を明らかにしようとするためにすぎない。決して実戦に資する、代数の公式のようなものとするためではない。その原則や規準は、思慮深い知性の持ち主に、訓練で教え込まれた理想的な行動の準拠枠を示すものであるからだ。それは、進むべき道標《みちしるべ》を一律に示すようなものではないのである。

〔28〕・以上の観点から初めて理論は可能となり、理論と実践の矛盾は止揚される

以上の観点からのみ、人の意を満足させるに足る用兵の理論、有用にして現実と矛盾しない理論が可能となる。その理論が、軍事行動とたいへんよく対応したものとなり、理論と現実のばかげたズレがなくなるかどうかは、理論を用いる者が適切に扱うかどうかにかかっている。その種のズレこそが、非合理的な理論を生じさせ、健全な常識《コモン・センス》を失わせていたのである。そして、偏狭で無知な者が、そういう理論を、生来の無能を隠す口実に使ってきたのである。

〔29〕・そこで理論は、目的と手段の性質を考察する——戦術における目的と手段

理論はまた、〔戦術の〕手段と目的の本質を考察しなければならない。

戦術における手段は、戦いを遂行するために訓練された戦闘力であり、その目的は勝利である。勝利の概念をどう詳しく定義するかは、後に戦闘《ゲフェヒト》を考察する際に述べる。

ここでは敵が戦場から退却することを、勝利の証しと見なしておけば十分である。この勝利を手段とし、目的を達成していくのが、戦略である。そこでは戦略が戦闘に目的を付与しているのであり、その目的が戦闘の本来の意義をなしているのである。……

〔30〕・手段の使用に常につきまとう諸事情

戦闘では常に、大なり小なり戦闘に影響を及ぼす諸事情がある。したがって戦闘力の使用にあたっては、それらの事情を考慮に入れなければならない。

場所（地形）、時刻、天候がそうである。

〔31〕・地形

戦闘がなされるところが、まったく平らで、まったく開墾されていない場合、地形は戦闘に影響を及ぼさない。……

だが、文明化された欧州の地域では、このようなケースはまったく考えられない。したがって、文明的な諸国の間では、地域や地形に影響を受けない戦闘はまず考えられない。

〔32〕・時刻

時刻については、昼と夜の別が戦闘に影響を及ぼす。……もっとも実際は、時刻に関係のない戦闘も多く、一般には時刻の影響はごくわずかである。

〔33〕・天候

〔欧州での陸戦でいうと〕天候が戦闘に影響を及ぼすのは、時刻の場合よりさらに少なく、霧がかなり影響するぐらいのものである。

〔34〕・戦略における目的と手段

戦術上の成功たる勝利は、戦略にとっては、本来、手段である。すぐに講和をもたらす状況をつくりだすのが、戦略では最終的な目的である。この目的のためにその手段を用いる場合も同様に、多かれ少なかれ影響を及ぼす諸要因が存在する。

〔35〕・手段の使用に伴う諸事情

〔戦略に関わる〕諸要因の第一は、その地方の状況や地形である。ただ戦術の場合と違うのは、地域の状況という意味が広いことで、戦地全体の国土と国民を含むことである。第二は時刻であるが、これも〔戦術と異なり〕季節にまで広げて考えなければならない。最後に天候だが、これは異常な現象となる場合に限って影響があり、酷寒《こっかん》の場合などがそうである。

〔36〕・戦略は別に新しい手段を生む

戦略はこれらの要因を、戦闘の結果《ゲフェヒト》と関連づけるものである。そうすることで、戦略は戦闘の結果に新しい意味を与え、新しい目的を付与する。しかし、この新しい意味や目的も、副次的なものにとどまり、直接、講和をもたらすものでないうちは、新しい意味や目的も手段と見なされねばならない。したがって戦闘の戦果や勝利は、戦略における手段と見なすことができる。例えば一陣地の占領は、地勢上における戦闘の勝利であるが、同時にまた、戦略から見れば一手段と考えられる。

しかし、戦略上の手段となりうるのは、単に個々の戦闘にとどまらない。数個の戦闘が総合され、それに共通の目的が付与されている場合は、それもまた、やはり手段と見なされる。例えば、〔冬季をまたぐ〕冬季戦役《フェルドツーク》は、そのような季節に適用された組み合わせの一つ〔であり、やはり戦略上は手段〕である。

以上のことからして、戦略の目的としては、直接的に講和をもたらしうると考えられるものだけが残る。そこでの戦争の理論は、目的と手段について、その作用とその相互の関係に即して、全体を考察するものである。

〔37〕・戦略は、考察の対象たる目的や手段を、必ず経験から取り入れる

第一の問題は、戦略がこれらの対象を、すべて取り上げられうるか否かである。哲学的な考察で必要な成果を収めようとすれば、多くの困難に直面し、用兵と用兵の理論の論理的必然性を得ることなど、極めて難しいこととなろう。

そこで経験的方法の方に進み、戦史が既に提示している事例にもとづく考察を併せて用いることとなる。この方法による場合、もちろん理論は、考察のために適用できる、書き残された戦史に限定される。しかし、このような制限は、どうしても避けられない。というのは、理論はいずれにせよ、戦史から抽出するか、少なくとも戦史と突き合わせなければならないからである。それに、このような限定はいずれにせよ、現実でのことというより、理論上のものにすぎない。……

〔38〕・どこまで手段の分析を行うべきか

もう一つの問題は、どの程度まで理論は手段の分析を行うべきか、である。明らかに、その手段を用いる際、一つひとつそれぞれの特性を考慮に入れる程度で十分である。各種の兵器の射程や威力は、戦術にとって極めて重要である。だが、兵器の構造はそうではない。兵器の威力は兵器の構造で決まっているが、にもかかわらず兵器の構造はほとんど重要ではない。用兵では、火薬や火砲をつくるのに石炭、硫黄、硝石《しょうせき》、銅、鉛が与えられるのではなく、威力ある兵器の完成品が、所与のものとして存在するからである。……

〔39〕・知識の顕著な単純化

このような方法によって理論は、考察の範囲を大きく限定できる。また用兵に必要な知識を極めて限定できる。確かに軍隊が武装して出動する前には、軍事行動全般に役立つ諸般の専門知識や技能を多く必要とするが、いったん戦争に臨んでその活用の究極目的を達するには、必ずや少数の大綱に要約するよう求められるものである。……

〔40〕・高級司令官は、修業に多くの歳月は不要で、学者である必要はない

……未来の高級司令官を養成するのに、あらゆる細かい知識が必要だ……などと主張する者は常に、笑うべき衒学者とされてきた。このような知識はかえって害になる。……人間の精神というものは、授けられる知識や思想によって養成されていくものだからである。……偉大な知識のみが偉大な器をつくり、小知識は小人物をつくるだけである。

〔41〕・従来の〔理論の〕矛盾

戦争に欠かせない知識はこのように単純なのだが、従来、このことが理解されず、戦争に求められる知識をことさら瑣末《さまつ》な知識、技能と混同してきた。その結果、理論がいったん現実世界の諸現象と矛盾する事態に直面すると、すべてを天才に委ね、天才は理論を必要としないとか、理論は天才のために書かれるのではない、というような説明をするほかなかったのである。

〔42〕・こうして人々は知識の効用を否定し、一切を天賦の才能に帰してしまった

常識的にしかモノを考えられない者は……理論など何ひとつ信じられない、と主張し、戦闘遂行の能力は天賦《てんぷ》の才能によるものだ……と思い込んできた。誤った理論重視よりも、この見解の方が真実に近いのは否定できないが、これまた極端である。人間の知的活動はある程度、豊富な思考の蓄積なくしては不可能である。そしてその大部分は後天的なものである。……

〔43〕・地位に応じて必要な知識も異なる

軍事活動の分野で必要な知識は、指揮官の占める地位によって違ってくる。地位が低ければその知識は局部的であり、地位が高ければより包括的な対象に向けられる。高級司令官として力量のある人物でも、騎兵連隊長をさせたら全然だめな人もいれば、その逆もある。

〔44〕・戦争の知識は単純だが、実行は必ずしも簡単ではない

戦争の知識は簡略で、扱う対象が少ない。しかもその大綱だけを把握すればよいのだから、はなはだ単純と言える。だが、それを実行に移すのは決して簡単とは言えない。軍事行動での困難については、第1篇で述べた。そのうち、勇気で克服すべきものを別にすると、知性にもとづく活動は、下級の地位では単純かつ容易だが、上級になるにつれ困難の度合いが高まり、高級司令官では一般の人の遠く及ばないものとなる。

〔45〕・いかなる知識が必要か

高級司令官は、国家についての博識の学者である必要はないし、さらには歴史学者や批評家である必要もない。しかし、国内外の政治の大局には精通していなければならない。国政の方針、当面の諸問題、懸念されている国益上の問題や、関与する有力者などについても知識をもち、正確に把握していなければならない。

高級司令官は、優れた人間観察者である必要はなく、人間の性格を詳細に分析する能力も必要ない。しかし、直属の部下の性格、思考様式、人柄、長所・短所などには通じていなければならない。また、荷馬車の整備や馬での大砲の牽引《けんいん》などの専門知識は必要ないが、縦隊の行進にかかる時間を様々な状況下で正確に判断する方法は、習得しておく必要がある。

こうした知識は、化学の公式や機械類の知識を組み合わせるだけでは得られない。現場でそうした問題を分析して適切な判断を下したり、才能を働かせたり、熱心に取り組んで初めて得られるものだ。

高度な軍事活動に必要な知識には、ある性質がある。特定の才能のある人物が熟考、研究、考察を重ねなければ習得できない、ということである。その才能とは、あたかもミツバチが花から蜜を吸うように、実際の出来事から本質だけを引き出す知的本能である。

この知識は、考察や研究だけでなく、実生活からも得られる。多くのことを学びうる生活を送っていれば、ニュートンやオイラーといった天才科学者にはなれないまでも、〔ルイ十四世に仕えた司令官〕コンデやフリードリヒ大王のように、高度な軍事計算をこなす能力が身につくだろう。軍事行動に威厳をもたせるべく、虚偽の説や学者まがいの知識に頼る必要はない。知的才能に乏しい人物が、傑出した高級司令官となった例などない。逆に、階級が低いときに際立っていた人物が、出世して平凡な仕事しかできなくなった例はいくらでもある。その階級の任務をこなすのに必要な知的才能が未熟だったためだ。もちろん高級司令官の間でも、権限の大小に応じ、能力に差があるのは当然だ。

〔46〕・知識は能力とならねばならない

筆者はここで、他の分野の知識の場合よりも、用兵の知識にとってずっと肝要な、ある必要条件について考えねばならない。用兵の知識は、完全に精神に同化され、何か傍観者的《オブジェクティヴ》なものであってはならない、ということがそれである。

他の分野の生活上の技法、専門職活動なら、ほぼすべてがそうだが、それに従事している者は一度しか習わなくとも、本質的な要領を体得しているものだ。普段は忘れていても、必要があると塵《ちり》を払って取り出し、使えるものだ。……

しかし、戦争では〔他の分野と違い〕、指揮官は知識の全体を、いわば精神的装置として常に自分の内部に保持していなければならない。どんな場合も、とっさに必要な決定を自力で下す能力を有していなければならない。つまり、知識は行為者自身の精神と生活に完全に融合し、真の能力としていなければならないのである。……

第3章　戦争術か戦争学か

〔1〕・用語法はまだ一致せず（能力と知識——学なら純粋な知識を目指し、術なら能力を目的とする）

事はきわめて単純なのだが、にもかかわらず戦争術《クリークスクンスト》（兵術）と戦争学《クリークスヴィッセンシャフト》（兵学）のいずれの言葉を選ぶかは、いまだ確定していないようである。どんな根拠で決定したらよいかも、よく分かっていないようだ。他のところで述べたが、知識と能力は異なるものであり、混同されてはならない。

……

能力は本来、書物に書かれる性質のものではないし、術もまた書物の表題にはなりえない。しかし、ある術の訓練のために必要な知識（個々には十分、学でありうる）を、〈術の理論〉とか術といった名称の下にまとめるのに人は慣れてしまっているので、それに従うのが適切である。つまり、目的が生産的な能力なら、建築術のように術と呼び、純粋に知識を目的とするものを学（学問）と呼ぶのが適切である。……

〔2〕・認識と判断を区別する困難（戦争術）

およそ思考はすべて術である。……認識能力だけを備えて判断力を欠く者も、判断力だけを備えて認識力を欠く者も、どちらも到底、思考はできない。この点からも術と学は完全に切り離せないのが分かる。……しかし、〔さらに分け入ると〕創造・創作が目的なら術であり、探究・認識が目的なら学となる。こう考えてくると、戦争学（兵学）というより戦争術（兵術）と呼ぶのが適切である、ということになる。……

〔3〕・戦争は人間の相互作用の行為である

戦争は学や術の領域に属すものではなく、人間の社会活動の領域に属すものである。戦争とは大いなる利害の対立であり、他の対立と異なるのは、流血によって初めて解決をみる対立だという点である。

戦争をなぞらえるに、何か適当な術は他にないが、わりに近いのは商取引であろう。商取引も、人間の利害の対立であり、活動だからだ。しかし、もっと適切な譬《たと》えがある。それは政治であろう。より大きな視点から見れば、政治も一種の取引と見なせるからだ。……

〔4〕・〔他の術との〕相違

戦争は、〔技術や芸術と〕本質的にどのような相違があるのか。――機械を繰る技術は、生命のないものが対象である。芸術の対象は人間の精神や感情であり、生きてはいるが、まったく受動的なものである。それに対して、戦争が対象としているのは、人間という、生きており、反応するものである。

その意味で、技芸や学問で用いられる考え方が、戦争に不向きなのは明らかだ。命をもたないものの研究から得られる類いの法則を探そうとすれば、必ず間違いとなるのは容易に理解できよう。しかし、従来、人々が戦争術の典型として仰ごうとしたのは、まさにこういう機械の技術のような諸技術であった。……

人間〔集団〕相互の対立は、戦争となったり解決に至ったりするが、そのような対立は一般的法則に従っているのか、また、そういう法則は行動への有益な指針を示しうるのか――その一部は本書の考察のテーマである。

ある対象が人間の認識能力の範囲内にある限り、知性による探求で解明され、多少とも内部関連が明らかにされるのは、明白である。戦争とて例外ではなく、これを達成できれば、それだけで理論の名に値する理論が生まれることとなろう。

第４章　準則重視主義

〔法則、原則、規準、準則〕

戦争で極めて重要な役割を担っている準則《メソッド》と準則重視主義《メソディスムス》について、明確に説明づけなければならないのだが、そのためには、官庁の上下関係《ヒエラルヒー》のように、行動の世界が規定される論理上の上下関係を、簡単に見ておかなければならない。……

認識と行動の両面で、最も一般的な概念は法則《ロー》である。……法則は人間と、人間の外界の事柄を支配している。……

原則《プリンシプル》は、人間行動をそれに従わせる法則〔のようなもの〕だが、法則ほどには公式的・確定的なものではない。……

規準《ルール》は、よく法則の意味で受け止められているが、原則と同じようなものである。ひとは「例外のない規準はない」とは言うが、「例外のない法則はない」とは言わないからである。

準則や方式というものは、複数の可能なものから、反復してできる仕様の一つを選んだものである。そして、普遍的な原則や個別的な行動の手引に依らず、〔マニュアルのような〕準則に従って行動を規定することを準則重視主義と呼ぶ。

〔作戦では法則は無用〕

〔本来〕認識に関わる法則という概念は、用兵では無用である。戦争という複雑な現象では規則正しい事象は少ないからであり、また、規則正しい事象となると単純なことが多いからである。そこでは法則という概念を用いるよりも、単純な実相という言葉で用が足りる。

このように単純な観念や言葉で済むところで、わざわざ複雑な概念を使うのは、いかにも気取った衒学趣味と思われても仕方があるまい。……用兵では、状況は絶えず変化し多様性があり、法則の名に値するような普遍的な規程など求められないのである。

〔準則の限定的な効用〕

準則とは、当面の課題を遂行する一般的な仕方であり、先述のように、それは平均的な蓋然性にもとづいて定められる。戦争の理論においても、準則は、原則や規準を習得して適用するための技法として、用兵の理論に取り入れられたものである。しかし、それは軍事行動を行う場合の絶対的・必然的な構想（体系）ではなく、準則は個々の事例について手っ取り早く決断を下すための近道でしかないのだ。……

実際の戦闘では必ず前例のない些細な状況が生じ、悩まされるものだが、到底それらの一つひとつに気を配っているわけにはいかない。そこで諸状況を簡単にまとめ、大体のところと大まかな蓋然性にもとづき、配備を整える以外に手がない。……また、指揮官の数は、下級になるほどずっと多くなる。それら指揮官に、洞察と判断の自由な裁量を委ねるのは、許されるべきではない。……

準則重視主義は必要不可欠なものだが、それ以外にも筆者は、準則重視主義を取り入れることに積極的な利点を認めなければならない。つまり、部隊の指揮において、同一の形式を繰り返し練習することによって、熟練、正確さ、確実さを体得できることである。反復により戦争につきもののの《摩擦》を減らし、軍隊という機械・機構を滑らかに作動させることが可能になるのである。

したがって、準則というものは、軍事行動が次第に下級の指揮官に委ねられると、いよいよ頻繁に用いられ、不可欠なものとなっていく。だが、上級指揮官になれば準則に頼ることは少なくなり、最高の司令官レベルではまったく用いられない。それゆえ、準則が必要なのは戦略よりも、むしろ戦術においてである。

〔準則にそった戦争計画は不可〕

極めて高い見地から規定すると、戦争は、無数の小さな出来事からなっているものではない。一律ではなく、個別的に扱われるべき、死活的に重要な、大きな事象からなるものである。小さな出来事なら、それぞれ多少は異なるにせよ結局は似たりよったりで、方法の良し悪しはあっても、一括して片付けられるのだろうが、戦争はそういうものではない。

戦争は〔譬《たと》えていうなら〕、刈り取る草の形や大小にかまわず、とにかく刈り取ればよい原っぱの草刈りのようなものではない。それよりも、何本かを切り倒す大木のようなもので、それぞれの形と伸びている方向を十分に考慮して、切り倒す必要がある。

準則重視主義が軍事行動でどの程度、適用できるかの問題は、もともと指揮官の地位によって決定されるべきことではない。準則を適用すべきかどうか、対象によって決まる事柄なのである。……

確かに、高級司令官が自分なりの方法を考え、それを情勢に合わせて使う場合もあろう。このような方法も、部隊や武器の一般的な特性にもとづくものなら、やはり作戦の理論の対象となりうる。だが、戦争計画や戦役計画《フェルドツーク》までも、準則によって規定され、まるで機械から製品が生み出されるかのごとく、計画が作成されるとなると、それは絶対に排除されねばならない。……

〔準則重視主義の貧困〕

もとより、フランス革命戦争が独特の戦い方をしたのは、自然の勢いであった。だが、いずれかの戦争理論が、その戦い方を理解できていたかというと、そうではない。

特定の事例から戦い方を引き出す、この種の理論の問題点は、どこにあるか——それは、一つの方法にこだわっている間に、周囲の状況が少しずつ変化し、たちまち時代遅れとなり、効果を上げられなくなっているのに、同じ戦い方が続けられてしまうことである。理論が、明晰で合理的な検証によって防ぐべきものは、このことである。

一八〇六年のイエナの会戦で、プロイセン側の……四人の高級司令官は、フリードリヒ大王の〈斜形戦闘序列〉を築いたつもりだった。だが、破滅という名の大きな口にすべて飲み込まれてしまった。理由は、時代遅れの戦法を用いたことにもあるが、それ以上に重要なのは、準則重視主義が招いた、決定的な〈知性の貧困〉であった。〔プロイセンの〕ホーエンローエの軍にいたっては、どんな軍も戦場で経験したことのないような惨敗を喫した。

第5章 検証・批評

〔戦史の検証の重要性〕

理論上の真理は、どのように現実の世界に影響を及ぼすのか。それは、学説によるよりも、〔戦史の〕検証・批評《クリティーク》の場合の方が大きい。〔戦史の〕検証は、理論上の真理を実際の出来事で試すことなので、理論上の真理を現実により近づけるだけでなく、絶えず繰り返し検証することで、知性を真理に習熟させるからである。それゆえ筆者は、理論への視点とともに、検証に対する視点を確認しておくのが必要だと考える。……

戦史の検証・批評の記述には、三通りの知性の活動が含まれる。

第一は、曖昧な事実関係を歴史的観点から突き止め、確定することである。これは本来の歴史研究に属しているもので、戦争の理論とは関係がない。

第二は、原因から結果を説明することである。これが本来の検証の研究で、理論に欠かせない作業である。というのは、理論のなかで経験により確認、支持されたり、あるいは説明を加えられたりすべきものは、すべてこの方法でしか処理できないからである。

第三は、軍事行動で用いられた手段を検討することだ。これは本来の検証・批評で、これには賞賛と非難が含まれる。この点でまさしく理論は、歴史の探求に寄与し、それ以上に戦史から教訓を引き出すのに貢献する。……

〔判断を助ける道具〕

理論的研究から得られた原則、規準、準則など、確定的〔実証的〕な成果はすべて、実証的な学説を目指すと、それだけ普遍性と絶対的な真理を失っていく。そもそも原則、規準、準則は実用に供されるべきもので、役立つか否か、適切か否かは、その場の人間の自由な判断に委ねられざるをえない。したがって、検証・批評では、理論から導かれた成果を法則や規範として用いるべきではない。戦場の指揮官がそうするように、あくまで判断を助ける手掛かりとして扱わねばならない。

一般の戦闘序列では、騎兵は歩兵と同列ではなく、歩兵の後方に配置されるものというのが、戦術での確認された事項とされている。しかし、だからといって、それ以外の配置を、異なっているから誤りと決めつけるのは愚かなことだ。常識にそぐわない配置が行われたのなら、検証・批評では、その理由をまず検証すべきである。そして、その配置の根拠が不十分であることが分かったなら、理論的に言及するのが正当なのである。

また、分進して攻撃すると成功の可能性が低下する、ということも、理論上、確定的に言われている。だが、分進攻撃で失敗したからといって、失敗の原因が分進攻撃にあるかどうかを突き止めず、失敗を分進攻撃の結果と見なすのは非合理的である。逆に、分進攻撃で成功した場合でも、理論的主張が誤りだったと推論するのは、筋が通らない。探究心をもって検証・批評を志すのなら、いずれも許されるべきではない。

つまり、検証を支えているものは、主として理論の分析的な研究成果なのである。批評・検証では、理論によって確定されている成果を、もう一度、初めから確認する必要はない。理論家から提供されたものを活用すればよいのである。……

〔検証・批評と戦史〕

検証・批評での手段の考察に際しては、しばしば戦史を引かなければならないのは当然である。戦争術ではどんな哲学的真理よりも、経験的事実の方が重要だからである。だが、歴史的証明は、後に独立した章で見るように、固有の条件を満たすものでなければならない。しかし、残念なことに、この条件が忠実に守られることは極めて少なく、歴史の引用が逆に概念の混乱を大きいものにしていることが多い。……

〔成否の判断〕

先述のように、戦争での行動はすべて、せいぜい〈こうしたい〉というくらいを目指すのが限度であり、〈必ずそうなる〉ということまでは目指せない。この確実性に欠ける部分は、いわば運命や僥倖《ぎょうこう》に委ねるしかない。

もちろん、運まかせをできるだけ小さくするよう望んでよいが、それは個々の場合に限られる。

可能なのは、個々の場合に限って、偶然に委ねる部分をできる限り小さくすることだけである。だがそれは、常に不確実性が最小の選択肢を選ぶべきだ、ということではない。そのような主張は、後に示す筆者の理論的見解とは、絶対に相容れない。思い切った賭けが最も賢明である場合もあるのだ。

指揮官が確実性に欠ける部分を偶然に委ねざるをえない場合は、判断を下した指揮官の功績も消えるし、逆にその責任もなくなるように思われる。だが、予想通りの結果が出れば、内心、満足するし、予想が外れれば、内心がっかりするのは否定できない。要するに、正・誤の判断も、純粋に結果そのものから引き出しているというよりは、結果に何を見出しているか、ということなのである。

しかし、予想通りに事が運んだときの満足も、外れた場合の落胆も、ある漠然たる感情に起因しているのは明白だ。偶然に帰せられる結果と、指揮官の創造的精神の間には、われわれにはよく分からないものの、何か微妙な関連があるのではないか、という感情がそれであり、それは仮説として満足のいくものである。

その見方は次のことで正しいのが分かる。――それは同じ指揮官が何度も成功し、別の指揮官が失敗を重ねるうちに、関心が強まり、はっきりした印象に変わっていくからである。その意味では、戦争における幸運は、賭博でのツキよりも、ずっと高尚なのが分かる。数々の幸運に恵まれた指揮官が、何か他の点でわれわれの関心を削ぐようなことがない限り、喜んでそのような指揮官の足跡をたどりたいと思うのである。……

〔専門用語〕

もっと不都合なことに、専門用語にはときとして中身のないことがある。そうなると書いている本人自身も、その用語によって何を意味するか判然としなくなり、やたらに曖昧な概念を用いて自己満足してしまうことになる。また、こういう概念を使い慣れると、もはや率直な話法では満足できなくなってしまうのである。……

第6章 戦例について

〔戦史の例の使用〕

……戦史の実例の使用については、次の四つの視点があるのが分かる。

第一に、実例は単に、ある考えを説明するために使用される。抽象的な説明だけでは、まったく理解されなかったり、誤解されたりするからである。……

第二に、戦史はある考えを現実に適用した場合の例として利用できる。……

第三に、自分の立論を裏付けるために、歴史的な実例を引用できる。……

第四に、ある歴史上の実例の詳細な叙述や、諸実例の比較参照から、何らかの教訓を引き出すことができる。そして、その教訓はそれらの実例によって証明される。……

先に認めていることだが、ある歴史的事例の引用によって主張を十分に説明できない場合、引用する事例の数を増やすことで、証明を強化できる。しかし、これは危険な方法でもあり、誤用されることが多いのも否定できない事実である。……

このような多数の例を見れば、戦史の例がいかに濫用されやすいかが分かる。……

〔考察すべき戦史はどの時代か〕

今日の戦闘遂行の状況を考察するのならば、〔一七四〇年代の〕オーストリア継承戦争以降の戦争を主に扱うべきであろう。……

しかし残念なことに、歴史の著作では古代のことが好んで取り上げられる傾向がある。どれほど虚栄心やごまかしが働いているかは、ここでは問わない。だがそこには、何かを教え、読者を説得しようという誠実な意図や熱意はほとんど見られない。……

第3篇

戦略一般について

第1章　戦略

〔戦場での戦略の修正〕

戦略の概念は、第2篇第2章で定義してある。戦略とは、戦争目的のために戦い《ゲフェヒト》を用いることである。本来、戦略は戦いだけに関連しているが、戦略の理論は、戦いの本来の担い手たる戦闘力それ自体と、さらには他の要因の関係のなかでの戦闘力についても考察しなければならない。戦いは戦闘力によって遂行され、戦いの結果は次いで戦闘力に影響を及ぼすからである。

また、戦略は、戦いから生じうる結果との関連で、戦いそのものについて熟知していなければならないし、戦いの遂行で極めて重要となる精神力や感情の力についてもそうである。

戦略が、戦争目的達成のための戦闘の使用だとすれば、戦略は全軍事行動に、戦争の目的に対応した目標を与えるものでなければならない。つまり、戦略にそって戦争計画を立案するのであり、また、戦争目的はそれを達成すべく、一連の行動を決定し、行動と目的を結びつけるのである。つまり、戦略により個々の戦役《フェルドツーク》の計画が立てられ、その戦役《フェルドツーク》での個々の戦いが位置づけられる。

こうした一連の行動は、ほとんど何らかの前提にもとづき決められるのだが、すべてがその前提の通りになるとは限らない。大半は事前の予想と異なるし、他方、具体的な手順の多くは事前にはまったく定められない。それゆえ戦略については、戦場に出かけて、細かいことは現地で決め、全計画を不断に修正する必要がある。要するに、戦略は現場でも常に役割を担い続けなければならない。

しかし、右に述べた手続きが、常にこの通り行われてきたわけではない。少なくとも全体計画についてはそうである。そのことは戦略が、従来の習慣では戦場の軍ではなく、内閣〔政府〕の手で策定されているのを見れば明らかだ。だが、そのような立案の方法が許されるのは、内閣を大本営と見なせるくらいに、内閣と軍隊が緊密に連絡している場合だけである。……

〔名将の価値〕

君主や高級司令官が、戦争をその目的と手段に従い、厳密にコントロールする術を心得ており、それを過不足なく行っているなら、それこそ、その人物が天才であるのを示す最も有力な証拠である。

しかし、天才の力は、一見してただちに人目を惹く新案の行動様式に示されるのではなく、全体で最終的に成功と言える結果を導けるか否か、に示される。内心で想定していたことが現実となり、また、その方策が円滑に調和を保っている、ということになるからだ。これこそ驚嘆すべきものであり、全体的な成果において明らかになるものである。

そういう全体の成果は、この調和から生じているのだが、それを見出せない学者は、ともすれば真の天才がいるはずのないところに、天才を求めがちなのである。

〔戦略の批評〕

戦略で用いる手段や方法は極めて単純であり、繰り返し使われているため、周知のものとなっている。だから、真面目くさって繰り返し論評しているものに触れると、健全な常識ある人なら可笑《おか》しく思うだけである。例えば、何千回もなされてきた迂回戦術について、天才の偉業だとか、洞察力の賜物だとか、博学の所産だと称賛する有様なのである。まさに愚かしい机上の空論である。

しかし、それにも増して馬鹿げているのは、たいていこうした論評が、理論から精神の要因をまったく除き、物的な側面だけを取り上げていることだ。それは、戦略を軍事力のバランスと優劣、また時間と空間や、さらには二、三の角度と直線の関係という、数学的関係にすべて還元してしまうことである。もし戦略がそれだけのものなら、あまりにも簡単すぎ、学校生徒の理科の練習問題にもならないだろう。

だが、化学的公式や練習問題などは、どうでもよい。物的事象の関係は実に単純なのだが、そこに関わる知性の力を理解するのはずっと難しいのである。

とはいえ、知性の力と絡み、多種多様の要因や関係が見られるのは、最高レベルの戦略だけのことである。そこでは戦略が、政治や国政運営術と踵《きびす》を接している。いや、政治そのものになっている。また、先述のように、そこでは知性の力は、軍事行動の方法よりも、軍事活動の規模・強弱に強い影響を及ぼしている。戦争での大小の出来事でそうなように、軍事行動の実施が重要な場合、知性の力の影響はごくわずかでしかなくなる。

〔戦略実行の難度〕

戦略では、すべてが単純である。だが、だからといって実行がすべて容易だということではない。国家の状況から、戦争で何をすべきか、何をなしうるかが決まってしまえば、そこに至る道筋を見出すのは簡単だ。

しかし、脇道にそれず、立てた計画を実行し、どんなに無数の誘因があろうと断固として突き進むには、強い意志力に加え、明晰な頭脳、揺るぎない自信が必要である。数千の名将のうち、ある者は精神力で、ある者は鋭い洞察力で、またある者は勇敢さや意志の強さで並外れていたかもしれないが、そうした特質をすべて兼ね備えた高級司令官は稀であろう。だが、そういう人物こそが、平均的な高級司令官から抜き出た存在となるのである。

奇妙に思われるかもしれないが、戦争では、戦術の決定よりも、戦略の重要な決定の方がずっと強い意志の力を要する。戦争の事情に通じた人なら、これに同意するはずだ。戦術にあっては、刻々と状況が変化し、指揮官は抗《あらが》うことのできない強い渦に引き込まれるように感じる。だが、それに流されれば悲惨な結果を招くと考え、危惧の念を抑え、ひたすら前に進むのである。

それに対して戦略では、すべてがゆったり進行する。自らの疑念、新しい発想に思いを至らせ、他人の意見・批判に耳を傾ける余裕がある。過去の失敗を後悔する時間もある。戦術に携わる者なら自分の眼で戦場の状況を確認できるが、戦略ではそうはいかない。すべて想像したり、推察したりするしかなく、それだけ自信も揺らぐ。

その結果、総司令官は多くが、誤った恐怖心にとらわれ、行動すべき時機を失してしまう。

〔フリードリヒ大王の作戦〕

ここで少し戦史を見ておこう。〔プロイセンの〕フリードリヒ大王の一七六〇年の戦役だが、優れた行軍と機動力で知られ、戦略上の傑作と称賛されている。

大王はまず敵将〔オーストリアの〕ダウンの軍の右翼を迂回し、次に左翼を迂回して、再び右翼の迂回を狙った。だが、このような用兵を称賛すべきなのか。ここに深い英知を見るべきなのか。情を加えずに判断すれば、答えは否《いな》となる。いや、感嘆すべきは他にある。ごく限られた軍事力で大きな目標を達成した大王の英知の方こそ感嘆すべきなのである。この作戦で大王は、戦力と不相応な試みを一切せず、目的に照らし、ちょうど良いことだけを行った。このような英知は、この作戦だけでなく、〔オーストリア継承戦争、七年戦争、バイエルン継承戦争と〕自ら指揮した三つの戦争すべてで発揮された。

講和条約で十分な補償を得て、シュレージエンを確保するのが目的だったのである。……

〔フリードリヒ大王の評価〕

〔フリードリヒ大王のように〕敵軍の右翼や左翼を迂回しての行軍は、容易に計画できる。小部隊を緊密に集結させておき、散らばって布陣する敵軍とどこで遭遇しても、すぐ対抗できるようにするとか、その小部隊を迅速に移動させ、戦力を倍加するといった作戦も、言われるほど難しくなく考えつく。こうした着想は特別なものではなく、単純なことであり、称賛には値しない。

しかし、誰か高級司令官に、フリードリヒ大王に倣《なら》ってやらせたら、どうか。実際に大王の戦争を目にした者は、その後長らく、あの陣形は危険だ、いや無謀ですらある、と論じた。実際にあの陣形の危険は、後に記述されたより三倍も大きく思われたことは疑いない。

同じことは、フリードリヒ大王が敵の目前で、ときには砲弾の飛び交うなか、行った行進についても言われている。大王がそのような陣形で行進したのは、敵将ダウンの手法、兵士の配備の仕方、彼の責任感や性格などを考慮して、安全と見たからであった。大胆ではあったが、軽率にやったわけではなかったのだ。

大王が、事態をよく洞察し、危険にひるまず、誤ることなく行動できたことは、三十年の後にも述べられたが、そうであったのは大王が勇気、決断力、強い意志を兼ね備えていたためである。しかるべき場面で、この単純な戦略的手段を実行可能と考えて行動しえた高級司令官は、少ないだろう。……

※著者の改訂のためのメモ

「第3篇第1章の改訂のため」と書かれたメモが残されており、ここに挿入されている。この文章は改訂に利用されずに終わっているので、ここに全文を挿入しておく〔編者注〕〔以下、第2章が始まる部分までが、このメモである。ごく一部を略しただけで、ほぼ全文を収めた――訳者〕。

ある地点に戦闘力を配備したからといっても、戦闘の可能性が生じるだけで、実際に戦闘が行われるとは限らない。では、その可能性は現実的なもので、実際に生じうるものと見なすべきか。――もちろん、そうである。そこから生じうる結果により、それは〔現実に戦闘が行われたのと同じ効果をもちうるので〕現実の戦闘と見なすべきものとなる。何も影響を及ぼさないということはありえない。

〔1〕・遂行可能な戦闘は、そこから生じる結果を鑑みて現実的な戦闘と見なされる

仮に、敵の退路を封鎖するために派遣された部隊が、戦闘なしに敵を降伏させたとする。その場合、敵に降伏を決断させたものは、この部隊が戦いうる状態にあることによっているので、これもやはり戦闘《ゲフェヒト》に他ならない。

さらに、自軍の一部が、敵の無防備に乗じて敵国の一部領土を占領し、敵の戦闘力強化を阻止するとする。その場合でも、自軍がその占領地の維持を可能にしているのは、敵の奪回に備え、戦闘の構えを維持しているからである。

どちらの場合も、単に可能性を示すだけで成果が生み出されているのである。可能性が現実になっているのだ。逆に、どちらの場合にも、敵軍が自軍に劣らぬ強大な戦力を向けてきて、自軍は戦わずして目的を放棄させられた、と仮定してみよう。その場合、自軍がそこで挑んだ戦闘は、確かに目的は達せられなかったものの、何らの効果もなかったわけではない。敵の戦闘力を、他の地点

からそこに向けさせたからである。

また、たとえこの企てが全体として不利益をもたらすものであったとしても、戦闘を遂行可能にしたことで、何も得られなかった、と言うことはできない。その効果は、負けた戦闘の場合にも残される効果に似ている。

ここで示されているのは次のことである。つまり、戦闘には、実際に行われる戦闘と、単に可能性として現れるだけで行使されない戦闘力とがあるが、いずれであれ戦闘の作用によってのみ、敵戦闘力の撃滅と敵の戦力の打倒が果たされる、ということである。

〔2〕・戦闘の二重の目的

戦闘の効果には、直接的効果と間接的効果の二重の性質がある。直接的効果は、敵戦闘力の撃滅である。間接的効果は、敵戦闘力の撃滅そのものとは見られないものだが、迂回的に敵の撃滅につながるものがあって、それがいっそう大きな力で敵の撃滅を導くものである。

敵の一部の地域や都市、また要塞、道路、橋梁、貯蔵庫などの占領は、究極の目的ではないものの、当面の目的となりうる。自陣営が優勢を占めるための手段にすぎないが、敵をして戦闘に応じる力を有しない状態にして、そこで戦闘を挑むためのものである。……

〔3〕・実例

一八一四年に〔対フランスの〕同盟国軍がナポレオンの首都〔パリ〕を占領したとき、戦争目的は達せられた。かねてパリに潜在していた対立が表面化し、大きな対立となって、皇帝ナポレオンの権力を崩壊させたのである。

それにもかかわらず、この経緯を正しく考察するには、次の観点に立たねばならない。つまり、このような事情でナポレオンの戦闘力と抵抗力は急激に低下し、それに応じ同盟国軍の優勢が著しく強まったがために、フランス軍の抵抗が不可能になった、との見方である。フランスを講和に追い込まれたのは、もはや抵抗が不可能になったからに他ならない。

もしこのとき、何か外部の原因により、同盟国軍の戦闘力がフランス軍と同じように弱くなっていたならば、どうだったろうか。同盟国軍の優位も消滅し、パリを占領した効果も意義も、すべて消えてしまっただろう。

筆者がこのように論を進めるのは、これこそが戦闘についての自然で唯一の見解であり、重要な点の理解を導くことを示すためである。この見地からは絶えず次の問いに至る。――戦争や戦役のそれぞれの段階で、両軍の大小の戦闘がすべて、どんな戦果をもたらすと推測されるか、である。この問いこそが、戦役や戦争の計画を練るに際して、あらかじめとるべき措置を決定するのである。

〔4〕・このように考えないなら、戦争での他のことも正当に評価できない

戦争や、戦争における戦役《フェルドツーク》は、次々に生じる個々の戦闘が鎖のように連なっているものであり、一つの戦闘は必ず次の戦闘に影響する。そう考えるのに慣れていないと、ある特定の地点を奪

取したり、無防備な土地を占領したりするだけで、自分が優勢になったと誤解する恐れがある。ある地点を奪取することと他の戦闘との関係を認識できなければ、その奪取が後に不利な状況を招くかもしれないのを、心配することさえしない。だが、戦史を紐解《ひもと》けば、そのような誤りが何度も繰り返されてきたのが分かる。

商人は取引で利益を上げるが、個々の取引での利益を、いちいち分けて安全に蓄えることなどできない。戦争も同じで、最終的に得た戦果について、個々の作戦で得た戦果を別々に扱うのは不可能である。また商人は、常に自分の全資産を挙げて事業を営む必要がある。戦争もそれと同じで、個々の出来事が戦況全体に有利に働いたかどうかは、最終結果で判断する以外に方法がない。

しかしながら、常に指揮官の心眼が、事前に見通せる限りの一連の戦闘に向けられているなら、常に目標への正しい方向を邁進《まいしん》しており、その場合、軍の動きは迅速になり、意志と行動が情勢に適合し、外部からの影響に乱されないエネルギーを獲得できるのである。

第2章　戦略の諸要素

戦略において戦闘《ゲフェヒト》の行使を条件づける諸要素は、いくつかの異なる種類に適切に分類できる。精神的要素、物質的要素、数学的要素、地理的要素、統計的要素がそれである。……

しかし、戦略をこれらの要素について、個別にそれぞれ論じるのは、最悪と言わなければならない。これらの要素は、多くの場合、個々の軍事行動のなかで複雑に絡み合っているからである。……常に現象の全体を見失わないようにし、思考の理解に必要な範囲以上に、〔個別に〕分析を進めてはならない。……

第3章　精神的な力

〔戦争での精神力〕

精神力は、戦争を論じるにあたり、最も重要な一要因である。第2篇第3章で触れたが、再度論じなければならない。精神力とは、戦争のあらゆる側面を貫いている気概のことである。軍全体を動かし、方向づけているのは意志だが、精神力はもともとその意志と緊密に結びついている。意志そのものが実は精神力の一つだからであり、精神力と意志は合体していると言ってよい。

しかし、残念ながら、精神力は学問的な方法では把握しがたい。数字で示したり、分類したりできず、もっぱら見たり感じたりするものだからである。

軍隊、高級司令官、政府は、それぞれ、気概も精神的特質も大きく異なっているし、戦場となる地域の住民の気質もまちまちである。そして勝利や敗北がもたらす精神への影響もまた、もともと大きく異なる。さらに、それらは、自軍の目的や状況に、実に様々な影響を及ぼすことがある。

書物ではこうしたことへの言及はほとんどなく、全然ないと言ってよいほどだ。にもかかわらず、それが戦争術の理論の対象の一部であるのは間違いない。そのことは、戦争の本質をなす他の諸要素とまったく同じである。

繰り返し述べておかねばならない。――戦争理論の旧来の方式では、精神力をまったく無視して、戦争における規準や原則を定式化するのだが、それは哲学的にまったく愚かというほかない。精神力の作用がみられると、それは例外だとする。そして、それで、例外をも学問的に扱っていることにし、法則とする。あるいは、天才が規準などを超越していることを強調し、それにより規準などは愚かな者のためのもの、というだけでなく、規準それ自体もつまらないものとするのだ。これまた哲学的には愚かなことである。

仮に、戦争術の理論が精神力という考察対象を思い起こさせ、精神力を正当に評価し、考慮に入れるのが必要不可欠なことを明らかにするものの、それだけで終わり、それ以上には、何も実際にできないとしたらどうか。――それだけでも、その理論は、狭い限界を超えて、精神の領域に足を踏み入れることとなろう。また、そのような視点を確立することにより、戦力の物的要因だけを論じ、それを正当化しようとする理論に対し、あらかじめ〈それは誤りだ〉と批判できるであろう。

〔精神力を考慮しない理論の問題点〕

理論は、いわゆる法則を立てるために、精神力を視野の外に置くようなことをしてはならない。

物理的な力の作用と精神力の作用は相互に融合しており、化学的方法で合金を分解するような具合に、両者を切り離すことはできないからである。

物理的な力に関連するどんな法則を定式化する場合も、理論家は、精神力が作用を及ぼしていることがあるのを見落としてはならない。理論が絶対的な命題に傾き、あまりにも慎重で偏狭なものとなったり、あまりにも独断的で過剰な一般化に陥ったりするのを避けるには、それが重要である。

精神の作用を考慮に入れない理論でさえも、自覚しないままではあるが、限界を超えて精神の領域に入らざるをえない結果となっていた。例えばどんな勝利についても、心理的な影響を考慮せずには、幾分なりとも勝利の作用を説明できないのである。

実際、本書で取り上げた事柄の大半は、原因でも結果でも、物理的な力と精神力が相半ばしているのである。よく磨かれた精巧な武器に譬《たと》えると、物理的な力は柄《え》などを構成する木材の部品で、精神力は金属の部品だと、言いたくなるのである。

〈兵法の方法論と精神力〉

一般に精神力の価値が最もよく示されているのは、歴史である。歴史を紐解くと、精神力がときおり信じ難い影響力を発しているのが読み取れる。そして、高級司令官は歴史から最も貴重で、滋養に富む教訓を引き出しうるのである。その際注意したいのは、知恵の種となり、精神を豊かにするのは、論理的な証明や批判的考察、学術的な論文などよりも、自分の洞察や総合的な印象、個々の直観的なひらめきの方だ、ということである。

戦争での精神力が関わる最も重要な現象に目を通し、勤勉な大学教員のように綿密に調べ上げ、その可否を一つひとつ確かめていくのも、やれないわけではない。しかし、その方法では、たちまち本来の探究心など消え去り、誰もが知っていることを改めて言うだけに終わるおそれが大きい。

そこで本書では、あえて不完全な、断片的な記述にとどめている。全般的に重要な問題に注意を促し、筆者の考え方がどのようなものかを示唆するにとどめたのである。

第4章　主要な精神的諸力

精神力で主要なものは、高級司令官の才能、軍隊の武徳、軍隊の民族精神〔国民的精神〕である。この三要素の間の相対的な重要性については、一概に言えない。それぞれの重要性を測ること自体が難しいのに、その比較考量となればさらに難しいからである。したがって、三つの要素とも均等に重視するのがベストだが、人間は気まぐれで、重視するものをころころと変えてしまう。そこで歴史を紐解き、三つの要素がどんな作用を果たしているかを確かめておくのが望ましい。

だが今日では、欧州諸国の軍隊はどこも、技術や訓練でほぼ同一水準に達したように思われる。哲学者の言葉を借りると、戦闘遂行は自然の法則に従って発達してきた。そのため今では、ほぼすべての軍隊が同じ考えを取り入れ、（フリードリヒ大王の斜形戦闘序列など）狭い意味での特殊な戦法は、もはや高級司令官が用いることはまず見られなくなっている。そうなると軍隊の民族精神や軍事的熟練が、それだけ重要になっているのは否定できない。もっとも、平和な時期が長く続けば、この状況が再び変化することもあろう。

軍の民族精神（熱情、熱狂的な興奮、信念、信条）が最も発揮されるのは、山地戦である。山地では兵士一人ひとりまで、どう行動するか、独自の判断に委ねられることもあるからだ。このことだけからも、山地は武装した一般国民を動員するのに最適な戦場と言える。

広々とした平原では、全軍をあたかも鉄の塊のように束ねる、軍の高度な訓練と、鍛えられた勇気とがものをいう。

高級司令官の才能は、丘陵地帯での戦闘で最もよく発揮される。山地にあっては個々の部隊のごく一部にしか目が行き届かず、高級司令官は全軍を指揮できない。また、平原での指揮はあまりにも単純なので、司令官が力量を発揮しきれない。

戦争計画は、この紛れもない〔精神力と地形の〕適応関係に従い、立てられなければならない。

第5章　軍隊の武徳

〔軍隊の武徳の要素〕

軍隊の武徳は、単なる勇敢さとは異なるものであり、戦争に命をかける熱狂とはさらに大きく異なる。無論、勇敢さは武徳に欠かせない。それは普通の人にも備わっている素質だが、兵士にあっては実戦や訓練を通じ、部隊の一員として身につけうるものであり、そういう勇敢さは、一般の人のそれとは異なるものでなければならない。

気ままな行動や力の誇示への衝動は、個人の本来の傾向だが、軍人の勇敢さは、それを抑制するものでなければならない。また、服従、秩序、規則、準則のような、より高次の要請に従わせるものでなければならない。戦争への熱狂は、軍隊の武徳に生命を吹き込み、さらに燃え立たせるものだが、しかし、必ずしも軍の武徳の必須の要素ではない。

〔軍の組織と個人〕

戦争は特殊な行為であり、同じ命がけの活動でも、他の活動とは違う独自の、切り離された活動である（戦争がどれだけ幅広く生活を覆い、壮健な国民がいかに幅広く参加していようと、その点は変わらない）。

軍隊における個々人の武徳とは、次のようなものだ。——一人ひとりの兵士が戦争という任務の精神と本質に精通し、内にある力を掘り起こし、鍛錬して覚醒すること。また、知性を用い、戦争での任務に全精力を注ぐこと。訓練を積み、その技量を確実なもの、容易に使えるものにすること。全身全霊で、兵士としての責務に邁進すること、である。

同じ個人について軍人の面の他に一般市民の面を明確に認めても、戦争という活動の特異性は消し去れない。また、戦争も傭兵隊長の時代のものとはまったく異なるものになったと判断し、戦争を全国民の事業と考えても、やはりそうである。とすれば、戦争という活動に従事する者は、その間、常に自分を戦争の精神的要素に貫かれた組織の部分と見なし、秩序、法律、慣習をもつ一種の共同団体をなすものと考えねばならないであろう。そしてまた、実際その通りなのである。

戦争を極めて高い〔哲学的〕観点からのみ考察する者であっても、軍の団結心を軽視するのは大きな誤りである。軍隊には、多かれ少なかれ「団結心《エスプリ・デ・コープ》」が存在するのであり、また不可欠でもある。この団結心は、軍隊の武徳と呼ばれるもののなかにあって、そこで作用を及ぼす自然の力を接合する働きをしている。そして団結心の下で、武徳はより容易に結晶化する。

〔武徳のある軍〕

激しい砲火を受けながらも、平生《へいぜい》の秩序を守り通す軍が、武徳のある軍である。また、敵との戦闘を想像して怖気《おじけ》づくことなく、危険な状況に陥っても陣地を譲らず戦い、勝ちえた勝利には誇りを感じるが、劣勢に立たされても自分の指揮官に従うのを忘れることなく、指揮官への信頼感、尊敬の念を失わず、苦難と努力を通じ、闘技者の筋肉のような強さを身につけている軍が、武徳のある軍である。さらには、戦闘での労苦について、自軍の軍旗にとりついた呪いなどと考えることなく、勝利獲得の手段と見なすような軍がそうである。また、一切の義務や徳を、軍隊の名誉という、唯一の簡潔な綱領として思い起こすような軍もそうだ。——このような軍こそ、武徳のある軍である。……

〔軍の武徳の概念〕

〔だが一般論として〕軍の武徳を欠くなら、絶対に戦勝は考えられない、などと言うべきではない。そのことに注意を促すのは、本書で提示する武徳の概念を個々に扱い、より明確にすることによって、武徳が万事であるなどと、漠然たる一般論を振り回すことがないようにするためである。

武徳が万事だということはないのである。軍の武徳は、ある精神的能力として現れるのであり、それは無視できないものであって、その作用の重要性は評価・判断しうる。つまり、それは、その精神的な効力を計算できる、一つの道具なのである。……

〔軍の武徳と軍人精神〕

軍の武徳が、個々の部隊に対して占める位置は、いわば軍全体にとって高級司令官の天賦の才が占める位置と同じ関係にある。高級司令官は軍全体を指揮できるものの、個別の部隊は指揮できないので、軍の武徳が司令官に代わって指導の任にあたるようでなければならない。

高級司令官は卓越した資質のゆえに選抜される。大部隊の中級指揮官は、注意深く選別される。だが、現場指揮官は階級が下がるにつれ、選別が緩やかになっていき、個人の資質は重視されなくなる。能力の不足は、武徳で補われなければならなくなる。

まさにこの役割を果たすのが、戦争に動員された国民の自然の資質であり、勇気、器用さ、困難に耐える意志、情熱などの武徳である。この特性は、軍事精神と補完関係にあり、相互にその不足を補い合う。……

〔武徳の源泉〕

軍の武徳は二つの源泉からしか生まれない。しかも、その二つが一緒になって武徳を生み出す。第一の源泉は、多くの戦争を経験し、勝利を重ねることである。第二は、軍の活動で何度も極度の労苦に遭遇することである。そうした状況で初めて兵士は己の力を知ることとなる。

高級司令官は、部下をそうした状況で指揮するなか、〈部下は命令を果たしてくれる〉と確信できるようになる。兵士もまた、ひどく危険な状況に直面し、それを凌《しの》いだことを誇りとするのだ。

つまり、軍の武徳は、不断の活動と労苦を土壌にして、芽を出すものであり、勝利という陽光を得て成長できる。たくましい樹木に育ってしまえば、不運や敗北というひどい嵐にも耐えるし、平和という安逸な時期ももちこたえるようになる。少なくとも一定期間はそうである。

結局、軍の武徳が生まれるのは、戦時において、また、優れた高級司令官の下に限られるのだ。

もっとも、いったん生まれた武徳は続き、少なくとも数世代はもつ。凡庸な司令官の下でも維持でき、平和が続いても残る。……

第6章　大胆さ

〔戦争と大胆さ〕

……大胆《キューンハイト》さは、戦意を鼓舞し、迫りくる危険に動じさせない崇高なる活力だが、これは戦争で独特の作用を果たす要素と見なされるべきである。大胆さが戦争で市民権を認められないとしたら、いったい人間活動のどの分野で市民権を認められるというのか。

輜重兵《しちょうへい》、鼓手《こしゅ》から、はては高級司令官に至るまで、大胆さは最も高貴な徳であり、兵器に鋭さと光沢を与える強靭《きょうじん》な鋼《はがね》である。

戦争では大胆さが独特の特権さえ有している、と言ってよい。空間、時間、戦力量など、計算で推し測れる力以上の成功の確率が、大胆さに認められねばならない。大胆さで劣る相手に対しては、それだけで優勢を得られるのであり、大胆さは一つの真正かつ創造的な力なのである。

それを哲学的に証明するのは、さほど困難ではない。大胆な側と臆病な側が対戦する場合には、臆病な側は既に均衡を失った状態にあるので、まず大胆な方が勝利する。……たいていの臆病な軍勢は、恐怖の念から用心深くなっているからである。……

〔地位と大胆さ〕

指揮官にあっては地位が高い者ほど、優れた精神でもって、大胆さを裏打ちしておかなければならない。また、大胆であることが、ところかまわず、無目的な激情の発揮となってしまってはならない。上級指揮官自身は己を犠牲にする可能性はそれだけ少なくなるが、その分だけ部下の身を案じ、全軍の安全を図らなければならないからである。

大部隊の規律は、〔内部に浸透し〕第二の本性となっている服務規律によって保てればよいが、指揮官にあっては、それは思慮深さで確保されなければならない。そこでは、一つひとつの行動の大胆さが簡単に失敗につながってしまう。だが、それはそれで価値ある失敗であり、他の失敗と同じに扱うべきではなかろう。

時宜を得ない大胆さがたびたび発揮される部隊など、まだ幸せな方である。それは繁った雑草のようなもので、土壌が肥えている証拠でもあるからだ。何らの目的もなく大胆に振る舞う無謀な行動も、軽蔑されるべきではないのである。それも基本的には、真の大胆さと同じ感情の力によるものであり、ただ激情に駆られ、深く考えることなく表出されただけだからである。

しかし、大胆さから軍の意志に逆らい、断固たる上官の意志を軽視することだけは、危険な害悪と見なさざるをえない。この場合も、大胆さそのものがいけないのではなく、命令に従わないのが悪いのである。戦争では、服従は絶対だからである。

戦争についての洞察力が同じ程度なら、大胆なための弊害より、優柔不断なことの弊害の方が、はるかに大きい。読者もこの見解に同意するだろう。

また、本来こう考えられやすい。つまり、合理的な目的が加わり、〔指揮官が〕それを意識するようになると、容易に大胆さが発揮される。そして、そのことで大胆さの価値を低下させる、と。だが実際は、その逆で、本当は次のようなのだ。

思考が明快になり、知性が支配的になれば、実力の行使で、すべての感情の力は削がれる。軍隊での階級が上がるにつれて、大胆さが薄れていくのは、このためなのである。確かに、階級が上がったからといって、洞察力と知性が向上するとは限らない。だが、外からの客観的な諸要因、周囲の状況、種々の検討事項など、指揮官が処理すべきことが地位に応じて増え、重くのしかかってくる。洞察力に欠ける指揮官ほど、その負担は大きくなり、苦しめられる。

フランス〔のヴォルテール〕に、〈第二位にあって光輝を発する者、第一位に上り詰めれば光輝を失す〉との箴言がある。戦争については、その最大の根拠はここにある。過去の歴史を紐解き、高位の司令官で優柔不断な二流と見なされていた人物を見ると、下級指揮官としてはほぼ全員が、並外れた大胆さと決断力を発揮していたのが分かる。……

〔高級司令官の大胆さ〕

戦略は高級司令官や上級指揮官だけの領域である。しかし、戦略にとっては、それ以下の指揮官や兵士の大胆さも他の武徳と同様に重要である。大胆な国民から編成され、大胆さという武徳のなかで訓練を受けてきた軍と、大胆さという武徳を欠く軍を比べるなら、やはり武徳を知る軍が段違いの成果を収めうるのである。

本書で軍全体の大胆さを議論したのは、このためである。しかし、ここでの本来のテーマは、高級司令官の大胆さの方であった。だが、武徳について我々の知識をすべて生かし、全般的に詳述した今では、高級司令官の大胆さについて改めて論じなければならないことは、そう多く残ってはいない。

指揮官の地位が上になるほど、その行動では知力、理性、洞察力の重要性が増し、それだけ感情の一要素たる大胆さは抑制される。最高の地位にある者で、大胆さを兼ね備える者が少ないのは、そのためだ。それだけに最高位にある者が見せる大胆さは、驚嘆に値する。

知力によって統御された大胆さは、いわば英雄の名に値する特徴である。こういう大胆さは、自然の道理に逆らったり、確率的な法則を乱暴に破って行動したりする点にあるのではない。そうではなく、選択にあたり、指揮官が天才的な練達の判断力によって半ば無意識的に行う判断を、大胆さが力強く支えている点に特徴がある。いうならば大胆さは、知性と洞察力に力強い翼を与えるものである。知性と洞察力はその翼で空高く舞い上がる。はるか遠くを見据えるようになり、認識ははるかに正確になる。だが、もちろん目的が大きいものなら、危険も大きいことを、忘れてはならない。

優柔不断な人はともかく、普通の人物でも、危険な場所から遠いところで、また責任のない立場でなら、作戦の効果について判断させても正しい結論に至るかもしれない。そういう状況なら、生き生きとした直観がなくとも大丈夫かもしれない。だが、ひとたび危険が迫り、責任を負わされると、観察力は失われる。他人がそれを補うにしても、決断はできない。決断力だけは、他人の力ではどうにもならないのだ。

〔司令官と決断力〕

大胆さを抜きにして、卓越した高級司令官の存在は考えられない。生得的にこの気質を備えていない者は、優れた司令官にはなれない。大胆さという気質の力こそ、司令官として成功する第一の条件と見なしてよい。

すると次のことが第二の問題となる。この生得的な力が、教育や諸々の人生経験によってさらに発達を遂げるのか、また、その人が高い地位に達したとき、陶冶《とうや》されたこの力がどれだけ残されているのか、である。多く残されているほど天才の翼は力強く羽ばたき、空高く舞い上がれるであろう。それだけ活動でのリスクも大きくなるが、また、目標も大きくなろう。

大胆な動きにも、ぜひとも達したい長期的な目的に向けた行動たるフリードリヒ大王型と、自らの野心に駆られた行動たるアレクサンダー大王型があるが、これは検証の見地からは、まあ、どちらでもよいことである。アレクサンダー型の方が大胆な分だけ想像力を刺激し、フリードリヒ型は内的必然性が大きい分だけ知性を満足させる、というだけである。

しかし、なお重要な問題を考察しなければならない。

この意味での大胆さを軍隊が備えうるには、二通りの仕方がある。それがもともと国民の間に存在するか、大胆な指揮官の下で戦争に勝利して獲得するか、このいずれかである。後者の場合には、当初、大胆さは欠けていたことになる。

今日においてはまず他の手段がなく、その意味で国民にこの精神を涵養《かんよう》するのは、戦争だけである。しかも、大胆な指導の下での戦争でなければならない。つまり、生活が向上し、各国国民の交流が盛んになるなかで、国民を堕落させる軟弱な心情、安逸の欲求を抑えるのは、大胆な指導だけだ、ということである。

国民の気風と戦争の習熟とが、持続的な相互作用のなかで維持されている場合にのみ、その国の国民は国際社会で確たる地位を占めうるのである。

第7章　不屈

〔迷いやすい状況での強固な意志〕

……戦争における場合ほど、思ったように物事が進まない例は他に見られない。近くで見るときと遠くで見るときでは、同じものがまるで違ったものに見えるのである。

建築技師なら、設計通りに建物ができるのを安心して見ていられる。また、医師は、建築家よりはずっと多く、不可解な現象や症状に出くわすだろうが、それでも自分の使う薬の処方や効能には通じていることだろう。

　ところが戦争では、大軍を率いる指揮官はそうではない。乱れ飛ぶ情報には、正しいものも誤ったものもある。恐怖心、不注意、焦りのために失敗することも多い。真偽様々な見方に惑わされ、あるいは悪意から、あるいは怠惰や疲労などから、部下が命令に従わなくなることも多い。誤った義務感からの不服従だけでなく、誠実な義務感からも不服従が生じることがあるのだ。さらには、事故や不測の偶発事が次々襲ってくることも多い。

　要するに、指揮官は数限りない様々な印象にさらされる。しかも、その大半は不安を抱かせるもので、勇気づけるものなどまずない。これら個々の現象について即座に判断できる能力は、長い戦争経験によってのみ得られる。指揮官が錯綜する印象のなかでたじろがないのは、偉大な勇気と内面的な強靭さによるものであり、それは寄せる波にびくともしない岩のようだ。

　その時々の印象に身を任せる指揮官など、自分の意図を何も成就できないだろう。その意味で、最初の決意を覆す強い理由がない限り、それを頑《かたく》なに守る不屈の姿勢は、印象に左右されないための重要な拮抗力である。

　さらに戦争では、栄誉を勝ち取ろうと思えば、必ず無限の努力、辛苦、困難を強いられる。人間は肉体的・精神的な弱さに屈しやすい存在なのであり、目標に到達させてくれるのは意志の強さだけである。そして、それだけが世界から称えられ、後の世代からも賞されるのである。

第8章　兵数の優位

〔力の優位〕

兵士の数で敵を上回ることは、戦略の面でも戦術の面でも、勝利の最も一般的な原則である。以下に展開する議論でも、この問題を一般的に考察しなければならない。

戦略によって、戦闘の場所、時間、用いる戦闘力が決まる。戦略はこの三つの点で、戦闘の帰結に極めて大きな影響を及ぼす。その戦術により戦闘がなされ、結果が出る。勝利することも、敗北することもあるが、いずれにせよ戦略はその戦闘の結果を、戦争目的にそってさらに生かしていく。当然だが、戦争目的はたいへん先にある場合が多く、すぐに達せられるようなものは多くない。……

戦略は戦闘を規定（いわば決定）するのだが、戦略はそのことで戦闘の成り行きに影響を及ぼす。だが、それに関連する事柄はあまり単純でなく、簡単には論じつくせない。戦略は、戦闘の時間、場所、兵力を規定するのだが、それらの条件は様々な使い方ができる。またそれに従って、戦闘で生じる結果や成果も異なる。戦闘の使用を規定している諸般の事情については、ここで論を進めていくにつれ、より詳細に明らかになっていくだろう。

戦闘の目的や、戦闘発生の状況は、それぞれの戦闘で異なるが、そうした細かい点は捨象することにする。また、関与する部隊の能力についても、所与の要因なので、度外視する。そうすると、あとは戦闘という、ありのままの概念だけが残る。極めて抽象的な、単なる戦闘である。そこでは兵士の数しか区別できない。

このような戦闘ならば、どちらが勝つかは数だけで決まる。しかし、抽象化を重ね、実際の戦闘にあるいろいろな要素を無視しているので、こう言えるのであって、実際には兵数の優位は勝利をもたらす一要因にすぎない。したがって、兵数の優位を確保したから勝ったとか、それが主要な要因だったなどと、言うことはできない。実際には、ほとんど何も達成していない可能性すらある。すべては状況次第である。

しかし、一口に兵数の優位といっても、程度は様々である。敵軍の二倍、三倍、四倍のこともあれば、それ以上のこともある。そこまで多ければ、他の一切の要因を圧倒するほど重要となるのは、明白であろう。

その点では、兵数の優位は戦闘の結果を決める最も重要な要因だ、と認めなければならない。ただその場合、兵の数は他の要素を圧倒するほど多くなければならない。つまり、兵数の優位から直接に結論できるのは、戦闘での決定的な地点に、できるだけ多くの兵士を集中させねばならない、ということである。

その場合、この軍隊で十分かどうかは問題ではない。とにかく、重要な地点にできるだけ多くの兵士を配備するということでは、できる限りのことがなされたことになる。これが戦略の第一原則である。……

〔兵数のもつ意味〕

ここ欧州では、各国の軍において、武器、編成、諸々の技術などが極めて似通ってきており、相違はわずかに軍の士気や司令官の才能に見られるだけとなっている。……

フリードリヒ大王は、〔一七五七年の〕ロイテンの会戦に約三万の兵で臨み、総勢八万のオーストリア軍を破った。ロスババの会戦〔同年〕では二・五万の兵士で五万強の連合軍を下している。しかし、二倍以上の兵士を抱える軍に勝った例は、わずかにこの二つだけである。〔スウェーデンの〕カルル十二世も、ナルヴァの会戦〔一七〇〇年〕でロシア軍を破っているが、ここで引き合いに出すのは適切ではない。当時のロシアはいまだ欧州の一国と見られておらず、どんな状況で戦いがなされたのか、よく分かっていないからである。

またナポレオンが〔一八一三年に〕ドレスデンで、十二万の兵でもって二十二万の連合軍に挑んでいるが、これは差が二倍に達していない。コリーンの会戦〔一七五七年〕ではフリードリヒ大王が、三万の兵で五万のオーストリア軍に臨んだが、撃破できないで終わっている。同様にナポレオンも十六万の兵を率い、ライプチヒの会戦〔一八一三年〕に挑んだのだが、総勢二十八万の〔敵同盟〕軍に敗れている。どちらも敵の兵数は二倍に満たなかった。

このような事実から、今日の欧州では、才能に恵まれた高級司令官でも、二倍の兵力を有する敵に勝つのは極めて困難だ、と言えよう。二倍という数字が偉大な司令官に重くのしかかるのを見ると、戦闘の大小のいずれでも通常は、敵よりも兵をずっと多く確保するだけで勝てるのは、疑いえないように思われる。二倍を超える必要はなく、他の条件が不利でも勝利を収められる。もちろん、敵の十倍の兵士を揃えても勝てないような、〔戦闘の極めて困難な〕狭隘《きょうあい》な場所もあろうが、そんなケースは戦闘と呼ぶに値しないものである。

筆者の見解では、現今の欧州の状況や、類似の条件の下では、決定的な地点での兵数の優越は最も肝要なことであり、これはまた一般に、どのような重要な諸条件の下でも妥当することである。決定的な地点での優越は、軍の絶対的な優越と、その巧妙な運用にかかっている。

そうならば、第一の原則は、可能な限り優勢な兵力で戦場に臨む、ということとなる。まったくの常識論にように聞こえるだろうが、実際はそうではない。……

〔重要な地点での優勢〕

兵数の絶対数は政府が決定する。軍事的な行動は本来、この決定から始まるのであり、この決定は軍事行動の戦略的に重要な部分なのだが、戦争で兵士を率いる高級司令官は、たいていの場合、兵の絶対数を所与の条件として受け入れなければならない。兵数の決定に参画しなかったり、状況が許さず兵数を十分に確保できなかったりするのだ。

高級司令官に残された道は一つだけである。絶対的な兵数の優位を確保できない場合、部隊をうまく配置して、決定的に重要な地点で兵数の相対的優位を確保すること、がそれである。

このとき肝要なのは、空間と時間を計算することのように思われがちである。このため戦略では、戦闘力の全面的使用とは、ほぼ空間と時間を計算することに尽きる、という理解が広まっている。それどころか戦略と戦術において偉大な高級司令官には、これを計算する特別な器官が体内に備わっているなどと、行き過ぎたことを言う者もある。

この空間と時間の調整は、確かに至るところで基礎的であり、戦略の日々の糧《かて》と見なされているものの、しかし、それは至難の業《わざ》でもなければ、重要性において決定的なわけでもない。……

〔兵数の相対的優位〕

兵数の相対的な優位の確保、つまり部隊を巧みに配置して、決定的に重要な地点で兵数の優位を確保することは、〔空間と時間の調整とは〕少し別の点を基礎としている。決定的に重要な地点を正確に評価すること、およびもともとの戦闘力を維持すべく、戦闘部隊を的確に方向づけること、がそれである。その決定では、重要なこととそうでないことを見分けることが求められる。そして瑣事《さじ》に構わず、重要なことを優先させる、という決断も必要である。つまり部隊を圧倒的に集結させることである。特にフリードリヒ大王とナポレオンは、この点で典型的な実例を見せている。

以上の説明で、戦力の優越が重要なことを再確認できたであろう。兵数の優位は戦略での根本原則であり、常に、また第一に追求されるべきものである。

しかし、だからといって兵数の優位を、勝利の必須条件と考えてはならない。それは、筆者の議論展開のまったくの誤解である。筆者が述べたかったのは、戦闘にあたって重視すべき戦闘部隊の兵数の問題である。兵数を可能な限り多くできれば、それで基本は十分に満たされたことになる。

兵数で劣る場合、戦闘を避けるべきかどうかの問題は、そのときの全体的情勢を勘案して判断すべきことである。

第9章　奇襲

〔奇襲の効果と条件〕

……敵に対し相対的優位に立ちたいとの普遍的な願望から、もう一つの願望が生じてくる。それもまた、相対的優位の願望に劣らず、普遍的な願望に違いない。敵に奇襲をかけることがそれである。奇襲は、多かれ少なかれすべての作戦行動の根底にある。本来、奇襲をかけずに決定的に重要な地点で優位を得ることなど考えられないからである。

つまり、奇襲は決定的な地点で、相対的優位を得るための手段となる。だが、それだけでなく、奇襲はその心理的な効果によって、自立的な戦争の原理と見なされなければならない。奇襲が大きな成功を収めた場合、敵を混乱させ、敵の士気を低下させることができる。この作用が勝敗に大きく影響したことは、大小様々な戦例に示されている。

なおここでは、本来、攻撃の範疇に属する襲撃の方ではなく、方針にそって企てられる奇襲の方を論じることとする。それは防御の際にも使われるし、戦術的防御の際には特に重要なものである。……

奇襲では、秘密と迅速とが二大要素であり、この二要素は政府と高級司令官の多大なるエネルギーの傾注と、軍隊の厳格な軍紀があって初めて可能になる。気の弱い司令官と弛緩《しかん》した軍紀の下では、奇襲を図っても無駄である。……

奇襲が素晴らしい成功を収めることは稀にしかない。したがって、戦争の勝利でこの手段に大きな期待をかけるのは正しくない。……

また、奇襲が用いられる余地が大きいのは、戦術レベルのことである。戦術においては、時間が限られ、空間も比較的狭いという、極めて当然の理由のためである。……

奇襲がやりやすいのは、一両日で片づくような戦闘においてである。……

〔奇襲の失敗例〕

戦役《フェルドツーク》のプロセスに奇襲を盛り込み、大きな効果を狙う場合、その手段として、大規模な行動、迅速な決断、強行軍を考えなければならない。しかし、これらの条件をよく満たしたとしても、必ずしも期待した効果が得られるとは限らない。奇襲の名手と見なされている二人の最高司令官、フリードリヒ大王とナポレオンの例からも、それは明らかである。

フリードリヒ大王は、一七六〇年七月、〔ザクセンの〕バウツェンから〔オーストリアの〕ラーシ将軍の部隊をまったく突然、襲い、そしてドレスデンに向かった。しかし、この間、突発的なこの行為ではまったく何も戦果を上げられなかった。そればかりか、〔プロイセンの〕グラーツが敵の手中に落ちて、戦況を著しく悪化させてしまったのだった。

ナポレオンは……一八一三年、突然ドレスデンから二度にわたって、〔プロイセンの〕ブリュッヒャーの部隊に奇襲をかけた。しかし、どちらの場合も期待した戦果は得られなかった。時間と兵力を無駄遣いしただけであり、ドレスデンでは極めて危険な事態に陥る可能性すらあった。

〈奇襲成功の条件〉

奇襲はそれゆえ、単に指導層の活動、力量、決断力だけでは大きな成功は得られない。成功を後押しするような状況にも恵まれなければならないのである。筆者はなにも、奇襲が成功する可能性を否定したいのではない。そうではなく、状況に恵まれなければ奇襲が成功しないことを、強調したいだけなのである。そうした状況に恵まれることは少なく、戦場の指揮官が任意につくりだせるものではない、と言いたいのだ。

ここでも〔先の二人の〕最高司令官が格好の実例を示している。ナポレオンは一八一四年に有名な作戦を敢行している。本隊から離れ、マルヌ河沿いに下流に向かって行進していたブリュッヒャーの部隊を襲った。二日間の驚くべき強行軍で、ナポレオンはこの部隊に追いつき、かなり大きな戦果を上げたのだが、これほどの例はまず見られない。

ブリュッヒャーの部隊は縦に長く伸びていて、〔先頭と最後尾では〕行程にして三日分ほど離れており、次々に撃破された。大規模な会戦で敗れるのと同じ程度の大損害だった。ただ奇襲の効果というしかない。ブリュッヒャーがナポレオンの襲撃が迫っているのを知っていたなら、まったく違う隊形で行進していたに違いないからである。この奇襲の成功は、ブリュッヒャーの失策に原因が求められる。ナポレオンはブリュッヒャー部隊の状況を知らなかったから、そこには幸運という要素もあった。

一七六〇年の〔シュレージエンの〕リーグニッツの会戦も、同じだ。この会戦でフリードリヒ大王は輝かしい勝利を収めたのだが、それは、入ったばかりの陣地を夜のうちに変えていたからだった。これで敵〔オーストリアの司令官〕ラウドンは不意をつかれ、大砲七〇門と歩兵一万人を失った。

この時期、フリードリヒ大王は頻繁に部隊をあちこち動かすのを原則としていた。敵に会戦をさせないか、少なくとも敵の作戦を混乱させるのが狙いだった。だが、〔八月〕十四日から十五日にかけての夜間の陣地の変更は、そのような意図によるものではなかった。本人が言っているように、単に最初の陣地が気に入らなかっただけであった。ここでも奇襲の成功には偶然という幸運が強く働いていた。夜間の移動がなかったり、移動先が敵の攻めにくい場所でなかったりしたら、大王側の攻撃は、まったく成果が異なるものになっていただろう。……

奇襲の本質に関わることで……もう一つ注意点がある。奇襲をなしうるのは、適切に行動している軍隊だけだということだ。奇襲の方法を誤れば、成功どころか、強烈な返り討ちにあうだろう。敵はあまり奇襲を心配せず、こちらの誤りのなかに、被害を受けない方法を見出すだろう。……

奇襲の成否は、両軍の置かれた全般的な状況に大きく左右される。一方が既に心理的優位を得ており、敵軍が士気を低下させているなら、奇襲で成果を上げられよう。本来、負けそうな場合も、奇襲で成果が得られる可能性は高い。

第10章　策略

……戦略上用いうる兵力が貧弱な場合には、……策略《カニング》が頼みの綱となる。どんなに用心深く、賢明な指揮をもってしても、どうにもならない軍にあっては、百計が尽きた状況で、策略が最後の救いの手段となる。形勢が挽回の望み乏しく、絶望的な最後の一戦にすべてがかかっているような状況では、大胆さとともに策略が登場するのである。……

第11章　空間における兵力の集中

最良の戦略とは常に、強大な戦力を保有することである。まずは、全般的な優勢を得ることだが、そうでない場合も、決定的な地点で優勢を得なければならない。どう兵力を増強するかは必ずしも高級司令官の任務ではないので、それを別にすると、高級司令官にとって保有する戦力を集結させておくことほど、単純かつ重要な戦略上の原則はない。緊急の目的のため、やむをえず別のところに派遣される場合を除き、兵力は本隊から切り離されてはならない。

筆者は、この原則を堅持する。またそれを確たる指針と見なす。兵力を分割する合理的な理由としてはどんなものがあるかは、後に論じることとする。そうすればこの原則がどの戦争でも常に同じ結果をもたらすわけではなく、その目的や手段に応じて異なる結果をもたらすこともまた、分かるであろう。

ところが、信じがたいことのように聞こえるかもしれないが、〔戦史を読むと〕その意味を理解せずに、従来行われているというような漠然たる気持ちから、幾度も兵力を分割し、分離している例が見られる。

戦力の集結を正当な規範と見なし、分割・分離させるには相応の理由づけが不可欠としておくならば、こうした愚行は完全に避けられる。それだけでなく、〔もっともらしい〕誤った分割の理由も、多くが排除されるだろう。

第12章　時間のうえでの兵力の集中

〈兵力の集中の意味〉

……〔兵力の集結は戦略上の原則とされることが多い。その見方に従うと〕戦争では一般に、兵力を小出しに（継時的に）使用して所期の効果を収めようとするやり方は許されない。一回の戦闘に必要な兵力を、すべて同時的に使用することが、戦争の根本原則となる。

実際、その通りである。だが、それは戦争が現実に機械的な衝突と類似している場合に限られる。戦いを双方の兵力の継続的な相互作用と解する場合、兵力の小出しの使用が有利な場合も考えられる。それが妥当するのは、戦術においてである。……

〈戦術と戦略での相違〉

戦術では、緒戦に成功を収めても、それだけで決着がつくものでないとすれば、必ずその後に続く戦闘のことを考えておかなければならない。とすれば、戦術ではこうなる。緒戦では当然、勝利を収めるのに必要と思われる数の兵しか投入せず、残りは後方で安全に待機させる。敵の砲弾が届かず、白兵戦にならない地域にとどめる。敵が新たな兵を繰り出してきたときに対抗したり、敵が弱ってきたときに打撃を加えたりできるよう、温存するのだ。

しかし、戦略ではそうではない。一つには、先に見たように、戦略が成果を上げたら、もう敵の反撃をあまり恐れる必要がない。戦略の成功によって危機が去っているからである。またもう一つは、必ずしもすべての戦略的な戦力が弱体となってしまうことはないからである。なるほど敵との部分的戦闘に関わった部隊、つまり戦術的に戦った部隊は、確かに力を弱めていることだろう。だが、戦術的に兵力を無駄に浪費していないなら、損失はやむをえず失われた兵力だけに限られる。戦略的に敵と向き合った兵力がすべて弱体化するという事態は生じない。

部隊のなかには、味方の兵力が優位にあったので、ほとんど戦っていないか、まったく戦っておらず、ただそこにいただけの兵力もあろう。ただ戦場に姿を現しただけで、決着をつけるのに役立った部隊もあろう。それらの部隊は、ほとんど何もしていないようなもので、決戦以前と同じような状態にあるから、新しい目的のために投入できる。味方を優位に導ける、このような部隊が、総体としての成功にどれだけ貢献できるかは明らかだ。そういう部隊が、戦術的戦闘に従事した兵力の損失をどれだけ抑制できるか、明白であろう。

戦略では、投入した兵の数に比例して味方の兵力の損失が大きくなるわけでなく、逆に損失を抑えうることもある。また、兵数の増加によって、味方の決戦の勝利は確実になる。そういうわけで当然、いくら兵力を投入しても、しすぎることはない、との結論となる。つまり、〔戦略では原則として〕動員すべく準備してある部隊はすべて全員、同時に投入しなければならない、ということである。……

第13章　戦略的予備部隊

〔予備の二つの任務〕

予備には二つの異なる任務があり、両者ははっきり区別されねばならない。一つは、戦いを長引かせたり、一新したりすることである。もう一つは、予測できなかった場合に備える兵力という意味である。

第一の任務は、兵力の継続的使用を前提としているので、戦略では関わりがない。それに対し、戦闘で劣勢に陥っている地点に部隊が投入される場合は、明らかに第二の任務の範疇《はんちゅう》に入る。その地点で敵に抵抗しなければならないことは、十分に予測されていなかったからである。……

〔戦術での予備、戦略での予備〕

しかし、戦略上も、予測されざる事態に備え兵力を残しておく必要性が生じることがある。その場合に限り、戦略的予備〔部隊〕も必要である。もっとも、それは不測の事態の発生が考えられる場合に限られる。

ところで、戦術においては、敵が使う手段は多くの場合、実際に見るまで知ることができない。

山の起伏や林によって、敵の手段が隠されていることもある。そういうときは、当然だが、多かれ少なかれ予測されない場合に備え、あらかじめ措置を講じておく必要がある。例えば、自軍の兵力の手薄な地点に後方から増援したり、あるいは、一般に自軍の兵力配置を敵の出方に応じて変更できるようにしたりするのが、それである。

戦略においてもまた、このようなケースが生じることがある。戦略的行動は、戦術的行動に直接結びついているからである。戦略でも自軍の兵力配置は、まず敵情の実見によって決められ、次には、時々刻々入ってくる不確定な情報にもとづいて決められ、最後には戦闘で生じた実際の結果を目安に決定される。これが通例なので、敵情判断の不確実さに応じ戦闘力を後刻の投入に備えて温存しておくのは、戦略上の本質的条件なのである。……

〈戦略での予備と戦術での予備〉

以上の予備についての二点の考察に、第三の考察を付け加えておく。戦術での戦力の逐次投入は、主要な決戦を〔時間的に〕軍事行動全体の後の方に置くものである。しかし、戦略における兵力の同時的使用の原則からすると、逆に主要な決戦は、ほとんど常に軍事行動の早い段階に置くことになる。

以上、三つの考察の結論からはこうなる。戦略的予備〔兵力〕は、その目的が漠然たるものなら、不必要なばかりか、はなはだ危険である、と。

〔予測せざる事態のための兵力が戦略的にも必要な場合もあるが〕戦略的予備〔兵力〕という観念

が矛盾に陥りはじめる点は、容易に特定できる。それは主要な決戦である。主決戦にはもてるすべての戦力が投入されねばならないがゆえに、この決戦の後に使われる予定の予備〔兵力〕（戦闘準備のできた部隊）などというものは、不合理極まるものである。……

第14章　兵力の経済的使用

先述のように、思考がたどる道筋は曲がりくねっており、原則や信条でもって一本の直線にまとめあげるのは容易ではない。ある程度の自由な裁量の余地が残されているのだ。これは生活上の実用的な術《クンスト》〔技芸〕のすべてについて言える。……

指揮官は、自分の直観的な判断力に頼らなければならないときがある。もって生まれた鋭い洞察力を土台に、判断力を鍛えていれば、とるべき正しい道はほぼ無意識に見つけられるようになろう。ときには、厳格な法則を単純化して自分なりのやり方としたり、一般的な手法を自分の行動の支える方法としたりしなければならないこともあろう。

全兵力を一つにまとめ、作戦に参加させるよう常に注意すること、つまり、兵力のどの部分も無駄にしないように気を配ることが重要である。――この観点は右の単純化された法則の一つであり、兵力使用のコツの一つとして、念頭に置いておくといい。敵がいるにもかかわらず、敵に十分な圧力を与えられない場所に兵力を置いたり、敵が攻撃してきているのに応戦せず、行軍したりしている部隊がある場合は、戦力がうまく使いこなされていないことになる。いわば兵力の浪費であり、それは戦力の不適切な使用よりも、質が悪い。

ひとたび兵を動かすときが来たら、全軍を軍事行動に参加させなければならない。それが第一に必要なことである。たとえ目的からずれた行動であっても、敵の戦力の一部を消耗させ、撃破できるからである。その際、戦力としてまったく働かないのは、まったく無駄な兵力となる。

この見解が、前の三つの章での原則と関連しているのは明白である。それは同じ真理だが、ここではより広範な観点から、兵力の経済《エコノミー》という単一の概念にまとめたのである。

第15章　幾何学的要素

幾何学的要素、つまり戦闘力配備の形式が、戦争でどれだけ支配的原理となるかは、築城術を見れば明らかである。そこでは、大小を問わず、ほとんどが幾何学的に配備されている。

戦術においても幾何学は大きな役割を果たす。……〔しかし、戦略では〕幾何学的要素は、築城術におけるほど決定的な意義をもたないし……戦術の場合に比べると、重要性はずっと低くなる。

……

第16章　軍事行動の停止について

……軍事行動は本来、ゼンマイ仕掛けの時計のように、間断なくどんどん進められるはずだが、それを妨げるように作用する三つの要因がある。

第一は、人間の心のなかにあって遅滞を生み、遅延させる作用をする、生来の臆病と不決断の傾向である。一種、精神的な重力のようなものだが、引力よりも反発力によって生じるもので、危険や責任を恐れる心である。……

第二の原因は、人間の洞察力、判断力の不完全性である。それは他の何よりも戦争において著しい。戦争に従事しているとき、ひとは自軍の状況についてすら、どんなときにも正確に把握しておくのは容易でなく、何とか認識しているだけである。敵の状況となると、隠蔽《いんぺい》されており、わずかな兆候から推測するしかない。

このことから、次のような事態がよく生じる。ある〔客観〕情勢は一方が極めて優勢なのに、敵・味方の双方が、ともに自分の側だけが有利と見ているような事態である。したがって、第2篇第5章で見たように、双方が他の機会を待ち受けるのが賢明だと思うようなことも、ありうる〔そこで中断が生じる〕。

第三の原因は、ゼンマイ時計のように進む運動を抑えたり、ときには軍事行動を完全に停止させたりする要因で、防御の有利さが大きいことである。A軍が、B軍を攻撃するほど強くはない、と感じているとしても、だからといってB軍がA軍を攻撃するに十分なだけ強いとは限らないのである。

防御により力の増加を得られるのだが、その力は攻撃をすることにより、単に失われていくだけではない。敵に力を与えることにもなるのである。比喩的にいうなら、元来の力（a）に防御の力（b）が加わった状態（a＋b）と、元の力（a）から〔敵の〕防御の力（b）により失われた状態（a－b）を比べると、その差は2bとなるのである。

このように慎重を賢慮とする姿勢、重大な危険を恐れる態度が、兵法のただなかに腰を据えて幅を利かしているため、戦争本来の激烈な性質を縛る結果になっているのである。……

第17章　今日の戦争の性格について

今日の戦争の性質について考察を加えなければならないが、その考察は、戦争のすべての計画に大きな影響を及ぼすであろう。特に戦略の計画についてそうである。

旧来の戦争の常套手段は、ナポレオンの幸運な成功と勇敢な行動によって、すべて葬り去られた。第一級の欧州諸国が一撃の下に打倒されたのである。また、スペインが、執拗な抵抗の戦いを通じ、〔ナポレオン軍に対し〕国民が武装して大規模な反乱を起こせば、たとえ個々の軍事行動では弱く、機敏さに欠けるところがあっても、大きな力を発揮できることを示した。

ロシアは、一八一二年の戦役でいくつものことを教えてくれた。第一に、広大な国土の帝国は征服が不可能なことである（これは当然、もう少し早く分かっていてよかったことだ）。第二には、会戦に敗れ、領土や首都を取られても、勝利の確率が小さくなるとは限らないことである（昔の外交官は奪取された段階で反撃不可能と判断し、悪条件でも講和に応じようとしたものだ）。そして、敵が攻撃力を消耗してしまい、防御側が自国の領土内にいる場合が、最強のときであることが多く、防御に徹した軍隊は、攻勢に転じると大変な勢いを見せる、ということである。

さらに一八一三年、〔ライプチヒの戦いで〕プロイセンは、緊急のときには民兵動員という手段で兵数を六倍に増やせること、民兵は国内に限らず国外でも活動できること、を示した。

右のようなことから、国家の力、戦争遂行力、戦闘力の形成において、国民の勇気と志操《しそう》が大きな役割を果たしていることが明らかになった。また近年では、どの国の政府もこうした付加的〔に利用可能な人的、物的、精神的〕資源を理解するようになっている。これまた明らかである。そうである以上、今後の戦争では必ず使用されることだろう。自国の存亡が危機にさらされた場合であれ、強い功名心に駆られた場合であれ、そうなろう。……

第18章　緊張と休止——戦争の力学的法則

〔戦闘と休止〕

前述のように、大半の戦役《フェルドツーク》では軍事行動よりも、停滞している時間の方がはるかに長い。また、前章で述べたように、今日の戦争はかつてとはまったく異なる性質のものとなっているが、そうであっても、戦争本来の行動がいつも多少の休止によって中断されているのは疑いない。したがって、戦闘と休止という二つの状態について、その本質を詳しく検証する必要がある。

戦争行動が中断されているとき、つまり双方の陣営が積極的行動を望まないときには、休息となり、均衡状態となる。もちろん、ここでいう均衡状態は大変に幅広い意味であり、単に物理的な力や精神的な力だけでなく、周囲の状態や利害関係もすべてが均衡している状態をいう。一方が新たに積極的目的をたて、その達成に向けて活動したり、その準備を始めたりして、相手が対抗すると、すぐ力の緊張状態が生じる。それは決着がつくまで続く。一方が目的を断念するか、他方が敗北を認めるまで続くのである。

〔緊張状態と均衡状態〕

双方の一連の戦闘の末、決着がつくが、その後また、別の方向への何らかの活動が生じてくる。……〔そこにも休憩、緊張、決着が生じる〕。

均衡、緊張、活動という、この純理論的な区別は、一見、思われる以上に実際の行動にとって重要である。

休止と均衡の状態においても、いろいろ動きが生じることがある。だがそれは、単に偶発的な理由からなされるもので、大きな変化をもたらす目的でなされるものではない。そのような動きのなかには、重要な戦闘、いや大会戦さえもがありうるが、先のようなわけで性質が異なり、及ぼす作用も異なるものである。

〔均衡の後に〕緊張状態が発生すると、〔戦闘での〕決着の作用がより効果を発揮する。〔決着以前に比べ〕そこでは意志の力や周囲の状況がより強く働くからであり、また、主要な行動への手はずが整っており、方向づけられているためである。そこで決着が有する意味は、注意深く管理された炭鉱での爆発に譬《たと》えることができる〔作用は限定的なのだ〕。両陣営が休止しているときに、これと同程度の出来事が発生した場合には、効果はさらに弱い。広い空中において、一握りの火薬が爆発する場合の作用に譬えられよう。

言うまでもなく、緊張状態には種々の程度があることを考えなければならない。したがって緊張状態と休止といっても、その中間には数多くの段階があり、緊張状態といっても最も弱い状態ならば、ほとんど休止と異なるところがない。

以上の考察から引き出すべき最も本質的な結論は、次の通りである。一つは、緊張状態でとられる手段は、どれも均衡状態での手段よりも効果が大きいことである。もう一つは、緊張状態が最高になると、手段の重要性も最大になる、ということである。……

〔高級司令官に求められる資質〕

高級司令官の非常に重要な資質は、〔緊張と休止という〕二つの状況をしかるべく認識できること、また、その判断に応じ適切に行動しうること、この二つだと筆者は考える。また、この資質が欠けている場合がいかに多いかは、〔プロイセンが敗北したイエナとアウエルシュタットなどの〕一八〇六年の戦役で思い知らされた通りだ。

あの大変な緊張状態では、すべてが主要な決戦の準備に向けられており、高級司令官は決戦に向け全精力を傾け、対応しなければならないのだった。そういうときに、決戦への方策が出され、一部は実施された（フランケン地方への偵察）。そのようなことは、均衡の状態であったなら、プロイセン軍にごくわずかな影響しかもたらさないのであった。だが、時間がとられ、部隊を混乱させる作戦だったので、土壇場《どたんば》で大逆転できたかもしれない真に必要な作戦を、断念することとなった。

ここでの純理論的区別は、本書の今後の理論展開にも欠かせないものである。後に攻撃と防御の関係や、攻撃・防御の両極的活動の遂行について説明するのは、危機という状態に関係しているからである。ここでいう危機的状態とは、双方の軍が緊張と活動のただなかにある状態である。それに対し、均衡状態でなされる活動はすべて、その必然的帰結であり、本書はそうとらえ、そう論じていく。緊張状態が現実の戦争であり、均衡状態はその反映に他ならない。

第4篇

戦闘

第1章　概説

第3篇では戦争の重要な要素と見なされうる事柄について考察を加えた。第4篇では……本来の軍事行動たる戦闘《ゲフェヒト》・戦いについて考察する。……

戦いをどう組み立てるかは戦術的なものである。……戦いはすべて、詳細に規定された目的に応じて、それぞれ独自の形態をなす。……

第2章　今日の会戦の性格

〔戦争と国益〕

これまでの本書の戦術と戦略の概念からして、戦術の性質が変化すると、戦略に必ず影響が及ぶのは明白である。戦術と戦略が合理的で、一貫性が保たれている限り、ある戦争が他の戦争の戦術の様相とまったく異なる特徴を見せる場合には、両戦争での戦略の特徴も異なるものとなるはずである。それゆえ、戦略での大会戦の使用について述べる前に、近年の主要な戦いの形態を特徴づけておく必要がある。

〔十九世紀の早い時期たる〕今日、会戦《シュラハト》はどのように行われているか。――大軍が前後左右に整然と配列して、〔戦機が熟すると〕そのうちの相対的に小さな部分を動かし、数時間の射撃戦を交える。その間に小規模な不意の攻撃、銃剣攻撃、騎兵の襲撃がなされ、一進一退の戦況が続く。……

今日、会戦がこのような様子となったのは偶然ではない。敵・味方が同じような水準に達し、大きな国益にもとづいて戦われるからである。また、戦争が本来の道を突き進むようになったからである。……

第3章 戦闘一般

〔今日の戦争〕

戦い《ゲフェヒト》こそ本来の軍事行動であり、それ以外のものはすべて、その土台をなすにすぎない。……

戦闘は戦いであり、戦いでは敵の撃滅もしくは敵の征服が目的である。だが個々の戦いでは、敵とは自軍が対峙している戦闘力に他ならない。……

国家とその戦力を一体のものと考えるなら、戦争を単一の大規模な戦いと考えるのも自然である。……しかし、今日の戦争は、同時的または継続的になされる、大小様々な無数の戦闘からなっている。このように軍事行動が分けられている原因は、戦争を引き起こす事情が著しく多様になっているからである。……

〔敵の戦闘意志の放棄〕

敵の征服とは何を意味するのか。――それは、どの場合も敵の戦闘力を撃滅することに他ならない。殺したり傷つけたりするのか、他の方法によるのかは問わない。また、敵の完全な撃滅なのか、戦闘継続の意志を放棄する程度にとどめるのかは、問うところではない。それゆえ、戦闘の特殊な目的を度外視すれば、全面的もしくは部分的な敵の撃滅が、戦闘の唯一の目的である、とすることができよう。……

〔単純な攻撃と複雑な攻撃〕

単純な攻撃と、技巧的で複雑な攻撃とでは、どちらが大きな効果を上げるか。――敵が受動的と思われる場合は、複雑な攻撃の方が有効なのは疑いない。しかし、複雑な攻撃はどれも、単純な攻撃より準備や実行に時間がかかる。しかも、準備の最中に敵の反撃を受け、妨げられないよう、必ず十分な時間の確保が必要である。敵が単純な攻撃を決断し、それを短時間で実行してきたら、敵が有利に戦闘を運ぶのであり、こちらの大規模な計画は妨げられてしまう。

それゆえ、複雑な攻撃の是非について検討する場合は、準備段階で敵の攻撃を受ける危険性を、すべて考慮に入れる必要がある。複雑な攻撃を行ってよいのは、敵の迅速な先制攻撃によって妨害される恐れがない場合に限られる。その恐れがあるときは必ず、単純な攻撃を選ぶべきなのであり、敵の状況や周囲の状況によっては、さらに計画の時間を短くする必要があろう。

抽象的に考え、覚束《おぼつか》ない幻想をもったりせず、現実に目を向けるなら、すぐに分かることだが、敏速で勇猛果敢な敵は、遠大かつ複雑な作戦を遂行する暇など与えないのだ。また、まさにそうした敵を相手にするときこそ、最大限の技芸が求められるのである。要するに、複雑な計画より、単純な計画の方が望ましい、と思われるのである。

〈攻撃における知恵と勇気〉

筆者は、単純な攻撃こそ最善の攻撃だ、と主張しているのではない。戦闘の準備は状況の許す範囲にとどめるべきだ、と言いたいのである。敵が戦闘的な姿勢であるなら、それだけこちらも直接的な戦闘で対抗すべきだ、ということである。複雑な計画で相手を凌駕《りょうが》しようとするよりも、その正反対の方向に努力しなければならない。つまり、単純に早め早めに行動し、常に先手をとることである。

単純な攻撃と複雑な攻撃、この相反する両者を支える究極の礎石を探ってみると、単純な攻撃には勇気があり、複雑な攻撃には知恵があるのが分かる。ともすれば、勇気をある程度に抑え、知恵を多く用いた方が、逆の場合よりも大きな戦果を得られるのではないか、と考えたくなるものだが……実際は逆である。……

第４章〔戦闘一般〕続き

〔敵の物的戦闘力の破壊〕

……勝者は、時を失うことなく、敵の物的戦闘力を破壊し、そのことで本来の利益を得なければならない。勝者にとって、そこで得られるものだけが確実なのだ。敵の精神力は次第に回復され、敵軍の規律が戻り、勇気も再び高揚する。それに対して勝者側では、多くの場合、勝ちえた優位がそのまま保たれることはほとんどなく、皆無となることもある。場合によっては敵の復讐心や強烈な敵愾心を掻《か》き立てることになり、力関係の逆転すら生じうる。それに比べ、死傷者、捕虜、大砲の収奪などで得た利益は、決して双方の計算から消えることがない。……

〔退路の遮断〕

二方面で戦わねばならぬ危険は重大である。だが、退路を完全に遮断される危険は、それ以上に恐るべきものだ。この二つの危険は、抵抗する側の部隊の運動や力を麻痺《まひ》させる。それどころか、勝敗の帰趨に決定的な影響を及ぼす。それだけでなく、敗北の場合に全軍壊滅の危険すら生じる。軍の背後が脅かされると、敗北が濃厚になり、同時に、敗北が決定的となるのである。……

〔敵の戦闘放棄が戦闘の勝利〕

勝利の全体的な概念を一瞥すると、次の三つの要素がある。

一、物的戦闘力で、敵側の損失がより大きいこと

二、精神的戦闘力でも、敵の損失がより大きいこと

三、敵が戦争継続の意志を断念し、右の二点を公然と認めること

死傷者の数については、彼我の報告は決して正確でなく、正直な報告はまずない。大半のケースでは真相は故意に歪められている。戦利品の数も十分に信頼はできず、数字が小さい場合、勝利はいまだ疑わしい。精神力の衰退については適当な尺度がない。結局、多くの場合、勝利の唯一の正しい証拠としては、敵の戦闘の断念しか残らない。

降参し敗北を認めることが、降伏の印と見なされるべきであり、それにより個々の戦闘での味方の権利と優越が認められたことになる。……

第5章　戦闘の意義について

〔戦闘の形態〕

……戦闘に多種多様な形態があるのは、戦闘力の区分にもとづく相違による。また、その戦闘力

の区分は戦闘の直接的目的の相違による。……

〔攻勢と防御という、二つの主要な戦闘方式での目的は、次のようなものである〕……

攻勢的戦闘《オフェンシヴ》〔の目的〕

一、敵戦闘力の撃滅

二、ある地方の占領

三、ある物件の略奪

防勢的戦闘《ディフェンシヴ》〔の目的〕

一、敵戦闘力の撃滅

二、ある地方の防御

三、ある物件の防御……

〔敵戦闘力の撃滅〕

〔戦闘の〕目的の相対的な重要性は、ほぼ一、二、三の順序の通りである。三つの目的のうち、大きな会戦では常に第一のものが優先されるべきである。防勢的戦闘では、後二者〔二と三〕は本来、そこからは何ら新しい利益が生まれない。まったく消極的なものであり、何か別の積極的目的の達成を容易にするためということで、間接的に役立つだけである。そういう戦闘が頻繁に起きるのは、戦略的な状況が好ましくないことを示すものだ。

第6章　戦闘の継続期間

……戦闘の継続期間の長短は、ある程度、副次的・二義的な結果と見なされるべきである。優勢な側にとっては早く決着がついた方がよいし、劣勢な側にとっては戦闘が長びくほどよい。速やかな勝利は勝者の力を増すものであり、敗北の場合でも決着を遅らせると、敗者は損失を少なくできる。……

第7章　戦闘における勝敗の決着

〔勝敗の分岐点〕

あらゆる戦闘には、勝敗の決着を指し示す時点が必ず存在する。……それより後に戦闘が再開される場合、前の戦闘の継続ではなく、新しい戦闘と見なされねばならない。この時点を明確に見極めることは、増援部隊を急いで送り、戦闘を再開する必要があるかないかを決定するうえで極めて重要である。
挽回の望みのない戦闘では、新たに兵力を投入しても無駄な犠牲となるだけだろう。……

〈勝利への確実な道〉

実際に交戦した部隊が全体の小部分であり、また戦闘に加わらず予備として勝利に寄与した戦闘力が大きい場合、たとえ敵が新しい兵力を投入しても、決着のついた戦闘の形勢を逆転するのは困難である。それゆえ兵力を〔無駄なく〕経済的に使って戦いを進め、強力な予備軍の精神的な効果を最大限に生かせるような、高級司令官とその傘下の軍は、勝利への道を確実に歩むことになる。最近ではフランス軍、特にナポレオンの率いるフランス軍がこの点で図抜けていたことは、認めねばならない。……

〈分岐点〉

〔不利な状況の戦闘に援軍を送るべきか否か。〕戦闘が終結したと見なされない場合には、援軍を得て始められる新たな戦闘は、以前の戦闘と一体のものとなり、全体としての結果をもたらす。そのとき、当初の不利はまったく計算から消える。しかし、既に決着がついてしまった後では、そうではない。……

第8章　戦闘に関する両軍の合意

〔一方が他方に挑めば戦闘が始まると考えられているが、実際には〕戦闘は、敵・味方双方の同意なしには生じえない。……

〔古代や近世常備軍の時代には〕〈敵に戦闘を挑むも敵これに応ぜず〉といった表現が用いられた。……

近代初期の軍隊でも、大きな戦闘や会戦では似たような事情が見られ……防御側は会戦を避けようと思えば、幾分かはその手段を見い出せた。……

だが三十年このかた、戦争は〔地形などの制約を脱するという〕この意味で、大きく発展をとげた。戦いによって雌雄《しゆう》を決しようとする者にとっては障害がなくなり、自由に敵を追跡し攻撃できるようになったのである。……

第９章　大会戦――大会戦での勝敗の決着

大会戦〔本戦《ハウプトシュラハト》〕とは何か――軍の主力をもって行う戦い《カンプフ》であり、無論、副次的目的のための重要ならざる戦いなどでは、決してない。また、少し試してみて、目的達成が困難と見るや、すぐに断念するようなものでもない。大会戦は、実際の勝利を得るため、敵・味方両軍が全力を挙げて戦う戦いである。……

会戦が進むにつれ〔状況が悪化して〕退路が脅威にさらされ、予備が壊滅して新たな兵力を加えられなくなれば、あとは運を天に任せ、秩序整然たる撤退によって、軍隊を救うしかない。ぐずぐずしていると潰走《かいそう》状態となり、全滅を免れないことになる。……

第10章　〔大会戦〕続き〔その一〕――勝利の作用

……ここでは〔大会戦での〕大勝利がもたらす作用の特質について考察する。

次の三つは容易に区別できる。第一は、軍全体に及ぼす作用、つまり高級司令官や軍隊に及ぼす作用である。第二が、戦争に関与した諸国に及ぼす作用である。第三が、これらの作用がその後の戦争の展開に及ぼす実際の作用である。……

第11章〔大会戦〕続き〔その二〕——会戦の遂行

……戦争についての概念を想起するなら、確信をもってこう言える。

一、戦争の主要原理は敵戦闘力の撃滅であり、積極的な軍事行動をする側にとっては、それが目標に至る主要な道程である

二、このような戦闘力の撃滅は、主として戦い《ゲフェヒト》においてのみ達せられる

三、大規模かつ全般的な戦いのみが大きな戦果をもたらす

四、戦闘《ゲフェヒト》が統合され、大きな会戦《シュラハト》となるとき、戦果は最大となる

五、高級司令官が自ら統括するのは、大きな会戦に限られる。だが、それをも部下に指揮を委ねる場合もあるのは、事の性質からして当然である

以上のような〔戦争の特性の〕事実から、一対の規準が生じる。この一対の規準は、相互に補完し合うものであり、敵戦闘力の撃滅は主として、大きな会戦とその結果の内に求められるべきだと

いうことと、大きな会戦の主目的は、敵戦闘力の撃滅でなければならないということである。……〔いろいろなケースがあるが、〕大会戦は、一般的には敵戦闘力の撃滅のみを目指すもので、大会戦によってのみ撃滅が達せられることが、依然として有力な事実である。

大会戦は、力が一点に集中された戦争である。つまり、その戦争全体やその戦役《フェルドツーク》全体の重心と見られるべきものである。あたかも、太陽の光が凹面鏡《おうめんきょう》の焦点に集まり、高い熱を発するように、戦闘力と戦争での出来事がすべて大会戦に集約され、そこで最も大きな効果を発揮するのである。……

〔会戦の回避は不可〕

積極的で大きな目的、つまり敵の利害に強く影響する目的が、戦争の目標となっている場合、いつでも自然な手段として大会戦が展開されるし、それが最善の手段である。……大決戦を前に恐怖のために尻込みし、回避しようとするなら、必ずそれ相当の報いを受ける。……

会戦は、諸般の問題を解決するための、血なまぐさい方法である。次章で見るように、確かに会戦は単なる殺し合いではないし、その効果は、敵の兵士を殺すことよりも、むしろ敵の戦意を挫くことにある。だが、それにしても常に血が、支払われねばならぬ代償なのである。……

政府や高級司令官は常に決着をつける大会戦を回避し、大会戦なしに目標達成を図ったり、気づかれないまま目標を放棄したりしようとしてきた。歴史家や理論家のなかには、決戦の回避を高等技術と説く論者もいる。……そして、流血なしに戦争を遂行しうる術を心得た高級司令官だけが、栄誉を受けるに値するとされている。……

だが、当世の歴史はこの妄想を打破している。……

勝敗の決着をつける大きな分岐点が大会戦にのみ求められるべきことは、抽象的な戦争の概念からして当然なだけでなく、歴史的経験からも立証される。……ナポレオンでさえも、流血を恐れていたなら〔一八〇五年の〕ウルムの会戦で勝利を収められなかっただろう。……

流血なしに勝利を博した高級司令官など〔どこかにいるかもしれないが〕、そんな話に耳を貸したくない。流血の会戦は確かに戦慄《せんりつ》すべき光景だが、だからこそ戦争をいっそう真面目に考えないといけない。流血が恐ろしいからといって、自分の剣を鈍《なまく》らにしていると、必ず鋭い剣をもった者が現れ、両腕を切り落とされてしまうこととなる。……

第12章　勝利を活用する戦略的手段

……追撃がなければ、勝利は大きな効果をもちえない。……

たとえその瞬間では、勝利が確実だとしても、その日のうちになされる追撃によって完成されない限り、その勝利の可能性はなお小さく、極めて弱いものであり、その後の軍事行動に大きな利益をもたらすことはできない。追撃のなかで初めて、勝利の具体化というべき戦利品が得られるのである。……

敵・味方の両軍は一般に、体力が非常に低下した状態で会戦を始める。多くの場合、会戦直前の軍事行動が緊迫した状況で行われるからである。長い戦いの間に疲労はピークに達している。そのうえ、勝者も敗者に劣らず混乱し、当初の隊形から離れてしまっている。そのため時間をとって、内部秩序を回復し、分散した兵を集合させ、消費した弾薬を補う必要が生じている。……

兵士も生身の人間であり、いろいろな欲望や弱点を有しており、それは必ず高級司令官の自由な意志に影響を及ぼす。何千という部下の兵士が、休息と保養を欲し、とりあえず危険と辛労の舞台に幕が下りるのを願っているのだ。……その結果、必要な追撃が十分に行われないことが多くなる。そこで追撃を可能にするのは、ただ高級司令官の名誉心、気力、不屈の精神だけである。……

第13章　会戦敗北後の退却

〔会戦《シュラハト》での敗者側は退却するが〕事の性質上、退却は敵・味方の戦闘力の均衡が回復される地点まで続けられる。敗者の兵力は、兵力の増強や、有力な要塞の援護によって、勝者との間で均衡が回復することがある。また兵力の均衡は、〔地形上の障害たる〕大きな断絶地の利用によって回復する場合もあれば、勝者が過度に兵力を拡散することによって均衡が回復することもある。……

退却といえども、抵抗を試みつつ退却すべきであり、機に乗じて大胆かつ勇敢に対抗することが絶対に必要である。……

第14章　夜戦

……基本的に夜間攻撃は、およそ強度の襲撃に他ならない。一見、夜戦は優れて効果的な手段であるかのように思われる。一般に防御側は予期せぬ襲撃を仕掛けられる側であり、当然、攻撃側は襲撃実施について十分な準備を整えている者、と思い込んでいるからである。本当にそうならば、両者の立場は雲泥の差となる。……実際に戦闘を指揮したことがなく、何ら戦闘に責任を負う必要のない者は、とかく夜間の襲撃にこのような考えを抱きやすい。しかし、そんなことがそのままなされるのは極めて稀である。……

第5篇

戦闘力

第1章　概観

ここでは戦闘力を、次の点について考察する。

一、戦闘力たる兵員の数と、その編成について

二、戦いの時以外での戦闘力の状態について

三、戦闘力の維持について

四、地形と土地との戦闘力の一般的関係について

この第5篇では、戦闘力の諸点のうち、戦いそのものではなく、戦いに必要不可欠な条件と見なされる点だけを考察する。……

第2章　軍・戦場・戦役

1・戦場

厳密には戦場とは、すべての臨戦地域のうち、側面が隔てられ、そのことによって、ある程度、独立性を有する地域のことをいう。区画するものは、要塞のこともあれば、〔地形など〕その地域の大きな障害物であることもある。さらには、他の戦場とかなり隔たっているために、独自の戦場となっている場合もある。

この意味での戦場は、確かに戦地の一部ではあるが、単に戦地に従属する部分というのではなく、それ自体が小さな全体をなしている。だから、そこでは、同じ臨戦地域の他の戦場で生じた変化が影響するにしても、直接ではなく、その影響は間接的なものになっている。……

2・軍

戦場の概念を援用すると、軍の定義は容易になる。軍とは、ある同一の戦場にある兵員のことをいう。……だが、軍の概念にはもう一つの特徴があり、それは最高司令権である。

この第二の特徴と、第一の特徴の間には、密接な関係がある。事態が正常なら、同一の戦場には唯一の最高司令権があるべきである。司令官は必ず相応の独立性を保持していなければならないからである。……

3・戦役

一年を単位として、戦場で起きた軍事的な出来事のすべてを戦役《フェルドツーク》と呼ぶことがある。だが、単一の戦場での軍事的諸事件を戦役と解する方が普通であり、明確でもある。最も良くないのは、一年の終わりをもって戦役を区切る考え方である。今日では、以前と異なり、ある戦場での軍事行動が長い冬季によって戦役が区切られるようなことはありえないからである。……

〔概念の定義の意義〕

〔戦場・軍・戦役といった〕これら概念は、これ以上厳密に定義できないが、それは理論にとって、かくべつ不都合ではない。科学や哲学の定義と異なり、これらは諸規定のもとになるものではないからだ。また、これらの諸概念は、論述をより明確にし、正確にできれば十分だからである。

第3章　兵力の力関係

〔兵数の優勢〕

戦闘における兵数の優勢がどのような価値を有し、それが戦略における全般的優勢にどれだけの価値を有するものかについては、第3篇第8章で述べた。したがって、敵・味方の兵力の相対的な力関係がいかに重要な意味をもつか、理解いただけたであろう。ここではさらに詳細な考察を加える。

先入観を交えずに最近の戦史を見ると、兵数の優勢はますます決定的な意味をもってきている、と言わざるをえない。……

〔各国軍の均質化〕

今日では、兵器、装備、訓練などでは、どの国の軍隊も似通っており、最も優れた軍と劣った軍の間にも、目立つような相違は見られない。科学的装備の部隊については、まだ教育で大きな差があるかもしれないが、それもどの国が優れた装備をいち早く発明・導入し、どの国が早く真似るか、という違いでしかない。

軍団長や師団長ら下級の司令官ですら、運営の技法では各国軍でかなり同じような規準や見解を共有しているようである。したがって、最上級の司令官の才能を別にするならば、戦争に習熟している軍の方が優位に立つというくらいのものである。だが、司令官の才能の有無は、国民や軍の教育や訓練とほとんど関係なく、まったく運の問題である。つまり、兵器、装備、訓練などで敵・味方の力が均衡しているほど、それだけ兵数の違いが決定的な意味をもつようになるのである。……

第4章 各兵科の比率

〔歩兵、騎兵、砲兵〕

この章では、歩兵、騎兵、砲兵という、三種類の主要兵科だけを論じる。……

戦闘は二つの本質的に異なる要素からなる。第一は火器という撃滅的な戦力であり、第二は接近戦ないし白兵戦（各個戦闘）である。……明らかに、砲兵はもっぱら火器という撃滅的な戦力で活動し、騎兵はもっぱら白兵戦で活動する。歩兵はその両方で活動する。……

今日の戦争では明らかに、火器という撃滅にすぐれた戦力が極めて有効である。だが、それにもかかわらず、兵士と兵士の白兵戦こそが本来、戦闘の基盤と見なされなければならないことも、明白である。……

三兵科の組み合わせにより、その軍の戦闘力が最大になるとすれば、当然、どういう比率での組み合わせがよいかが、問題となる。だが、これに答えるのはほぼ不可能である。……

第5章　軍の戦闘序列

戦闘序列《シュラハトオルドヌング》〔編成〕とは、軍の兵力を諸兵科を分け、戦闘諸部隊を軍全体の部分として編成し、基本的組織に配置することである。戦役・戦争となれば、この分割、編成、配置は、標準形として維持されるべきものとなる。……

かつては〔個々の〕会戦が戦争そのものであった。今後も会戦が戦争の大きな部分を占め続けるだろう。だがまた軍の戦闘序列は、一般に戦略というよりも、戦術の範疇に属するものである。にもかかわらず、戦闘序列の由来を説明してきたのは、戦術が軍全体を小さな部隊に分けることで、既に戦略の予備作業をしてしまっていたことを、明らかにするためである。

軍の規模は大きくなり、広い地域に分かれて展開されるようになった。また、各部隊は多様化し、相互に複雑に連携して作戦行動をとるようになった。この動向につれて、戦略の占める範囲が増大してきた。本書の定義でいう戦闘序列も、それに応じて、戦略と相互に影響を強めるようになった。このことは、戦術と戦略が交差するところではっきり示される。つまり、戦闘力の一般的な

図１　軍の編制

名称（英文）	構成	指揮官	人数
軍の編制			
小隊（platoon）	二ヵ以上の分隊より成る	少尉、中尉	約五十人
中隊（company）	小隊二〜三ヵ	大尉	約百五十人
大隊（battalion）	中隊三〜四ヵ	少佐	約五百人
連隊（regiment）	大隊三〜四ヵ	中佐、大佐	約千五百〜二千人
旅団（brigade）	連隊二〜三ヵ	少将	約四千〜五千人
師団（division）	旅団三〜四ヵ	中将	約一万五千〜二万人
軍団（corps）	師団二〜四ヵ	大将	約三万〜十万人

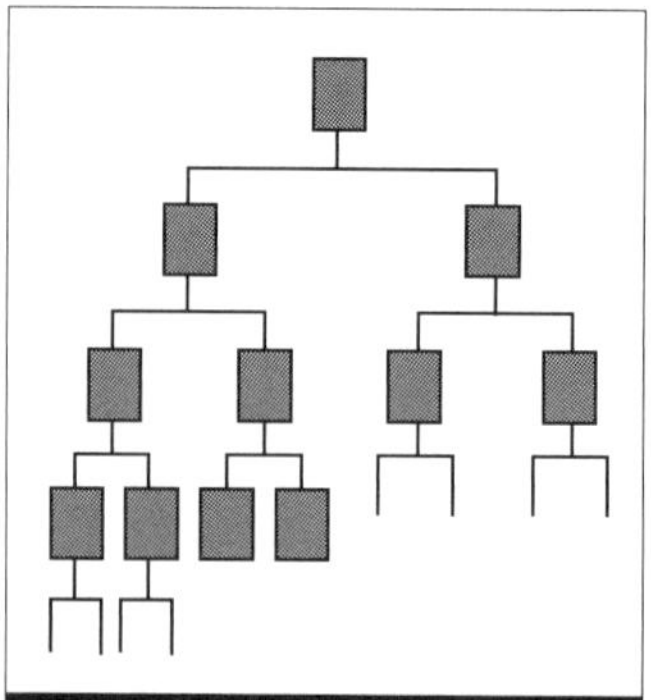

Ⓐ分割少なく段階長い

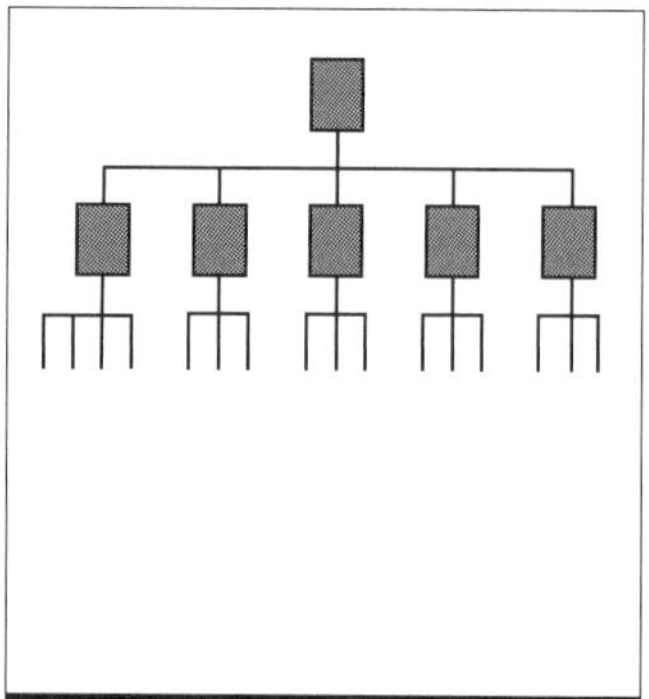

Ⓑ分割多く段階短い

（出所）　清水多吉『「戦争論」入門』中央公論新社　一部訳者改変

配置計画が、具体的に実際の戦闘方法に落とし込まれるところである。

そこで、戦略的観点から、〔軍団や師団への〕分割、兵種の結合、配置、という三点について論じてみよう。

1・軍の分割

……いくつかの要点を列挙してみよう。

一作戦軍の部隊とは、最初の分割によってできる部隊のみを意味する。つまり、直接的な部隊のみである。その場合、こう言える。

一、一作戦軍での部隊数が少なすぎると、〔各単位当たりの兵数が多くなり〕柔軟屈伸性を欠くことになる

二、部隊数が多すぎると、〔指揮が多忙になり、混乱が生じて〕最上層部の意志の力は弱められる

三、指揮・命令を伝達する段階が多くなるごとに、最上層部の意志の力は二つの理由で弱められる。第一に、段階を経るにつれ正確さが失われることであり、第二に、命令が伝わる速度が失われることである

これらを総合して結論づけると、こうなる。同時に並存する部隊はある程度多い方がよいし、指揮・命令の伝達階梯はある程度、少ない方がよい。……

2・各兵科の混成

戦略としては、〔歩兵、騎兵、砲兵などの〕各兵科の混成部隊が常に必要なのは軍団だけである。軍団編成をとっていない場合は、師団において必要となる。それ以下の部隊については必要に応じて、一時的な混成が認められるにすぎない。……

3・配置

……軍の戦闘序列とは、戦闘に適した集団とするよう、軍を分割し、配置することである。これは固定的なものではなく、必要に応じて、一時的に一部を引き抜かれても、その時々の戦術・戦略的要請に応えられるものでなくてはならない。もちろん、引き抜かれた部隊は、当面の要請が満たされればただちに原隊に復帰することとなる。……

第6章　軍隊の一般的配置

……軍の一般的配置の唯一の目的は、軍の保持・安全である。軍として、格別の不便がなく存立できること、また、結束して戦闘をなしうること、これが軍の一般的配置に必要な二条件である。

そこでこの二条件を、軍の存立と安全に関する問題に適用すると、次のような配慮が必要なことが分かる。

一、給養が容易なこと
二、軍隊の舎営〔家屋での宿泊・休養〕が容易なこと
三、背面が安全なこと
四、前面に障害物のない土地が広がっていること
五、陣地そのものが〔断絶地にあって〕障害物に保護されていること
六、陣地が〔軍が保護される地点たる〕戦略的倚託《いたく》点をもつこと
七、軍の分割が当面の目的によく適合していること……

戦略的倚託点は、二つの特性で戦術的倚託点と区別される。第一に、軍は戦略的倚託点に直接、接する必要がないこと。第二には、戦術的倚託点よりも、はるかに広い地域を有していなければならないことである。……

第7章　前衛と前哨

……軍はすべて、まだ十分に戦闘態勢が整っていないうちは、〔前方で偵察などの任にあたる〕

前衛を必要とする。視界に敵軍が入ってくる前に、敵の接近を探知するためである。普通、人間の視力は、火器の射程距離よりも遠くには及ばないからである。〔前衛を欠き〕前方に差しのべた腕の先までしか見えないようならば、どれだけ大変なことか。

また、昔から言われるように、〔敵の近くでの停止で、警戒のため前方に配置する部隊たる〕前《ぜん》哨《しょう》は、《軍の眼》である。前哨の必要性は一様ではなく、その程度は様々である。兵力の多寡、戦場の広狭、時間、場所、状況、戦闘方法はもちろん、偶然ですら影響し、その必要性を大きく左右する。……

第８章　先遣部隊の効果

軍の安全は、自軍の前衛と側衛が、進出してくる敵に加える作用に俟《ま》つところが大きい。これは先に述べた。だが、これら先遣部隊が敵の本隊と遭遇するのを考えると、劣勢を認めないわけにはいかない。劣勢にもかかわらず、これら先遣部隊が著しい損失を被ることなく、任務を遂行しうるには、どうすればよいか――これは特に説明を要する問題だ。

およそ前衛・側衛の目的は、第一に敵を監視することであり、第二には敵の前進を遅滞させることである。

〔前衛・側衛が〕劣弱な兵力なら、第一の任務〔監視〕すら果たせないであろう。すぐ撃退されるだろうし、その兵力では監視の視界が狭く限られ、遠くに及ばないからである。

監視にはまた、他に隠された任務がある。つまり、敵がこの部隊の前に全兵力を展開せしめ、単にその兵力だけでなく、その戦闘計画をも曝《さら》してしまうように仕向けることである。

この任務のためには、それだけの部隊が存在しさえすればよい。敵がこの部隊撃退の準備をするのを待ち、撃退に動き始めたなら、後退すればよいだけである。

しかし、この部隊には敵の前進を遅滞させる〔という、第二の〕任務もあり、そのためには本格的な抵抗も必要である。

この部隊が最後の瞬間まで敵を待ち受けたり、抵抗をしたりするとすれば、大きな損害が出る危険が考えられるのではないのか。――ところが、必ずしもそうではないのだ。敵もまた、自らの前衛を前にして前進してくるのであって、こちらを凌駕し、圧倒するような主力を前面に押し出してくるのではないからである。……

第9章　野営

本書ではここから、戦闘以外の軍の三つの状態〔野営、行軍、舎営〕について、戦略的観点に限って考察する。……

野営とは、テントを使用する場合であれ、ヒュッテ〔小屋〕であれ、屋外にそのまま露営する場合であれ、舎営以外のすべての状態をいうものである。……

フランス革命の時代までは、軍の野営には常にテントが使用されていた。それが正規の野営の方法だったのである。……〔その当時は〕冬季は、ある程度休戦期間と見なされていた。冬季には両軍の戦闘力は停止し、戦争でないような状態となっていたからである。……

フランス革命戦争以来、軍のテントの使用は、運搬が困難だったのでまったく廃止されてしまった。……

第10章　行軍

行軍とは、ある配備地点から他の配備地点への移動に他ならない。移動には、二つの主要条件がある。

第一に、行軍は兵士の便宜・快適を旨とし、戦闘で有益に活用されるべき力が浪費されるようなことがあってはならない。第二に、行軍は遅れることなく目標地点に到達するために、運動の正確さを期さなければならない。……

第11章 〔行軍〕続き〔その一〕

……〔独立的に作戦を遂行する単位たる〕師団をいくつか集結させ、ある野営地から他の野営地まで行軍する場合について考える。……数個師団が一縦隊をなして行軍する場合、全軍を二分し、一方を先発部隊としてやや早めに集合させるだろう。すると、その部隊はそれだけ早く到着できる。その際、先発部隊と後続部隊の間隔は、行軍中の一師団の長さほどに時間をあけてはならない。……先発部隊に続き、後発部隊を行軍させなければならないのである。

また、これと同じような方法だが、師団を所属の旅団ごとに、別の時間に集結させ、相前後して出発させるというのも、ごく稀にしか適用しえない。一師団が〔会戦での〕一単位とされている理由もそこにある。……

第12章〔行軍〕続き〔その二〕

本章では、行軍が戦闘力に及ぼす深刻な悪影響について考察する。その悪影響は甚大であり、戦闘にも劣らぬ兵力の損耗をもたらす要因と見なされねばならない。

それぞれの普通の行軍なら、さほど部隊の消耗はない。だが、度重なると悪影響が出てくる。まして困難が加わると、損耗はさらに大きくなる。……

第13章　舎営

近代の戦争術では、〔家屋での軍の宿泊・休養たる〕舎営は再び不可欠のものとなった。テントも、その運搬に必要な車両も、軍の自由な運動を妨げるからである。……

舎営を妨げる事情には二つのものがある。第一は、敵が近辺にいる場合である。第二は、迅速な運動が必要な場合である。したがって決戦が近づくや、舎営は中断され、決着がつくまで再び舎営には戻れなくなる。……

第14章　糧食

近代の戦争では、糧食の問題がきわめて重要になった。それには二つの理由がある。第一は、一般に近代の軍隊が、中世の軍隊はもとより、古代の軍隊に比べても、著しく大規模になったことである。……第二の理由は、第一の理由よりはるかに重要であり、近代に特有のものである。つまり、近代の戦争では、軍事行動は相互にずっと緊密な内的関連を保ち、戦闘を遂行する各兵員は常に戦闘準備の態勢を整えていなければならないことである。……

近代の戦争、つまり、ウェストファリア条約以後の戦争では……軍事行動において戦争目的という考えが優位を占め、糧食問題でも、いかなる場合にも糧食を満たす設備が求められるようになった。……

第15章　策源

そもそも軍隊が軍事行動を起こそうとすれば、敵国に入って敵を攻撃する場合であれ、自国の国境に敵軍を迎え撃つ場合であれ、軍は糧食と武器を補充する策源〔供給地〕に依存せざるをえない。そのためには策源と密接な連絡を保つ必要がある。策源は、軍の生存と維持に不可欠の条件だからである。……

第16章　交通線

軍の駐屯地と、糧食・補充品の策源〔供給地〕たる主要地点とを結ぶ道路は、一般に退却路としても利用される道路である。したがって、その道路は二重の意義をもつ。つまり、第一に兵力に絶えず給養を行う交通路であり、第二には退却路である。……

軍と策源は一個の全体をなしており、交通線はその一部であり、軍と策源とを結ぶ血管にも比すべきものである。……

動脈たる幹線道路は、中断されてはならないし、道程が長すぎたり、途中に難所があったりしてはならない。……

第二の意義たる退却路としては、その道路は本来の意味で軍の戦略的後衛をなすものである。

……

第17章　土地と地形

〔地形と軍事行動〕

……土地と地形が軍事行動に影響を及ぼす点については、三つの要素がある。すなわち、活動・通行の障害として、また見通しを阻むものとして、さらには砲火の作用から援護《えんご》するものとして、である。この三要素にすべてが還元される。……

〔勝敗と地形〕

〔右の三要素について〕戦場となる土地や地形が極端なものである場合、最上層の司令官が戦闘結果を左右する程度はそれだけ低くなり、その分、下級指揮官や一般の兵士が力量を発揮できるようになる。これは先に述べた通りである。部隊が細分化されているほど、また〔地形などの関係で〕見通しが悪くなるほど、それだけ〔下級の〕各指揮官が自分の判断で動く余地が大きくなる。これは明白である。

確かに軍の編成が細分化され、複雑で多岐になると、全軍を統制する知性ある者の影響が強まるし、最高司令官が才能を発揮する場面も多くなるだろう。だが、ここでも先述の要点を繰り返しておかなければならない。戦争で決定的なのは、個々の戦闘の結果の総計なのであって、戦闘を関連づける方式ではないのだ。……

すべての兵士がそれぞれ小規模の戦闘を行う様子を想像してみる。この場合、最終的勝利は、すべての兵士がそれぞれ得た勝利の総計にかかっており、戦闘を関連づけている形式で決まるのではない。個々の兵士の勇気、能力、精神などが、他の何よりも重要なのだ。高級司令官の才能と洞察力が決定的に重要となるのは、敵と味方の力が等しい場合、互いの特性が見合う形になっている場合に限られるのである。

〔民衆の武装〕

そのことからして、国民兵や〔ゲリラなど〕民衆の武装闘争もまた、地形により戦闘力を発揮する。民衆や国民兵は、必ずしも個々には熟練度や勇気は卓越していないが、戦闘精神は旺盛である。そこで、兵力が細分され、分散した戦闘ではよく戦い、〔山岳地域など〕障害が多く分断された地形では威力を発揮する。しかしながら、そういう部隊が戦闘力を発揮するのは、そのような地形に限られる。……

第18章　制高地点

〔制高地点の利点〕

そもそも、「制する《ドミネイト》」という言葉は、兵術のうえで独特の魅力を有している。地形が用兵に及ぼす影響の大部分は、この言葉の魅力に由来している。〔敵より高い位置を占めるという〕制高陣地のほか、〔特に重要な地点の〕関鍵《かんけん》陣地、戦略的機動など、侵すべからざる伝統的な軍事原則もそうである。……

およそ下方から上方に物理的な力を費やすのは、逆の場合よりはるかに困難である。これは戦闘の場合も同様だ。三つの理由があるのは明白だ。第一に、高地はすべて接近を困難にする障害物と見なされることである。第二は、上から下への射撃が、命中率の点で逆の場合よりもはるかに良いことである。第三は、高地の方が見通しの点で有利なことである。……

戦術上の有利、接近の困難、視界の広さ、この三つが制高地点の戦略的利点である。三点のうち前二者は本来、防御者だけが有する有利性である。陣地にとどまる者のみが利用しうるのであり、行動している者はそれにあずかりえない。それに対して第三点は、攻撃側・防御側の双方が享受できるものである。……

〔制高地点の影響は副次的〕

〔だが、高地を占める意味は過大評価されてはならない。第6篇の章で詳述するが、単純ではないからだ。〕「勝敗の行方が、戦闘での勝利の数とその重要性とにかかっているとするなら、第一に考慮されねばならないのは、双方の軍とその指揮官の力量の関係となるのは明白である。制高地点の及ぼす影響は副次的な役割に留まるのである。

第6篇

防御

第1章　攻撃と防御

1・防御の概念

防御の概念とは何か。それは敵の攻撃を阻止することである。では防御の特徴とは何か。攻撃を待ち受けることである。この待ち受けという特徴は、常に行動を防御的なものにする。そして、待ち受けの有無という基準だけで、戦争における防御と攻撃が区別される。

しかし、絶対的な防御というようなものがあるとすれば、それは戦争の概念と完全に矛盾する。そこでは一方だけが戦争を遂行する、という妙なことになるからである。それゆえ防御といっても、戦争では相対的なものにすぎない。要するに、待ち受けの基準は、防御の総体にのみ当てはまるのであり、防御を構成する個々の部分にまで当てはめてはならない。敵の攻撃や突撃を待ち受けている場合には、局部的な戦闘《ゲフェヒト》は防御的となる。敵への攻撃もまた、自陣の前方や前線に敵軍が現れるのを待ち受けていたのであれば、それは防御的な会戦《シュラハト》となる。また、自軍の戦場で敵の進出を待ち受ける場合は、防御的な戦役《フェルドツーク》である。

どの事例も、敵の攻撃を待ち受け、阻止するという、二つの特徴を備えており、戦争の概念と矛盾するものではない。敵が、自陣の銃剣めがけて突進してきたり、自陣の陣地の前や戦場に現れたりするのを待つ方が、有利な場合があるからだ。ただ、防御側も戦争を遂行する意志があるのなら、敵の攻撃には応酬しなければならないので、防御戦争でのこのような攻撃の動きは、防御の名の下に生じるものである。つまり、ここでなされる攻勢《オフェンス》は、陣地や戦場の維持という概念に含まれるものなのである。

したがって、防御的な戦役でも、攻撃的に敵を打撃できるのであり、また防御的な会戦でも個々の師団を攻勢的に運用できるのである。さらには、敵の突撃に対し防御陣地で待ち受け、攻勢的な射撃で迎え撃つこともできる。要するに、用兵にあたっての防御的態勢というものは、決して単純な盾のようなものと考えられてはならず、巧妙に攻撃的要素を加えた盾のようなものと考えられるべきである。

2・防御の有利な点

防御の目的とは何か。現状維持である。もともと現状を維持するのは、新たに何かを獲得するよりも容易である。それゆえ、防御側と攻撃側の用いる手段が同じなら、防御の方が攻撃よりもはるかに容易だ、という結論になる。だが、現状維持や防御が容易なのは、なぜなのか。それは、攻撃側が無為に浪費する時間が、すべて防御側の利益となるからである。いうならば防御側は、自ら種を蒔《ま》くことなく、収穫物を手にするのである。状況誤認のためであれ、恐怖のためであれ、はたまた単に怠慢なためでも、攻撃者の不作為はすべて、そのまま防御者の利益になる。……

ラテン語の〈幸いなるかな、持てる者よ〉という格言は、〔防御側の現状維持が容易だという〕この間の事情をよく言い表している。防御側にはこの利益の他に特権的に許されているもう一つの利益がある。それは、その戦争の性質によって言いうることだが、防御側では〔知り尽くしている自国での戦闘など〕地形の助けを頼みうる場合がある、ということである。

防御の一般的概念について略述できたので、内容の方に入っていくこととしよう。

〔防御の力学〕

戦術においては、戦いの主導権を敵に委ね、敵が自陣の前面に現れるのを待ち受ける場合、規模の大小を問わず、戦闘はすべて防御的である。敵が出現したその瞬間から、自陣は待ち受けと地の利という、先の防御の二つの利点を失うことなく、すべての攻勢的手段を動員できるようになる。〔戦術ではなく〕戦略を論じる場合は、右の戦闘《ゲフェヒト》を戦役《フェルドツーク》に読み替え、また、自陣を戦場に読み替えて〔敵を戦場で待ち受けると〕理解すればよい。そして、戦争全体では、戦役を戦争に、戦場を国土に読み替えて〔敵を国土で待ち受けると〕理解すればよい。いずれの場合も、防御の本質は戦術レベルの場合と変わらない。

〔防御は攻撃より強固〕

攻撃よりも防御の方が容易である、と先に一般的な形で述べた。しかし、防御の目的は、現状維持という消極的なものである。それに対し、攻撃の目的は、獲得・占領を目指す積極的なものであり、獲得・占領によって、自らの戦争の手段を増やせる。現状維持を図る防御にはそれはない。したがって、〔防御の容易さを〕より精確に表現するとすれば、用兵において防御は、それ自体が攻撃よりも強固だ、ということになる。

この結論こそ、筆者の強く主張するところである。なぜなら、これが事柄の本質に適っており、何千回もの戦いの経験で証明されているからである。また、それにもかかわらず、これに反する説が支配的になっているからだ。――このことは既成概念というものが、浅薄な論者によってどれだけ混乱させられやすいものであるかを示す一例である。

〔防御と攻撃〕

防御は強固な用兵の形態だが、仮にその目的が消極的なものにとどまるとすれば、そこからは次の結論となろう。つまり、防御は劣勢のゆえに攻撃する力のないときに限られるということであり、こちらが積極的目的を貫徹するに十分な力が得られたなら、ただちに防御は打ち切られ〔攻撃に転じられ〕なければならない、ということである。

防御の方法がうまく用いられ、勝利を収められると、普通は相対的な戦闘力は有利になっているので、戦争の自然な経過はこうなる。つまり、戦争は防御で始まり、攻撃で終わる、という経過である。防御を最終の目的と考えるのは、戦争の概念と相容れない間違った考えなのである。本質的に防御の受動的性質は、総体としてではなく、部分的なものと理解されねばならないのである。

換言すると、こうである。絶対的な防御（受動性）がすべての行動を決定するような会戦《シュラハト》が不合理なのと同様に、敵を阻止することだけに限定し、絶対に反撃しようとしない、防御だけの戦争はまったくナンセンスである。……

第2章　戦術における攻撃と防御の関係

〔奇襲、地の利、多方面からの攻撃〕

まず、戦闘で勝利をもたらす諸要因について考察しなければならない。……〔ここで検討しているテーマでいうと〕戦闘を決定的に有利にするのは、次の三つだけである。第一は奇襲、第二は地の利、第三は多方面からの攻撃である。

奇襲は、ある特定の地点に敵の想定をはるかに超える数の兵士を投入することにより、効果を発揮する。ただ、ここでいう兵数の優位とは、通常の意味での兵数の優位とはまったく異なるものである。それは奇襲という戦争術で最も重要な作用を働かせる。

地の利が勝利に大きく貢献することは、論じるまでもない。ただ、一つ確認しておくべきは次の点である。急斜面、険しい山岳地、泥土の河川、〔草木の生い茂る〕藪沢《そうたく》などの地点は、攻撃側にとって前進する際の障害となるが、それだけが地の利ではなく、防御側が秘密裏に行動する際にそれらが利点となることも、地の利に数えられてよいことである。また、およそ特徴のない土地についても、地理に精通する者には地の利となる、と言っていい。

多方面からの攻撃には、大小を問わず、一切の戦術的な迂回が含まれる。そして、その効果は、火器により効力が倍増することと、相手が退路を遮断されるのを恐れることに依拠している。

では、この三点について、攻撃と防御はどのように関係するのだろうか。

勝利のこの三要因について考慮すると、それは次のように答えられよう。攻撃側は、第一の要因〔奇襲〕と第三の要因〔多方面からの攻撃〕を多少、利用できるにすぎない。それに対して防御側は、この両方の要因の大部分を利用できるうえに、第二の要因〔地の利〕を完全に利用できる。

攻撃側の利点は、全力でもって敵全体を急襲しうることだけである。だが、防御側は、戦闘の間、自らの急襲では、威力と形式を巧みに変えながら、絶えず戦闘を仕掛け続けることができる。

敵の全軍を包囲し、退路を遮断するのは、攻撃側の方が防御側よりはるかに容易である。防御側はもう停止しているが、攻撃側はそれを見こして〔迂回などの〕行動をしているためである。しかし、攻撃側はこの迂回の運動を、防御側の全体に対してしか行えない。それに対して防御側は、戦闘中に一部の部隊が、どこからでも敵を急襲できる。攻撃側よりそれは容易なのである。このように防御側は、襲撃の威力と形式を随意に選び、奇襲を敢行しうるのである。……

第３章　戦略における攻撃と防御の関係

〔戦略における攻撃と防御〕

ここでもまず、どんな状況になれば戦略は戦果を収めるのかを考えてみよう。

既に述べたように、戦略には勝利というものがない。一面では戦略の成功は、戦術的な勝利を得られるよう適切に準備することにかかっている。戦略が巧みなものであるほど、戦闘《ゲフェヒト》での勝利の公算は大きくなる。もう一面では戦略の成功は、得た勝利を活用することにかかっている。戦闘での勝利の後、戦略が、諸般の事柄を巧みに戦勝の成果に組み入れ、活用できるものが多いほど、敗戦で動揺する敵から得る戦果は、大きくなる。苦労して得た勝利を活用すると、それだけ戦略も大きな成功を得られるのである。

戦略の成功に資する要因、もしくは戦果を増進する要因について、主なものとして次の六つを挙げることができる。これらは、戦略的効果をもたらす主な原理と言っていいだろう。

一、地の利

二、奇襲。これには、文字通りの急襲と、敵の予想をはるかに超える規模の大兵力をある特定の場所に向ける奇襲、の二つがある

三、多方面からの〔集中的〕攻撃
――以上の三点は、戦術の場合と同じである。
四、要塞およびそれに関連する戦場のすべての利点〔の活用〕
五、国民の支援
六、偉大な精神力の活用

では、攻撃と防御は、この六項目とどう関係しているのか。

防御側には地の利という有利さがあり、攻撃側には奇襲を仕掛ける有利さがある。これは戦略でも戦術の場合と同様である。だが、戦略では奇襲の効果と重要性が、戦術の場合よりも計り知れなく大きくなることに、注意したい。戦術のうえでは、奇襲が大勝利につながることはめったにないが、戦略では奇襲が一撃で戦争そのものを終わらせてしまったことも少なくない。とはいえ、この奇襲という手段が使えるのは、敵が重大で致命的な失策、かつ文字通りめったにない失策を犯している場合だけであるのも事実であり、奇襲が攻撃側を利する機会はほとんどないことに、注意しなければならない。……

〔戦術と戦略での双方の条件〕

事の性質上、当然だが、戦略では空間が広大なため、包囲したり、多方面から攻撃したりするのは、多くの場合、主導権をとっている攻撃側にのみ可能である。また、防御側は戦術の場合と違い、軍事行動の過程で、包囲している相手を逆に包囲するというようなことはできない。敵地深くに兵力を配備したり、交戦時まで兵力を隠し置いたりすることはできないからである。……

〔攻撃側の進撃〕

〔先述の〕第四の要因、つまり戦場がもたらす利点は、当然ながら防御側に有利に働く。攻撃側が敵国内に進撃すると、当初の戦場から次第に遠くなる。これが、攻撃側の軍が弱体化していく原因となる。多くの要塞、各種の倉庫を後方に残して進まざるをえないからである。攻撃側の作戦地域が広大になるほど、その軍は弱体化が酷《ひど》くなる（行軍と駐留のためだ）。それに対して防御側は、自国にあって要塞を利用でき、何も弱まるものはなく、補給品の供給地は近いままである。……

第4章　攻撃側の求心行動と防御側の遠心行動

攻撃は〔中心方向へ〕求心的になされ、防御は遠心的になされる、との考えが、しばしば口にされる。攻撃と防御での、この二つの兵力使用の形態は、理論上でも実際にも何度も語られているので、それを、攻撃・防御の必然的で固有の形態であるかのように見なす謬見《びゅうけん》に落ち入りがちである。だが、少し考えてみれば分かるように、そのようなことはないのである。……

防御側が〔攻撃を受け〕決然として戦闘活動に入ると……兵力の緊密な集結と内線作戦での防御

図２　集中性と遠心性

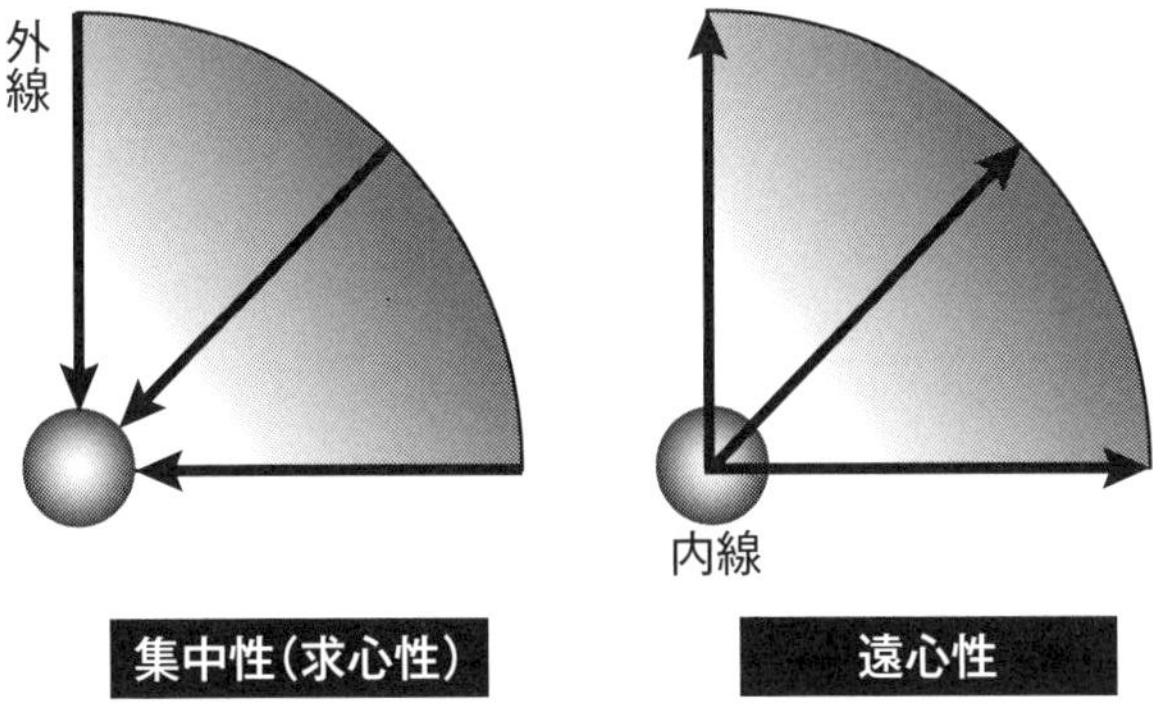

（出所）　清水多吉『「戦争論」入門』中央公論新社

側の有利性は決定的となり、攻撃側の求心的運動〔外線作戦〕よりもずっと効果的になりうる。ただ、遠心的行動をとる防御側にとっては、勝利を先行させねばならないので、退路の遮断を考える前に、勝利を収めなければならない。

つまり、攻撃側の求心〔集中〕的形式と、防御側の遠心〔分離〕的形式との関係は、攻撃と防御の関係に似通っている。〔攻撃側の〕求心的形式では輝かしい結果を得られるのに対して、〔防御側の〕遠心的形式は、得られる成果がより確実である。前者の攻撃側の目的は積極的だが、脆い面がある。それに対して、後者の防御側の目的は消極的だが、強固なのである。

すると、二つの形式の間には必ずしも優劣の差がないように思われる。さらには、防御側も常に絶対的防御に限定されるわけではなく、求心的に兵力を使用することも可能である。このことも考え合わせるなら、〈攻撃側は求心的形式を使えば常に優勢である〉とは、決して言えないのである。……

第5章　戦略的防御の性質

〔防御から攻勢へ〕

一般に防御とは何かは、先に述べた。要するに、防御は勝利を得るのに、攻撃よりも強固な戦闘形式だが、それは防御で優勢を得て、その力でもって攻勢《オフェンシヴ》へ移るためのものに他ならない。つまり、防御は戦争の積極的目的に移行するためのものである。

たとえ防御側の意図が単に現状維持であるにしても、敵の攻撃を退けるというだけでは戦争の概念と相容れない。戦争が単に受動的なものでないこと、つまり戦争が耐え忍ぶだけのものではないことは明らかだからである。仮に防御側が会戦で圧倒的な有利を占めたなら、防御は既にその役割を終えたことになるのであり、破滅したくないのなら、あとはそれを生かして反撃に出なければならない。

〈鉄は熱いうちに打て〉という諺《ことわざ》があるように、優勢を得たならそれを生かして、敵の再度の攻撃を防いでおかねばならないのだ。いつ、どのように、どこで反撃に転じるかは、以下に詳述する多くの要因を考慮して決めればよい。差し当たりここで指摘しておくのは、防御から反撃への移行は、本来、防御に備わっている特質であり、その重要な一部と考えねばならないことである。また、防御によって得た勝利を、軍事経済の観点から利用し損なうようなことがあるとするなら、それは重大な失策と言うべきだ、ということである。

防御から迅速かつ強力な攻勢に転じるのは、反撃の剣を振るうことであり、その転換の瞬間は防御者が最も光り輝く瞬間である。その瞬間のことなど端《はな》から考えられない指揮官、いや、防御の概念にそれを組み入れられない者は、防御の優位を決して理解できないだろう。そんな論者は、敵の戦闘手段を破壊・奪取するのは攻撃のみである、としか考えないであろう。だが、肝心なのは、どう結び目をつくるかよりも、どう解くか〔攻撃手段をどう整えるかより、敵の攻撃手段をどう弱めるか〕である。まして、攻撃といえば急襲に他ならないとし、防御は窮迫《きゅうはく》と混乱にすぎないなどと考えるのは、初歩的な誤りである。

〔侵略者の意図と行動〕

言うまでもなく侵略する側は、不用心な防御側よりも先に、戦闘を準備する。その場合、秘密裏にその方針を実施に移しうるものなら、奇襲をかけるのも可能だろうが、それは現実の戦争ではまったく見られない。戦争の実態はそういうものではないからである。戦争というものは、侵略者の側よりも、防御者の側に有利に働くものなのだ。侵略者の侵入があって初めて防御が動き始め、防御とともに戦争が発生するからである。

侵略者は常にすこぶる平和愛好的《ピースラビング》である（ナポレオンですら、いつもそう自称していた）。血を流さずして敵国に侵入せんとするのは、侵略者の最も望むところなのである。だが、侵略者のそんな行為を許すことはできないので、防御側も戦闘の決意をし、それに備えていなければならない。換言すると、侵略者の奇襲を予想し、常に武装しているのは弱者、つまり防御を旨とする側である。戦争術とはそういうものである。

〔戦場への軍の登場の遅速〕

ところで、戦場に両軍のどちらが早く登場するかは、意図が攻撃か防御かとは、関係がない。両軍の意図は、登場の遅速の原因ではなく、多くの場合、結果なのである。先に準備のできた側の軍は、奇襲が極めて有利と見るのである。この理由から、攻勢をとることとなる。それに対して遅れた軍は、そこで生じた不利を、防御側に働く有利性でもって幾分なりともカバーできる。……

第6章　防御手段の範囲

〔国際社会の現状維持的傾向〕

……〔国際社会では勢力バランスの変化を拒否する傾向があり〕欧州が一千年にわたって存続しているのは、列国の総利害の現状維持的傾向にもとづいているためであるのは、疑いようのないところである。……歴史を振り返ると、バランスを著しく破壊する変動が起これば、列国の多数派はいち早くこれに反対し、この変動を打破しようとするか、緩和させる動きを見せているのが分かる。……

〔同盟〕

無邪気で、防御一辺倒の国が、他国に支援されず、没落したケースとしては、〔十八世紀後半の〕ポーランド分割が恰好《かっこう》の例であろう。八百万の人口を有する国家が消滅し、国境を接する三国によって分割されたとき、武力でポーランドを救おうとした国家は、一つとしてなかったのである。……

ポーランドが防御能力のある国だったなら、三列強〔プロイセン、ロシア、オーストリア〕も、容易にはポーランド分割を決められなかっただろう。またポーランドの存立に大きな利害を有していたフランス、スウェーデン、トルコなど列強も、武力でその維持・存続に協力しただろう。だが、その国自身に存立の能力がなく、外部の力でのみ存続を図るというのは、そもそも虫のいい話なのである。……

外国〔同盟国〕の支援を期待しうる機会は、一般に攻撃側よりも防御側にある。……その国の存亡が他の諸国に重大な影響を有しているほどそうである。つまり、その国の政治的・軍事的な状態が健全で、有力であれば、それだけ外国からの救援を期待しうる程度が大きくなるのである。……

第7章　攻撃と防御の相互作用

本章では、攻撃と防御をできるだけ切り離して個別に考察したい。次の理由から、防御を先に論じる。攻撃の規準の上に防御の規準を置くこと、また逆に、防御の規準の上に攻撃の規準を置くことは、確かに自然で、不可欠でさえある。しかし、全体的な考察に着手でき、その考察を進められるようにするには、攻撃・防御のいずれか一方に、第三の点を加えなければならない。本章の第一の問いはこの点に関するものである。

理論上で戦争の発生について考えると、本来、戦争の観念は攻撃から生じるものではない。攻撃の究極的目的は、戦いそのものではなく、〔場合によっては戦わずに〕敵の領土を占有することだからである。つまり、戦争の観念は防御から生じ、防御こそが戦いを直接の目的としているのである。明らかに、敵の襲撃を防ぐことは戦うことであり、両者は同じことだからである。

撃退・阻止は、攻撃に対してのみなされるものであり、それゆえ防御は、攻撃を前提としている。しかし襲撃の目標は、相手の防御〔の打破〕に向けられているのではなく、何か他の目標があるのである。占領がそれだ。必ずしも相手の防御の態勢を前提としているわけではないのである。

対立する二者を想定した場合、両者の観点からして、事の性質上、当然だが、最初に戦争の要素を持ち込み、戦争という視点を両者にもたせるのは防御側、ということになる。ここでは、個々の場合について論じているのではなく、一般論として、抽象的に考えた場合のことを述べているのである。

以上のことから、攻撃と防御の相互関係の他に、〔第三の〕確たる点が、どこにあるかが分かった。それは防御側にあるのである。

この結論が正しいとすれば、防御側は、攻撃側が何をするかまったく知らなくとも、自陣のとるべき行動の根拠が得られる。そして、その行動の根拠には当然、戦闘手段の準備が含まれている。それに対して攻撃側は、敵について何も知らないうちは、戦闘手段の行使など、とるべき行動を決める根拠が得られないのである。……

第8章　抵抗の種類

〔待ち受け〕

防御の概念は〔敵の攻撃を〕阻止することである。そこには、敵を待ち受けすることも含まれる。敵の待ち受けは、防御の主要な特徴であり、最大の利点でもある。……

防御は、待ち受けと〔攻撃への〕対処という、性質がまったく異なる二つの部分からなる。筆者は先に、待ち受けを一定の対象に関係づけ、対処に先行するものとすることで、二つの部分を統合させ、一個の全体としてとらえた。しかし、防御の行動、特に戦役《フェルドツーク》や戦争全体といった規模のものでは、時間軸で、前半は待ち受けのみ、後半はただ対処するのみ、というように、はっきり二分できるものではない。二つの状態が混じり合っているのであり、しかも、一筋の糸のように、終始、待ち受けが防御という行動を貫いている。

筆者が待ち受けを重視するのは、単にそうする必要があるからである。これまでの理論では、待ち受けは独立した概念として議論されることなどなかった。だが、現実の世界で待ち受けは、気づきにくいものの、行動と行動を結びつける〈導きの糸〉とされてきた。

このように待ち受けは、軍事的行動の重要な要素であり、待ち受けのない戦争など考えられない。以下では、折に触れてこの概念に立ち返り、敵陣の戦力と自陣の戦力の動的な相互作用に、待ち受けがどんな効果をもたらすかを論じていく。

〔国内への退却〕

国内への退却により、防御側は要塞を使って抵抗できる。攻撃側はそのため兵力の削減を強いられる。……たとえ、そのような要塞がなくとも、防御側は、国境では有していなかった抵抗力や優勢を次第に回復できるようになる。前進につれて攻撃側が、絶対的に戦闘力を弱めたり、兵力の分割の必要性から戦略的攻撃の力を弱めたりするからである。

〔敵軍侵入での犠牲〕

〔国内への退却などで〕防御側の抵抗力が増大し、それゆえ反撃の強度も強まる。……このような防御側の強化の利点は、何も犠牲を払わずに得られるものか。——そんなことはない。それ相応の犠牲は強いられるのだ。

自国の戦場で敵を待ち受けるのならば、たとえ国境の近くであっても、敵軍が足を踏み入れるのであり、それとともに多かれ少なかれ犠牲が生じることは免れえない。……

〔勝敗の決着〕

いったい勝敗は何で決まるのか。——これまで会戦《シュラハト》の形態について論じてきたが、必ずしも会戦という形態は必要でない。兵力を分割配備することで、諸々の戦闘《ゲフェヒト》の組み合わせが考えられるからである。あるときは実際に流血の戦闘を交えることで決まるが、またあるときには、いつでも戦闘を交えうるとの心理的効果によって敵に退却を促し、戦局を一挙に逆転する場合も考えられる。……

〔敵の疲労困憊〕

国境近くでは、敵軍の武器に立ち向かうのは自軍の武器だけである。……ところが、〔自軍の国内退却で〕敵が国内の奥深くに入ってくる場合、前進の末、敵の兵力は疲労困憊《こんぱい》のあまり半ば壊滅状態に陥っているものだ。……勝負は誰の目にも明らかになっているがゆえに、単にわが軍の気勢だけで、敵軍の退却を促し、事態を一挙に逆転せしめることができる。

〔攻撃側の無為による消耗〕

攻撃側が敵の領土に侵入し、敵を少しだけ後退させる。しかし、決定的な会戦をするリスクに疑念を感じ始める。そこで敵を前に停止してしまい、あたかも攻略は完了し、敵に会戦を挑まず、〔わずかな〕占領地を守るほかになすことがないような振りをする。……攻撃側が攻略を意図し、敵地に侵入した途中で、茫然として停止しているのである。

このような無為について、有利な状況を待っているためであるなどと言われるが、根拠がない。……こうして攻撃側の兵力は、無為、いや徹底せず、何ら成果をもたらさない活動で消耗されるのである。……

第9章　防御的会戦

〔防御戦での諸段階〕

前章で述べたように防御側は、敵が戦場に侵入してくるのを認めるやいなや、ただちにこれを迎え撃つことができる。これは戦術的には、まったくの攻勢的会戦《アングリフスシュラハト》である。だが、防御側は、敵が正面に迫るのを待って、攻撃に移行するのも可能である。このような場合の会戦もまた、いくつかの条件がつくが、戦術的に攻勢的会戦と呼んでもよいであろう。さらには、防御側は敵の攻撃を自陣地で待ち受け、陣地を守りながら、自らの兵力の一部を割いて襲撃を加えることで、敵に攻撃することもできる。

このように、防御戦とはいえ、積極的反撃を方針とするものから、もっぱら陣地に拠る防御を方針とするものまであり、その間にいろいろな中間的形態がある。

〈決定的勝利は攻勢から〉

ところで、決定的な勝利の達成には、どの程度、防御を行えばよいか、また、反撃と防御の二要素の有利な比率はどのようなものか、という問いだが、ここで立ち入ることはできない。

しかし、筆者は、いやしくも決定的勝利を求める限り、極めて攻勢的な要素を会戦で欠いてはならない、との見解に立たざるをえない。また、決定的勝利の効果が生じうるのは、この攻勢的要素からであり、効果を生じさせねばならない。これは戦術的な攻勢的会戦の場合と同じだと、筆者は確信する。……

第10章　要塞

古くから、大常備軍の時代までは、要塞、つまり城郭や城郭都市は、内部の住民を庇護《ひご》するためにだけ存在していた。……〔ただ、その後〕大きく変わり、築城された地点の意義はいっそう重要となった。その意義は、城壁地を越えて広がり、国土の占有や維持に絶大な影響力をもつようになり、戦争全体の勝敗を決するのに有力な鍵となった。……このようにして要塞は戦略的に大きな意義を有するようになった。そして一時期、ことさらに重要視され、作戦計画を立案する際の基礎ともなった。……

しかしながら、他に格別の軍事施設がなく、単に城壁を要塞としている地点で、全国土に襲いかかる怒涛《どとう》のような戦争を、水も漏らさぬように防ぎとめえた時代は、とうに過ぎ去っている。……

そもそも要塞の効果には、おのずから二つの異なる種類のものがある。一つは受動的なものであり、もう一つは能動的なものである。要塞の受動的な効果とは、その所在地と、所在地にある一切のものを保護することだ。能動的な効果とは、大砲の射程距離外の地に一定の影響力をもたらすことだ。

能動的要素の本領は、ある地点まで要塞に接近した敵に対し、要塞守備隊が加える攻撃にある。

……

第11章 〔要塞〕続き

〔前章で〕要塞の活用方法について述べたが、本章では要塞の位置について述べる。この問題は一見、極めて複雑なように思われるかもしれない。要塞の使い方は多岐にわたり、それぞれが場所によって左右されるからである。だが問題を複雑と見るのは間違っている。このような皮相的な見解に惑わされることなく、問題の本質を見抜くなら、どうでもいいような些細な議論に拘泥する必要はない。

さて、戦場になると見られる地域にあって、交戦国を結ぶ大きな道路にたいへん裕福な大都市がいくつかあり、特に、それらが海港・海湾や、大河や山地にある場合はどうか。そのような大都市がよく防備を固められていれば、前章で述べた〔要塞についての〕条件がすべて満たされるのは、明白である。……

第12章　防御陣地

土地や地形を防御手段として活用して、会戦《シュラハト》に応じる陣地は、すべて防御陣地である。その際、行動が受動的になるか、攻勢的となるかは、防御陣地たることの本質に何ら関わりがない。これは防御についての本書の一般的見解からして当然である。

敵に向かって前進している軍隊が、敵もまた前進してくると見て踏みとどまり、会戦に応じる場合の陣地があるが、その陣地の場合はどうか。その陣地もまた、防御陣地と呼ぶかもしれない。実際のところ、会戦の大半も本質的にこのようなものであり、特に中世の間は、会戦はこういうものに他ならなかった、と言える。

だが、このような陣地は本章の対象たる防御陣地ではない。……この種のものは、行軍中の野営に対置されるものであり、単に陣地と呼んでおけば十分である。特に防御陣地と呼ぶからには、それと別のものでなければならない。

普通の意味の陣地での決戦では、明らかに時間の概念だけが重要である。戦闘を交えるべく敵・味方の両軍が接近してくる際には、場所のもつ意義は二次的なものでしかない。地形がことさらに不利なものでなければ、それで十分である。ところが本来の防御陣地にあっては、場所の概念が主要な意味を有している。防御陣地に依る者はその場所で、いやその場所に依ってのみ、決戦を遂行することを望んでいるのである。本章で考察する防御陣地とは、ただこのような陣地だけである。

……

第13章　要塞化陣地と堡塁陣地

前章でこう述べた。——〔地形など〕自然の条件を生かし、築城によって強化された陣地は、敵の攻撃を不可能にしているものと見なされねばならない。また、そのような陣地は、単に有利な会戦地というだけの意義と異なる、独自の意義を有している。

本章では、このような陣地の特性を考察する。また、このような陣地は要塞の性質を具備しているため、要塞化陣地と呼びたい。

単に〔砦を構築するだけの〕堡塁工事によって、このような要塞化陣地を築くのは困難である。それは要塞のそばの堡塁陣地ほどのものだからだ。また、自然の障害物だけによって要塞化陣地を築くのは、同じように困難である。このような要塞化陣地には、普通、自然の利と、人為的施設の両方が組み合わされて、初めて築かれるものである。……

第14章　側面陣地

〔側面陣地での敵への威嚇〕

　ここで事典風に側面陣地に一章を設けるが、それは単に、一般の軍事思想の世界で、側面陣地が極めて卓越した概念と見なされているようであるので、そうするにすぎない。筆者は、側面陣地を特に意味あるものとは考えない。

　敵が防御側の陣地の側面を通過するときにも、堅持しなければならない陣地は、側面陣地と呼ばれる。敵が側面を通過する、その瞬間から側面陣地は、敵の戦略的な側面を威嚇《いかく》する効果の他には何も作用を及ぼさない。……敵はその側面を通過しなければならないが、その際、側面陣地は敵の戦略的な側面に威嚇を与えることで、初めて真価を発揮するからである。

第15章　山地防御

……山地防御について、〔次章で〕戦略と結びつける論点を探るため、〔本章では〕とりあえず山地防御の戦術的性質を考察する。……

攻撃側の軍が大縦隊をなして山道を行軍する際には、おびただしい困難がある。他方、防御側が山中の用地に配置した哨兵部隊《しょうへい》は、地形から絶大な利点を得る。……山地における攻撃側のこの困難と、防御側のこのような利点とが、昔から山地防御に著しい効力と長所を与えてきたのは疑いない。……

第16章　〔山地防御〕続き〔その一〕

……山地の諸条件は、決戦を企画する会戦では、防御側に有利なものは少なく、攻撃側に極めて有利である。……これが私の見解だが、これは世間の俗論と正反対である。世間の俗論は、異なるものを区別しないで、何もかも一緒くたにしてしまっているのだ。彼らは軍の下位の小部隊が山地で勇敢に抵抗するのを見るとすぐに、あらゆる山地防御が防御側に有利だというような印象を抱いてしまうのだ。……

第17章〔山地防御〕続き〔その二〕

……これまでの〔山地防御についての〕考察から、次のことが明確になる。まず〔敵の侵攻を抑える〕防御については、地質的な特徴にそって、ほぼ規則的に引きうる防御線というものがあるのだ、との考えがあるが、これが誤っていることである。

山地は、至るところで隆起・陥没している地であり、各所に障害物が満ちている土地と見なしうるだけで、事情の許す限りそれを活用すべきだ、というにすぎない。それゆえ、たとえ山地の形態を明らかにするため、その地域の地質学的様相を分析する作業が欠かせないにしても、防御配置を決めるにあたっては、そのような研究はあまり意味をもたない。……

第18章　河川防御

……山地の場合と同じように、大河もまた相対的な抵抗力を強める。しかし、大河の場合はまた特殊な性質がある。大河の場合は、抵抗力は強固ではあるが、〔いったん破られると〕脆い面があることである。大河は〔金属の〕道具に似て、いかなる打撃にも屈しないものだが、いったん破られると、まったく防御の役に立たなくなってしまうのである。……〔つまり〕大河防御では、いったんある箇所が破られてしまえば、山地の場合と異なり、抵抗を続けるのは不可能となり、敵の渡河という一事によって、一切が終わってしまう。……

第19章　〔河川防御〕続き

……防御側が大河を背後にしている場合である。一日行程以上の余裕を残して、その大河が近くを流れており、また大河の幾多の安全な渡河点を防御側が握っている場合には、この防御側の位置は極めて強力であって、その力は河川のない場合とは比べものにならない。……その戦略的背後が堅固であり、交通線が安全だからである。……

それに対し、攻撃側が前進に際し、河川を背後に残して進まなければならない場合には、その河川は攻撃側の行動に不利な影響を及ぼすだけである。通りうる交通路が少数の渡河点に限定されているからである。……

第20章〔沼沢地防御・氾濫〕

A・沼沢地防御

……沼沢地《しょうたくち》の防御には、河川の直接的防御よりも、相対的に強力な兵力を要する。言い換えると、河川防御ほど長い防御線を設けることはできないということである。……防御側に好都合な事情がある場合でさえ、攻撃側には沼沢地の通過に適した通路が数多く見出しうるからである。……したがって、こういう地域では沼沢地は、大河に比べ、防御地としての価値はずっと劣る。……特に沼沢地のこのような局地的防御は、常に多くの危険がつきまとうものである。……

B・氾濫

さらには氾濫について考慮しなければならない。……

もちろん氾濫は稀にしか起こらない現象である。おそらく欧州では、戦略上考察に値する氾濫の実例のある国は、オランダくらいのものであろう。……

〔オランダでは〕およそ氾濫の生じうる地表は、海面より著しく低く、かつ運河の水面よりも低い。国土全体がこのような状況にある以上、堤防を決壊し、水門を開閉することで、全国土を水没せしめることができる。そうして、高い堤防の上にある道路だけが冠水せず、その他はすべて水中に没しているか、通過不可能なほどの泥濘《ぬかるみ》となる。……

堤防上に施した防御設備を強化し、防御を強固にするのは極めて容易である。

しかし、防御方策が限定されているので、防御側はこの点ではまったく受動的な防御にとどまらざるをえない。……

第21章　森林防御

同じ森林でもまず、樹木が鬱蒼《うっそう》と生い茂り、通行が困難な密林と、樹木を栽培している植林地は、区別しておかなければならない。後者の森林では樹木もまばらで、一般に多くの道路が樹間をぬって走っている。

このような後者の森林〔植林地〕については、防御線を設定する場合、背後側に置くか、可能な限り森林地を避けるか、しなければならない。防御側は本来、攻撃側以上に、自分の周囲を広く見回せる状態にしなければならないからである。……

森林地方を自己の背後に置いて防御線を敷くならば、防御線の背後の出来事を敵の眼から覆い隠すことができるだけでなく、自軍の退却を援護し、容易にしてくれるだろう。しかし、ここでは森林を、平地のものに限っている〔山地については山地防御の章で論じている〕。……

いくつかの道路のほかは通過しがたい、通過困難な森林は、もちろん間接的防御に少なからぬ利益をもたらす。山地と似て、森林地帯の背後に集まり、敵を待機し、敵が現れたら間髪入れずに襲撃できるからである。……

第22章　哨兵線

哨兵線配備〔単線配備〕という言葉は、相互に連携した哨兵〔歩哨〕により、一地帯の全体を直接に援護しようとする、防御配備のすべてを指す名称である。……

広大な地帯を直接に防護するには、防御線はそれだけ長くなければならないが、そうなると防御線は極めて脆弱な抵抗力しかなくなってしまうのは明白である。……したがって、哨兵線は、さほど強力ではない敵の衝撃を防止する場合にしか有効ではない。……

中国の〔万里の〕長城は、タタール人の侵入を防止しようとして建設されたものである。……無論、こうしたことで敵の侵入をすべて排除できるわけではないが、敵の侵入はかなり困難になり、その結果、侵入の回数が大きく減るのは確実である。……

〔しかし〕哨兵線という防御線を維持するのに必要以上の戦闘力が費やされるので、今日では効果のない措置と見なされるに至っている。……

第23章　国土の要衝地

……〔国土の要衝《ようしょう》地という言葉は多義的に使われ、内容は定まっていない。〕筆者はこう言いたい。要衝地という語が戦略で一個の独立した概念をなすとすれば、ある地点を占領しない限り、敵国に進出できない場合に、その地域だけに要衝地という言葉を適用できる、ということである。……

〔だが〕そういう地点はもちろん極めてわずかしか存在しない。……

第24章　側面活動

本章で論じるのは……側面活動〔側面や背面への攻撃〕といっても、戦略的な戦場の側面活動の方である。したがって会戦での側面攻撃、つまり戦術的な側面に対する行動と混同されてはならない。……

戦略的な側面攻撃にしても、それに関連する側面陣地にしても……戦争では実際にはめったに見られない。それは、その手段に効力がないとか、非現実的だというのではなく、敵・味方ともこのような行動に対しては警戒するのが一般的だからである。……

防御側が攻撃側の背面や側面に対して起こす行動は、敵の前面に対しては効果を発揮しえない。したがって戦術にせよ戦略にせよ、敵の背面を突くことを、それ自体、何か功績のように見なすのは、まったく誤っている。このような行動それ自体は、別に価値のあるものではなく、他の条件と関連して初めて価値をもつのである。しかも、このような行動は関連の事情の如何によって、有利にも不利にもなる。

第25章 国内への退却

〔退却と敵の兵站〕

……〔国内への自発的退却は、敵を労苦に陥れ、弱体化させる間接的な抵抗である。そこでは〕退却側は至るところに〔糧食の〕貯蔵品を集積する手段を有し、そこに向かって退却する。だが、追撃側は進撃を続けている限り、すべてを後方から輸送しなければならない。交通線がそれほど延びていない場合でも、輸送に困難が伴うのだ。そのため追撃側は、初めから糧食の不足を覚悟しなければならない。

その地方にあるものはすべて、まず退却する側が利用し、大半を消費し尽す。残されているのはただ荒廃した村落や都市だけであり、田畑は刈り取られ、踏み荒らされている。井戸は枯渇し、小川は泥濁している。……

このようなことで、国土が極めて広大であり、両軍の兵力に著しい差がない場合、防衛側が内地に退却すると、国境周辺での決戦に比べ、戦闘力の関係は防御側にずっと有利になり、戦果を挙げる可能性が高まるのは疑いない。……

自国の国境付近で会戦に敗れるのと、敵国土に深く入って負けるのでは、なんと大きな差異があるのか！　攻撃側は、会戦に勝利して前進しているにもかかわらず、その終末点で退却を余儀なくされることも稀ではなくなるのである。勝利を確実にし、戦果を拡張する力がなくなり、失った兵力も補充できないからである。

〔退却での精神的マイナス〕

国内への退却という防御には、大きな利点を相殺する二つのマイナスがある。敵の侵攻による国土の被害と、精神的印象の悪化とである。……

精神的な負の印象を軽視してよいと考えてはならない。……民衆や軍のあらゆる活動を麻痺させかねないからだ。国内への退却が、民衆や軍に速やかに理解される場合もないではないが、非常に稀である。普通は退却が自発的なものか、失敗によるものか、いずれなのか区別されないのだ。

……

第26章　民衆の武装

〔国民戦争への賛成論・反対論〕

文明化した欧州では、〔国民の加わった〕国民戦争は、この十九世紀の現象である。国民戦争には賛成する者と反対する者とが存在する。また反対する者には、政治的理由からの反対者と、軍事的理由からの反対者とがいる。政治的理由による者は、これを革命の手段、〈合法化された無秩序〉と見た。外部の敵国にとって脅威であるだけでなく、自国の〔現存〕社会秩序にも脅威になるとしたのだ。軍事的理由から反対した者は、それで得られる戦果は費やされる労苦に見合わないというのだった。

政治的理由からの反対論は、本書とは関係がない。本書では国民の軍事への関与を、ただ敵国に対する、別の〔新しい〕戦争の手段とのみ考えているからである。しかし、軍事的な理由からの反対論については、次の事実を指摘しておかなければならない。国民戦争は元来、今日になって、戦争が人為的な制約を破り、本来の激烈性を発揮することになった結果の産物だということである。つまり、戦争と呼ばれる総体的な興奮の過程が拡大・強化されたものと見なされなければならない、ということだ。

〔現十九世紀の戦争と国民〕

物資の軍事調達制度ができ、それと一般義務兵役制度によって巨大な軍が成立した。また予備役も使用される。――これらはすべて、従来の狭く限定されていた軍制と比べ、右のことと同じ方向に向けられたものであった。郷土防衛隊や民衆の武装も同じ方向のもの、と言えよう。

先に述べた軍の刷新は、旧《ふる》い軍制の制約が破られたことの、自然で必然的な結果である。それを最初に使った者〔ナポレオン〕は、そのために著しく強力になった。こうして〔相手側など〕他の者もこれを見習い、それらの手段を採用せざるをえなくなった。……

〔民衆部隊の抵抗の条件〕

〔民衆部隊のような〕分散的な抵抗は、時間的にも空間的にも集中的に敵に大打撃を与える行動に向いていないのは、性質上、明白である。この種の抵抗方法は、ちょうど物理学でいう蒸発作用に似て、面積が広いほど、効果が上がるものだ。つまり、面積が広く、敵軍との接触面が広くなるほど、また、敵が広大な地域に散らばっているほど、民衆部隊の抵抗は効果を増す。これは静かに燃え残っている、燃えさしの炎にも似て、敵軍の基盤を徐々に破壊していくのだ。……

民衆部隊が効果を上げるには、次の条件による。

一、戦争が防御側の国内でなされること

二、戦争が一回の決戦での大敗北によって決まってしまわないこと

三、戦場が広く、大きな空間にわたること

四、民族性からしてこの種の戦いに向いており、この手段を支援していること

五、山岳地帯、森林地帯、沼沢地により国土が断絶していて、通過に困難な場所が多いこと。このような条件は、農業の形態によっても生じることがある

人口が多いか少ないかは、決定的ではない。この種の戦いでは人材不足に苦しむことはないからだ。住民の貧富もそれ自体、決定的なわけではない。少なくとも、そうならないようにすべきだ。むしろ、重労働と厳しい取り立てになれた貧しい下層階級こそ好戦的で、強力だ、という事実が見

逃せない。

〔武装した民衆部隊〕

民兵や武装した〔ゲリラなど〕民衆部隊は、敵の主力はもちろん、敵の大部隊に対しても向けるべきではない。敵の中核を粉砕しようなどと意図すべきではなく、ただ敵の表面部分や周辺部分を侵食することに限るべきだ。戦場の周辺にあって、攻撃側が大軍を率いてやってくる恐れのない地域で活動し、その地域を敵の勢力圏外に置くことを目的とすべきなのだ。……

民衆部隊という存在は、霧や雲のようなものであるべきで、決して一ヵ所に集結した抵抗勢力としてはいけない。これを誤ると、敵はそれ相当の兵力でその集結点を粉砕し、多数の捕虜を得ることとなる。そうすると民衆側の勇気は挫かれ、誰もが、〈大勢は決した〉〈もはや抵抗は無駄だ〉と考え、武器を棄ててしまうことになる。

しかし、この霧のような兵も、ある地点に凝集《ぎょうしゅう》して、敵に〈脅威を感じさせるほどの雲〉のような集団でなければならない場合もある。霧が凝集して雷雲となり、稲妻を光らせ、敵を震撼《しんかん》させるようなものだ。しかしこのような凝集点は……主に敵の戦場の側面にあるべきだ。……

防衛のための戦略的計画で、民衆の武装した力を利用するにあたっては、次の二つの方法がありうる。……その一つは、会戦で敗北した後の最終的な補助手段として、である。他の一つは、決戦遂行の前の自然的な援護として、である。……

〔国の運命と会戦〕

いかなる国の政府も、どんな決定的な会戦であろうと、ただ一回きりの会戦に運命が委ねられ、存亡が託されている、と考えるべきではない。たとえその国が一度敗北しても、新兵の招集で回復することがあるし、敵も攻撃続行中に、兵力が自然に消耗したりして、事態が大きく変わる可能性は残されているものである。外国からの援軍も考えられないわけではない。……

いやしくも国家たる限り、たとえ敵に対してどれほど弱い小国であろうと、滅亡の淵に臨んで最後の努力を惜しむことがあってはなるまい。さもないと〈魂の抜けた国家〉と非難されることになろう。……一国家がどれほど惨憺《さんたん》たる敗北を喫しようとも、唯々諾々として降伏する前に、まず国内へ軍隊を退かせ、要塞と武装した民衆〔ゲリラ〕の威力を十分に発揮させるよう努めねばならない。……

第27章 戦場の防御

〔戦いの最終目的〕

……戦いの目標は勝利だが、もちろん勝利が最終目的ではない。戦いの最終目的は、自国の維持と、敵国の撃滅である。一言でいうと、所期の条件での講和の締結である。というのは、その講和においてのみ紛争は最終的に調整され、双方の間での決着がもたらされるからである。

〔敵国の戦闘力〕

戦争という見地では、敵国とは何か。――第一にその戦闘力であり、第二にはその国土である。……敵国の全性質がこの二要素に尽きるわけではないが、この二要素は重要性の点で他を大きく凌駕する。……

この二要素はどちらも重要だが、相違もある。戦闘力が壊滅、制圧され、抵抗不可能に陥った場合、必然的に国土も失われる。しかし、逆に国土が〔部分的に〕侵略されたからといって、戦闘力が壊滅されるとは限らない。……国土の一部を敵の手に委ねることもあるからだ。……〔ときには〕国土の著しい喪失も、戦闘力の著しい弱体化を引き起こすとは限らないのである。……

〔同盟諸国の連合軍〕

一本の軍旗の下、一人の高級司令官が指揮する軍隊と、五十～百マイレ〔約二百四十～四百八十キロメートル〕にわたって多方面に展開し、バラバラな策源をもつ同盟諸国軍とでは、会戦での結束力が天と地ほども違う。前者の〔単一国の〕軍では、結束力がこれ以上ないほど強く、まとまっている。後者、同盟国の連合軍はまとまっているとは言いがたく、政治的な意図を共有しているにすぎない場合が多い。統一性は当然、不十分かつ不完全で、ないようなものである。……

第28章〔戦場の防御〕続き〔その一〕

〔決着を期する戦争〕

〔十八世紀まで〕多くの戦争や戦役は、双方が睨み合う状態に近いもので、双方がまさに決着をつける生死をかけた戦いではなかった。これは否定できない事実である。ただ、十九世紀の戦争だけが決戦を期しての戦争の性質を強く帯びるものとなった。そこから生じた〔絶対的性質を帯びた〕戦争についての理論も、ここに適用されるようになった。

しかし、将来の戦争がすべて、このような性質をもつということはないだろう。むしろ、大多数の戦争は再び互いに睨み合いの性質を帯びてくると予想される。そうである以上、現実に役立つ戦争の理論は、睨み合いの状態をも考慮しなければならない。……

〔防御側の利点〕

国土防衛の一般的配備で防御側は、堡塁のある要塞、大兵器庫や、平時の兵力などの点で、攻撃側に対し先に手を打つことができる。そのため攻撃側は、このような防御側の様子を見たうえで、作戦を立てなければならない。また防御側は、攻撃側に対して行動を開始する場合、攻撃側の出方を基準にして適切な対策を講じることができるのであり、〈後手の有利〉を得ることになる。……

第29章〔戦場の防御〕続き〔その二〕——逐次的抵抗

第3篇第12章と第13章で述べたように、戦略においては、防御側の抵抗での兵力逐次投入は戦争の本質と相容れない。また、交戦者は現有兵力のいっさいを同時に使用すべきである。

可動的な戦闘力については、すべてまさにその通りである。しかし、要塞や断絶地、さらにはある程度の大きさのある国土をも、一種の戦闘力と見なすならば、どうであろうか。これらの戦闘力は動かしえないものであるから、防御側は逐次これらの戦闘力を活用していくしかない。あとは、国内深く退却することによって、〔要塞、断絶地、広大な国土など〕利用しうるものすべてを前面に出す形にしなければならない。この場合、敵に占領された区域のなかにあって、敵軍の弱体化に役立つものがすべて、効力を発揮してくることとなる。……

第30章〔戦場の防御〕続き〔その三〕——決戦を求めない場合の戦場の防御

〔決戦の意志のない戦場の防御〕

……戦史を見ると、攻撃行動をとっている側に、積極的な目的への願望が存在するものの、強い意志に欠け、いかなる代償を払っても目標を達成するとの気概が見られない場合も多い。必要なら決戦をも辞さないという覚悟もなく、ただ状況からもたらされる利益で満足している、という戦役である。……この場合には、攻撃側も防御側と何ら異なるところがない。……

戦役には〔決戦を求めるものと、まったくそうではないものと〕二つの極端な場合があり、両方の特徴を論じなければならない。現実の戦争はたいてい、その二つの極端な例の間のどこかに位置づけられる。決戦による事態解決の挙に出ない場合は、戦争の絶対的形態がそのまま見られるわけではないのである。……

敵の待ち受けは、防御が攻撃に対してもつ最大の利益の一つだが……実際の戦争では、好機に臨んで、なすべきことがすべてなされることは極めて稀である。洞察力の不完全さ、事の成り行きに対する危惧、行動の発展を阻む偶然事などのため、好機に臨んでも大半が遂行されずに終わってしまうものなのだ。……

〔高級司令官と指揮官〕

高級司令官は、部下の指揮官について、いつも自分の望むレベルの、洞察力、強い意志、勇気、強固な性格を持ち合わせているものと、期待はできない。したがってすべてを部下の判断に任せることはできないのであり、あれこれあらかじめ指示を出しておかねばならない。その結果、部下は行動が制限されてしまい、個々の場合に状況にそぐわないことも出てくるだろう。

これは避けがたいことである。高級司令官が確固たる態度を示し、それを部下全員に浸透させる努力を怠ったりすれば、部隊を適切に統率することはできない。部下が常に最善の働きをしてくれるものと期待するような人物は、もうそれだけで軍隊の指揮に向かないのである。……

〔戦場防御に規準なし〕

戦場防御について、原則、規準《レーゲル》、準則《メトーデ》というようなものを立てることはできるか。——戦史においては、絶えず繰り返される一定の法則が見出されることは絶対にない。したがって、このような原則や、その類いのことを確定するのは絶対に不可能である。……

第7篇

攻撃（草案）

〔第7篇、第8篇のための付言〕〔編者・マリー夫人〕

……この第7篇と第8篇は、残念ながら不完全な形でしか残されておらず、大まかな祖述と下書きでしかない。しかし、私〔マリー夫人〕としては、そのまま読者に提示したいと思う。不完全な体裁のものでも、著者〔カール・フォン・クラウゼヴィッツ〕が示そうとしていた筋道を残している点で、関心を惹くものを含んでいるからである。……

第1章　防御との関連での攻撃

〔攻撃・防御への接近法〕

防御と攻撃の二概念が真の意味で、論理的な対当〔対立〕関係《アンチセーシス》をなし、双方が互いに補充し合う《コンプリメンタリィ》〔補集合の関係にある〕なら、一方の概念〔例えば攻撃〕から必然的に、他方の概念〔防御〕がどのようなものか、推定されることとなる。しかし、われわれの知性の働きには制約があって、一瞥しただけで両方の概念を同時に把握することはできない。また、両概念が単に対当関係にあるというだけでは、一方の概念の全範囲を他方の概念の全範囲に、そっくり見い出すことはできない。だがそうだとしても、いかなる場合も、一方が放つ強い光は、もう一方を部分的に強く照らし出してくれる。

そういうことなので、防御〔第6篇〕の最初の数章で言及したことは、十分に攻撃についての解明にも寄与していることと思う。しかし、それだけでは〔防御と攻撃という〕考察対象について、すべてを全般的に十分に説明したことにはならない。その思考体系が完全に論じつくされることは、ありえないのである。攻撃と防御の概念が、前篇の冒頭の数章とは違い、根本において直接的に対当関係をなしていない場合には、防御について述べたことから攻撃について直接的に推測できないのは当然なのである。

そこで観点を、防御から攻撃に変えるならば、攻撃の問題により近づく。これまで遠く隔たった立場から望み見ていたものを、今度はもっと近くの立場から考察できるのは当然である。したがってこういう方法は、攻撃と防御の全体に関する思考体系を補うことにもなるだろう。すると攻撃について述べられたことが、防御の解明に新たな光を投じる場合も稀ではあるまい。

〔第7篇における論点〕

それゆえ、攻撃についての本篇では、防御についての前篇〔第6篇〕と同じ問題を扱うことが多くなる。だが、多くの工兵学の教本がやっているようなことはやらない。つまり、防御篇で述べた明確な価値観について攻撃篇で触れずに、別なことを述べたり、覆したりするつもりはない。また、どんな防御手段でもっても守りきれない攻撃法がある、などということを論証するつもりもない。いずれも筆者の見方とは異なるし、議論の本質にそぐわないからである。

防御には、長所もあれば短所もある。たとえ防御の長所が完全ではないとしても、実際に攻略するには、割に合わない大きな犠牲を払う必要があるかもしれない。このことは、攻撃側、防御側のどちらからみても真実でなければならない。そうでなければ、われわれは自己矛盾に陥ってしまう。

また、ここで攻撃手段と防御手段の相互関係を徹底的に考察しようとは思わない。確かに防御手段があれば、それに対抗する攻撃手段が生じてくる。それはあまりにも自明の理であり、それを認識するのに検討はいらない。片方が決まれば、もう一方は自動的に決まるということだ。したがって攻撃を論じるに際しては、防御についての検討からは直接、導かれないような、攻撃の特殊な要素を個別に述べていきたい。これには、前の防御篇に対応する部分がない章が、いくつか必要となる。

第2章　戦略的攻撃の性質

先に見たように、戦争における防御、つまり戦略的な防御は、一般に絶対的な待ち受け、絶対的拒否、まったくの受動ではありえない。相対的なものであり、多かれ少なかれ攻勢《オフェンス》の原理を交えたものである。これと同様に、戦争における攻撃も、〔攻撃だけの〕均質的なものではなく、いつも防御を交えている。

しかし、両者には次のように相違もある。――反撃のない防御はまったく考えられず、反撃は防御の不可欠な構成要素である。これに対し、攻撃ではそういうことはない。出撃や攻撃行動はそれ自体、完全な攻撃であり、防御は必ずしも必要とは限らない。攻撃に付随する防御は、時間と空間の関係からの、やむにやまれぬ必要悪なのである。……

第3章　戦略的攻撃の対象について

戦争の目標は敵を屈服させることであり、敵の戦闘力の撃滅がその手段である。このことは攻撃の場合にも防御の場合にも言える。防御側は敵の戦闘力を撃滅した後に攻撃に移行し、敵国土の占領に向かう。それゆえ敵国土が攻撃の対象となる。しかし全国土を占領の対象とする必要はなく、その一部地域でも、要塞の占領でもよい。これらはすべて、保有が目的であれ、交換が目的であれ、講和〔の交渉〕に際し、政治的に重要な大きな価値をもつことになる。

したがって戦略的攻撃の対象は、とるに足りない領域の占領から、国土全体の占領まで、様々な段階が考えられる。攻撃の対象とされた敵国土が獲得され、攻撃が止むと、ただちに防御が始まることとなる。……

第４章　攻撃側の戦闘力の低減

攻撃側の戦闘力の低減は、戦略上の主要な考察対象である。……戦闘力が〔前進に伴い〕不可避的に低減する〔傾向がある〕のは、次の理由による。……後方連絡線を確保し、後方を守備しなければならないこと、戦闘による損耗と疾病《しっぺい》があること、補給基地との距離が延びること……肉体的な困苦と疲労が生じること、などである。……

そこでは、戦場における敵・味方の戦闘力を全般的に比較する必要はない。正面の死活的地点で対峙している戦闘力を比較すればよい。……

第５章　攻撃の極限点

……攻撃側の戦闘力は、〔前進するとともに〕次第に消耗していく。……攻撃側は、講和の交渉のために有利な条件を確保しようとするが、攻撃側の優位は日々減じていく。そのなかで、講和のときまで優位を維持できれば、攻撃側の目的は達せられることになる。……

そこで、たいていの場合、防御の立場に回っても戦闘力を維持でき、講和に備えるに足る点までに限って、攻撃が推し進められる〔そして、そこで止められる〕。この点を越えると事態は急転し、防御側の逆襲が始まる。……

第6章　敵の戦闘力の撃滅

……敵の戦闘力を撃滅する唯一の手段は、戦闘《ゲフェヒト》である。撃滅には二通りの仕方がある。第一は、直接的な方法である。第二は、間接的な方法であり、いくつかの戦闘の組み合わせによって撃滅の目的を達するものである。

それゆえ、会戦《シュラハト》が主要な手段であるが、それが唯一の手段であるわけではない。要塞の占拠や一部地域の占領も、それ自体、敵戦闘力の破壊をもたらす。つまり、それがより大規模な壊滅を生じさせるのにつながることがあり、このような敵戦闘力の撃滅は、間接的な方法である。……

〔間接的な〕手段はたいていの場合、過大評価されているが、それが会戦のような価値を有することは、極めて稀である。また、それで不利な状況がもたらされることがあり、それを恐れなければならないのに、それは看過されやすい。間接的手段は、わずかな犠牲を払うだけで済むので、人はこれに惑わされやすい、ということである。……

第7章　攻勢会戦

防勢〔防御的〕《ディフェンシヴ》会戦《シュラハト》について述べたことは、それだけで攻勢〔攻撃的〕《オフェンシヴ》会戦の解明にもたいへん役立つ。……

攻勢会戦の主要な特徴は、包囲するか、〔敵の側面か背後を突く〕迂回の方法にある。またさらには、会戦を挑むことにある。……

防勢会戦では、防御側の高級司令官は、できるだけ決戦での勝敗決着を引き延ばし、時間を稼がなければならない。勝敗が確定しないまま日没となると、一般には防御側がその会戦で勝ったことになるからである。逆に攻勢会戦の側の司令官は、決戦での勝敗の確定を急がなければならない。

……

第8章　渡河

大きな河川が攻撃側の進路を遮断している場合、河川は常に攻撃側にとって極めて大きな障害である。また、渡ってしまった後でも、たいていの場合、交通線はその橋梁《きょうりょう》一つに限定されるので、攻撃側の行動は大きく制約されざるをえない。……

およそ河川防御では、河川全体の防御であれ、どこかの地点での防御であれ、迂回がまったく不可能な河川は稀である。それゆえ、優勢な兵力を有する側が突撃しようという場合、一地点で敵を牽制しながら、他の地点で渡河するという手段が、攻撃側には常に残されている。……

第9章　防御陣地への攻撃

〔ある土地を防御拠点として会戦に応じる〕防御陣地は、敵の攻撃を断念させることもあれば、攻撃に向かわせることもある。どちらの方に、どれだけそうなるかは、既に防御の篇〔第6篇第12

章」で十分、述べた。敵の攻撃を消耗させたり、減殺したりできる防御陣地のみが、目的に適う、適切なものである。防御側がそうした陣地をもつ場合、攻撃側は何もなしえない。防御側の優位に対抗する手段がないのである。

しかし、実際には防御陣地がすべて、こうした要件を満たしているわけではない。また、攻撃側が敵の陣地を攻撃せずに目的を達成できると考えているとしたら、その攻撃自体が間違っている。逆に、攻撃しないことには目的は達成できないと考えている場合に、敵の側面への機動作戦で敵を脅かし、陣地から誘い出す、といった考えは、疑わしいものだ。

どちらの策も効果的でないと判断する場合に初めて、攻撃側は陣形の整った敵への攻撃を決断する。その場合、側面を突く方が比較的容易な場合が多い。左右の側面のどちらを突くべきかは、敵・味方、双方の退却線の位置と方向によって決まる。要するに、敵の退却線に脅威を与え、かつ味方の退却線を確保できる方に決めるのがよい。

どちらにするかを決めかねる場合、前者〔敵の退却線への圧力〕を重視するのが自然である。なぜなら、そちらが本質的に攻撃的であり、攻撃の概念にも合致するからだ。それに対し、後者〔味方の退却線の確保〕の重視は本質的に防御的である。

しかし、陣形を整えた頑強な敵への攻撃は容易ではないのは確かであり、主要な真理と見なされねばならない。もちろん……そういう攻撃が成功した例はある。だが、その数は少なく、意志の強い高級司令官でさえ、整った陣形への攻撃のようなことは回避した例の方がはるかに多い。……

第10章　堡塁陣地への攻撃

……設備が優れ、防備が十分で、堅固に守られた堡塁《ほうるい》は、原則的には略取が不可能な地点と見なされるべきである。……堡塁陣地〔野戦築城陣地〕への攻撃は、攻撃側にとって非常に困難な課題であり、多くの場合、不可能とさえ言ってよい。……

それゆえ筆者は、攻撃側にとって堡塁陣地への攻撃は、並々ならぬ攻撃手段を要すると考える。ただ、堡塁が急造のもので、完成されておらず、……中途半端なものの場合は、それへの攻撃は得策たりうるし、容易に防御側を征服しうる手段となりうる。

第11章　山地攻撃

……防御側との大会戦に挑むため、敵に向かって前進する攻撃側の軍が、まだ占領していない山地を越えねばならない場合だが、通ろうと思っている峠道に差しかかった途端、敵に遮《さえぎ》られはしないか、懸念するのは当然である。この場合、普通なら山岳陣地が攻撃側にもたらす有利性も、既になくなっているのである。つまり防御側は、防御線を過度に延長する必要がないし、また攻撃側がどの道をとるかも確実に知っている。そのため攻撃側には、防御側の兵力配備状況を勘案したうえで進路を選ぶのは不可能となる。こうなると、このような山地戦では、攻撃側に有利な点は一つもないことになる。……

山地が、決戦を目指す防御会戦に、まず適さないのは、戦史上、歴然としている。偉大な高級司令官は防御上の会戦に際し、平地に陣を構えるのを常としている。戦史全体を見渡しても、フランス革命戦争中の諸戦闘の他には、山中で決戦が行われた例は見出されない。……

敵があまり密集せずに山中に陣を敷いている場合、迂回作戦が攻撃側にとって主要部分となる。こういう場合に正面を攻撃すると、敵の最も強固な部分を相手にすることになるからである。しかし、ここでも迂回は、戦術的に敵の側面や背後を攻撃するよりも、敵の退路を遮断することでなければならない。……敵に退路喪失を危惧させることは、常に攻撃側の最も速やかな勝利への道である。山地ではそうした危惧が平地より早く生じ、しかも強くなる。……

第12章　哨兵線への攻撃

〔哨兵部隊による単線形の哨兵線で〕攻撃側・防御側が主要な決戦を挑む場合には、攻撃側が明らかに有利である。過度に長くなった防御線は、河川や山岳部の直接的防御よりも、決戦の多くの要件に反するからだ。……

攻撃側は、決戦をやり抜くだけの手段を欠いている場合、攻撃を控えなければならない。特に、敵の主力が防御線を守備している限りは、そうである。……

第13章　機動

この問題については、既に第6篇第13章で言及している。機動《メニューヴァ》〔策動〕は、防御側・攻撃側どちらもやれる活動だが、どちらかといえば防御的性質よりも、攻撃的性質を多く帯びている。……

〔ただ〕機動は大規模な戦闘による強力な攻撃の遂行とは相容れない。それだけでなく、敵の連絡線や退却線への工作であろうと、妨害工作であろうと、何らかの攻撃手段を用いて、直接、敵に加える攻撃とも相容れない。……

機動の利益については、一方で機動の目的と見なされ、他方で機動に続く行動の拠りどころと考えられねばならないものがあるが、その主たるものは次のようなものである。

a　敵の給養補給線を断ち、給養状態を窮屈にさせること
b　敵の諸部隊の集結〔を妨げること〕
c　敵の本陣と内地の連絡線や、諸軍、諸軍団との連絡線に脅威を与えること
d　敵の退却線に脅威を与えること
e　優勢な兵力をもって個々の地点を攻撃すること……

第14章　沼沢地、氾濫地、森林地帯への攻撃

〔沼沢地、氾濫地〕

沼沢《しょうたく》地は通過の困難な湿地であり、そこには少数の堤状の道があるにすぎない。このような沼沢地は、戦術的攻撃を極めて困難にする。……

低地の多くの地域がそうであるように、農耕が盛んな地方では、道路が無数に通じている。そこ

では確かに、防御側の抵抗が相対的に強力である。しかし、絶対的な決戦を行うには抵抗力が弱すぎ、決戦には不適当である。

それに対して、オランダにおけるような低地では、氾濫によって低地の防御力が強くなると、防御側の抵抗は絶対的なものにまで強くなることがある。そうなると、およそ攻撃は失敗に帰せざるをえない。……

〔森林地帯〕

本書では先に、通過の困難な森林地帯も、やはり防御に有利な手段となるものの一つに数えた。だが、奥行きのあまり深くない森林地なら、攻撃側も相互に近い数本の林道を前進し、森林地を抜けて、もっと便利な地に達しうる。森林地は、通過が困難といっても大河や沼沢地よりは楽であり、通過が絶対に不可能というわけではない。個々の地点の戦術上の強さもさほどではない。

しかし、ロシアやポーランドのように、広大な地域がほとんど森林で覆われている地方にあっては、攻撃側がこのような森林地帯を通過する力量を備えていない場合、たいへんな苦境に陥るであろう。……

第15章　決戦を企図する戦場での攻撃

〔攻撃の特性〕

……攻撃の直接の目的は勝利である。防御側には性質上、有利な諸点があるが、攻撃側でこのすべての有利性に対抗しうるのは、兵力の優勢だけである。他にはせいぜい、攻めて前進しているとの意識を軍に与え、優越感を感じさせるくらいのものである。これは過大評価されることが多いが……結局、たいしたものではない。……

防御の本来の真髄が用心深さだとするなら、攻撃側の真髄は大胆さと自信である。とはいえ、防御側に大胆さと自信がなくてもよいというのではなく、攻撃側にも用心深さがなくてよいわけでもない。相対的に、防御側は用心深さと、攻撃側は大胆さや自信と強く結びついている、というだけのことである。

戦争では実際、いずれの特質も欠かせないというだけのことである。数学の作図と違って、軍事行動が行われる空間は暗闇のようなものであり、せいぜい薄明かりでしかない。そんな状況で人は、目標達成に最適な指導者を信頼して行動するほかにないのだ。防御側の士気が低下しているときほど、攻撃側はものおじせず果敢に攻めなければならない。……

〈攻撃側は兵力を分割するな〉

攻撃側が大規模な決戦を求める場合、兵力を分割する理由はまったく生じない。それにもかかわらず兵力を分割するなら、たいていの場合、敵情に暗いための混乱と見られねばならない。したがって攻撃側の縦隊は間隔をあけすぎず、ある地点で同時に攻撃できるような態勢で前進するのがよい。

敵が部隊を分割している場合、攻撃側はさらに有利になる。その場合、本隊から分離した敵の小部隊に陽動作戦を仕掛けてよい。それは戦略的な陽動作戦であり、自軍の有利を維持すべく、なされるものである。こういう目的のためであるなら、部隊の分離も十分に正当化されてよい。……

しかし、攻撃にも慎重さが求められる。攻撃側も背後を守らなければならないし、交通線を保全しなければならないからである。……

第16章　決戦を企図しない戦場の攻撃

〈小さな目標への攻撃〉

大きな決戦をするだけの力がなく、決断がつかない場合にも、何らかの小さな目的のために戦略的攻撃がなされることがある。……

そのような攻勢の目標は次のようなものである。

（a）領土の拡張――これは糧食の面で利益をもたらす。さらには、軍税の徴発や、自国領土の保全・保護につなげたり、講和の交渉で取引材料にしたりする、といった点で利益となりうる。……

（b）敵の重要な倉庫――その倉庫が重要なものでない場合には、戦役全体を規定する攻勢の目的とは見なされない。確かに倉庫への攻勢それ自体は、防御側には損失となり、攻撃側には利益となりうる。しかし、攻撃側の主要な利益は、倉庫の奪取により防御側を後退させ、防御側が保持できたかもしれない領土を断念させることにある。元来、倉庫の奪取は手段なのであり、ここで目標のリストに挙げたのは、軍事行動の直接の目標となるから、ということである。

（c）要塞の占領――先に述べたように……、敵の完全な撃滅や、敵国の中枢部の占領を意図として目標にできない攻撃戦争や戦役にあっては、要塞の占領は最も重要で、最も望ましい目的となる。……

（d）有利な戦闘《ゲフェヒト》、遭遇戦《トレフェン》、あるいは会戦《シュラハト》さえも、単に戦利品のため、あるいは単に軍隊の名誉のために行われることがある。さらには、高級司令官の野心のために行われることすら見られる。実際に行われており、まさか、と言う者は、戦史についての無知を証明するだけだ。ルイ十四世の時代のフランスの戦争は、攻勢会戦の大半がこういう性質のものであった。……

〈攻撃側が注意すべき点〉

大決戦を目指さない戦争では、攻撃側の交通線は、防御側から攻撃されやすい。……そこでは敵に大きな損害を与えることが目的ではなく、敵の糧食の給養を妨害し、困難にさせるだけで、十分な効果が上がったこととなる。……〔妨害の効果が思わしくなることもあるが、それでも〕長時間にわたって繰り返し脅威を及ぼすことで、効果を上げることができる。……

第17章　要塞への攻撃

……要塞を失うと、敵の防御は弱まる。要塞が敵の防御の本質的部分をなしている場合、特にそうである。攻撃側が要塞を占領するならば、それで多大の便宜がもたらされる。要塞の占領により、それを倉庫や貯蔵所として利用し、付近の地帯や宿営地を援護できるからである。また、攻撃側が最後に防御態勢に移行した場合、奪取した要塞が、防御での最強の拠点となりうる。……

要塞の攻略についても、大決戦を企図しての戦役と、そうでない戦役とでは、大きな相違がある。大決戦を企図している場合、要塞の攻略は必要悪と見なされるべきである。つまり、決戦を求める限り、放置するわけにはいかない要塞だけを包囲すべきなのである。

それに対して、勝敗に決着がつけば、かなり長かった緊張の時期が峠を越すこととなり、一息つく時期となる。そこでの要塞の占領は、既に獲得した占領地の確保に役立たせるためである。その際にも、多少の労苦や、兵力を投じる事態もあるが、要塞があれば、さしたる危険もなく当該地方の占領が完遂《かんすい》される。……

第18章　輸送隊への攻撃

……あまり多くない、三百~四百の車両からなる輸送隊でも……〔四キロメートル弱の〕かなりの長さになるし、大輸送隊はさらに長くなる。通常それを護送する部隊は少数だが、いったいそのような少数の部隊で、どのようにして長い輸送隊を援護《えんご》しうるのだろうか。……

この疑問を解く鍵は、ほとんどの輸送隊がずっと安全の保証された道路を通っているという点にある。他のどの部隊も敵の襲撃に曝《さら》されているのだが、それに比べ、輸送隊はその戦略的事情からして、安全なところを通っているのだ。したがって防御手段が些少でも、その効果はずっと大きい、というわけである。つまり、輸送隊の動きは常に、多かれ少なかれ自軍の背後で行われるか、少なくとも敵軍から遠く離れたところで行われるのである。……

第19章　舎営中の敵軍への攻撃

……ここで問題とするのは、個々の宿舎やいくつかの村に分かれた小兵団への襲撃ではなく……多少なりとも広がりのある地域の諸宿舎に配備された大兵力への襲撃である。その目標は、個々の宿舎を襲撃することにあるのではなく、敵軍の集結を阻止することにある。

それゆえ、諸宿舎にある敵軍への攻撃は、まだ集結していない軍隊への襲撃となる。……〔結論としては、敵の〕宿舎への襲撃という企てに、過大な期待をかけるようなことがあってはならない。それが比類なき効果を上げると信じている人が多いが……戦史を見ても明らかなように、そのようなことは決してありえない。……

第20章　牽制

牽制《ディヴァージョン》〔遊撃〕は、敵兵力を主要地点から引き離すための、敵地への攻撃と解されている。これが主たる意図であるときのみ、牽制は独特の作戦となりうる。それが対象を攻撃したり、征服したりすることに向けられるのなら、通常の攻撃と何ら変わりないものとなる。……

第21章　侵略

侵略《インヴェイジョン》については、ほとんどこの言葉の定義以外に言うべきことはない。侵略という言葉は、よく近年の著作者によって使われており、そしてこの言葉で何か特定の意味内容を指しているつもりのようである。

フランス語の書物に特に多く、侵略戦争という言葉が現れる。フランス人はそのゲール・アンヴァズィオン〔侵略戦争〕という言葉を、敵国に深く侵入した攻撃を示すのに用い、国境を侵食するだけの秩序ある攻撃と対比させている。しかし、これは非哲学的な用法であり、言葉が混乱している。

攻撃が国境付近にとどまるか、敵国深く侵入するかは、方式の問題なのではなく、そのときの状況によって決定されるべきものである。また、何よりも要塞の占領を主要事とするか、それとも敵兵力の核心を目指して不断に追撃するか、という選択もまた、同様である。少なくとも理論上は、それ以外の回答はありえない。

場合によっては、国境近くにとどまるよりも、敵の国土内に深く侵入する方が、より方法に適い、慎重な策であることがありうる。しかし、普通、侵略は武力による攻撃が成功した結果によるものであって、攻撃とは切り離せない。

〔第22章〕〔付論〕勝利の極限点について

〈勝利の極限点〉

どんな戦争でも、勝者が敵を完全に撃滅しうるとは限らない。多くの場合、勝利には極限点というべきものがあり、ほとんどの場合、そうである。

戦史には具体的な事例がたくさん見られる。だが、この点は戦争の理論にとって特に重要であり、ほぼすべての作戦計画の要でもあるので、詳しく論じてもよい。また、光の当たり方で表面の色が様々に見えるように、一見矛盾するように見える要素が多いので、勝利の極限点について明確に把握し、その内的な根拠を究明したい。……

〈勝敗と同盟関係の変化〉

大国が敗れた場合、同盟していた小国はただちに離反していくのが普通であり、こうして戦勝国側は、敵に一撃を加えるたびに強くなっていく。だが、敗れたのが小国で、その存立が危うい事態に及んでいくと、保護する勢力が多く現れるだけでなく、初めその小国を攻撃したときには勝利者に味方した国も、攻撃者が強大になることを恐れ、寝返りを打つことさえもある。

〈敵の抵抗力の強化〉

〔敵国内への侵攻につれて〕攻撃を受けた側が恐怖と狼狽で武器を放棄することもあるが、ときとして激情に駆られ、すべての者が手に武器を手に取るようになり、以前よりも、初めの敗戦の後に抵抗力がはるかに強くなることがある。……また、勝者の側では、危険が遠のくにつれ、緊張の弛緩が生じることがある。それも稀ではない。……

〈転換点を過ぎての攻撃の無益〉

〔勝利の極限点を過ぎているのに〕攻撃する側が己の目標以上のものを求めるのは、戦果をまったく生み出さない無益な努力だが、それだけではない。敵の反撃を招きかねない、有害な行動でもあるのだ。過去の経験が示すところでは、こうした場合の敵の反撃は並外れて強いものとなる。そうした強力な反撃は、一般によく見られる。ごく自然なもののように思われ、理解しやすいことである。わざわざ理由を詳しく述べるには及ばない。

最も重要なのは、占領したばかりの土地では諸機関が不足していることである。また、勝利により期待していた利益と、〔反撃による〕甚大な被害との間に、開きが大きいこともそうである。

このような場合、心理的な面では、反撃する側の士気は非常に高まり、大はしゃぎとさえなりかねない。逆に反撃される側は普通、意気消沈する。このように心理が大きな役割を演じるのだ。退却する側の損失はさらに大きくなり、占領した土地が奪回されるだけで、自国の領土を奪われずに済むのなら、ありがたいという気持ちになるのが普通だ。

一見、何か矛盾しているのではないか、と思うかもしれない。ここでその疑問を解いておかねばならない。

攻撃側は前進し続ける限り、優勢を維持しているはずであり、また、勝利への終局で、攻撃より強力な戦争形式たる防御に入るのだから、攻撃側が突然弱くなる危険性などないのではないか、と考える者もいるのだ。

だが、そういう危険性が確実に存在するのを、認めないわけにはいかない。戦史を見るなら、戦局が急転回する最大の危険は、攻撃をゆるめ、防御に転じる、まさにその瞬間に出現するのである。……

〔攻撃から防御への転換点〕

単に防御的要素だけからなる防御的戦役というものがないのと同様に、攻撃的要素だけからなる攻撃的戦役など存在しない。どんな戦いでも両軍が同時に防御的になるときがあるが、それを別にすると、攻撃は、講和に直結するのでないなら、最後はすべて必然的に防御の形で終わるからである。

このように、攻撃を弱めてしまうものは、防御それ自体なのである。無意味な屁理屈を弄しているのではない。筆者は、これこそが攻撃の最も主要な弱点と見ているのだ。攻撃を終えた軍は、勝利の極限点の後、極めて弱い防御態勢に入らざるをえないのである。……

〔惰性の働き〕

自然界から、ある補助的概念を借りてくるなら、さらに容易に理解されよう。〔自然界では〕物理的な力はどれも、効力を発揮するには一定の時間が必要である。運動している物体を止めるにも、ゆっくり時間をかけて力を加えなければ、止めることはできない。

この自然界の法則は、人間の精神活動の多くの現象についても、適切なイメージを与えてくれる。われわれがいったん、物事をある方向で考え始めると、十分に根拠のある理由があっても、方向を変えたり止めたりするのは難しくなる。方向変更・停止には、それだけの時間・休息や、意識への強い印象が必要なのである。

このことは戦争についても言える。いったん気持ちが前進に傾き、目標に向かうと、退却は容易ではない。逆に、いったん安全な地域への退却に傾くと、向きを変えて攻撃するのは難しくなる。行動を中断するに足る理由、あるいは続行すべき理由があっても、十分に認識されないのだ。そして、前進を続ける間、行動を流れに任せ、均衡の限界点を越え、無意識のうちに勝利の限界点を過ぎても、なお前進を続けてしまうのである。攻撃に特有の旺盛な精神力に鼓舞され、戦力の消耗にもかかわらず、攻撃側が停止するより進軍の方がましと考え、進み続けることもある。その様子は、重い荷物を引っ張りながら、坂道を上る馬のようである。

〔勝利の限界点の重要性〕

このような説明で、攻撃側が勝利の限界点を越えてしまうことがあることが、矛盾なく明らかにできたように思う。いったん止まって防御の態勢を整えれば、戦果を上げられるはずの均衡点を、なぜ越えてしまう場合があるか、である。

したがって、戦役の計画にあたっては、この限界点を正しく認識しておくことが重要である。攻撃側はそれを考慮しておけば、能力を超える行動をしないで済むだろう。能力以上のことをやるのは、資産以上の借金をするようなものだ。また防御側も、劣勢にある場合、攻撃側が限界点を越える失策を犯せば、それに気づき、〔逆転への好機に〕活用できるだろう。……

大半の高級司令官は、目標にあまり接近せず、遠く離れた場所に踏みとどまろうとする。それに対し、ご立派な勇気のある、野心的な高級司令官は、しばしば目標を踏み越え、かえって目的を成就できないことになってしまう。わずかな手段でもって大事を行う者だけが、上首尾に目的を達成できるのである。

※この付論には、「〔第7篇〕第4章、第5章を参照されたい」との注が記されている。

第8篇

作戦計画

第1章　序

〔第8篇のテーマ〕

本書では先に、戦争の本質と目的についての章〔第1篇第1章〕でまず、戦争の全体的な概念を概観し、戦争とそれを取り巻く事象の関係について考察した。それは正しい基本概念から論じるためであった。そこでは、理解が容易でない事柄が多くあったが、概観にとどめ、より詳細な考察は保留して、後で扱うこととしてきた。すなわち、とりあえずは敵の打倒、つまり敵戦闘力の撃滅が、戦争行為全体の主要な目標である、との結論で議論を先に進めてきたのである。

それゆえ、続く章〔第2章〕で、戦闘行為の唯一の手段は戦闘《ゲフェヒト》に他ならないことを明らかにできたものと思う。このようにして、とりあえず正しい出発点に立ちえたものと考えている。

次いで、戦闘以外の、軍事行動で出現する各種の重要な事象の関係と形式を一つひとつ取り上げ、物事の本質や戦史から得られる経験にもとづき、その重要性をより正確に判断してきた。また、一般にこれらの事象に付随しがちな不正確で曖昧な概念を除くことにより、これらの事象についても敵の撃滅という軍事行動の本来の目標が、常に最も重要であることを明らかにした。

この第8篇では、戦争計画、戦役《フェルドツーク》計画を取り上げ、戦争を全体として考察する。そこでは、第

1篇で示した各種の概念に再び立ち返ることが必要となる。

以下の各章では、戦争について最も包括的で重要な問題たる、戦略そのものを取り上げる。いまや戦争の奥深いところに立ち入るわけであり、そこでは戦争に関わる論理の糸のすべてが一つにまとめられる。それは、ここで筆者も、いささか尻込みしてしまうほどである。

そして、筆者がこのように慎重になるのも、〔以下のように〕当然の面がある。

〔理論と高級司令官〕

確かに軍事行動は、一面では極めて単純に見える。偉大な高級司令官は、軍事行動を直截簡明《ちょくせつかんめい》に表現しており、それに触れると軍の統制や操縦も簡単に思えてしまう。無数の部品から構成される機械のような、軍隊という名のあの扱いにくい機構《マシーン》を統制・操縦するのも、一個人の手足を繰るのと同じように単純に語られる。その結果、戦争という名の大掛かりな行動も、一対一の決闘のようになる。軍事行動に至った動機については、二、三のごく単純な概念で説明され、何らかの魂の高揚から生じたかのようになる。高級司令官は戦争というものを、気軽で、心配のないものととらえているのだが、これにふれると軽々しいと言いたくなるほどである。

だが他方、軍事行動を考察している者は、いくつかのたいへん興味深い要因を考慮しなければならないことに気づく。こうした要因は相互に影響し合い、無数の組み合わせを生み出しており、諸要因の関連は長い脈絡をたどって、計り知れない範囲に及んでいることもある。もし、こうした諸要因を、明晰かつ遺漏《いろう》なく把握し、行動の準拠とするに十分な、根拠ある体系的な理論をつくり上げねばならないとしたら、どうか。仰々しい概念の空間を彷徨《ほうこう》し、エセ学者的な空論に陥ってしまうのではあるまいか。また、偉大な高級司令官なら容易に概観できる全体像には達しえないのではないか、という不安に襲われる。苦労して理論化を試みても、そんな結果に終わらざるをえないのなら、理論化など無意味で、いっそ最初から試みない方がましである。

そんな試みは、才能ある人物から軽蔑されるだけで、やがて忘れられる。他方、偉大な司令官は、容易に大局的視野に立ち、物事を分かりやすく提示し、自分の手足を動かすように、戦争を遂行する力がある。こうした資質こそ、〈司令官たる器〉の中核に他ならない。この手腕を発揮して初めて、人は物事に圧倒されず、逆にこれを制御できる心の自由を得る。……

〈理論の効用と限界〉

理論は、たくさんの対象について光をあてるものでなければならない。それでもって知性は無数の対象のなかで、何とか道を見失わないようにできる。誤謬により、雑草のようなものが随所にはびこっているが、理論を手掛かりにすることで、雑草を容易に見つけ、取り除いていける。また理論は、事物の相互関係を示し、重要なものとそうでないものを区別すべきである。特定の概念がおのずと物事の中核的本質を指し示している場合、筆者はそれを原理《プリンシプル》と呼ぶ。また、これらの概念が自然に一連の規準《レーゲル》を形成している場合、理論はそれを指摘すべきなのである。

このように、知性が根本的概念の間を奥深く遍歴するときに得られる洞察やひらめきこそ、理論の効用なのである。理論は課題を解決する公式《フォーミュラ》を教えてくれはしない。原理を示すことで、行くべき道を、必然性という狭い範囲に絞り込むこともなしえない。
しかし、理論は知性に、対象の全体とその関係について洞察する眼光を与えてくれる。その後、一段と高い行動の次元で知性は再び自由に働くこととなる。そこでは自己の固有の能力に応じ、一切の活動力を集中し、真実にして正しいものを把握し、個々の場合に対処しうる明晰な思想を得るように感じるだろう。この概念は、思考の産物というよりも、身に迫った脅威に対する自然な反応のように、把握するようになる。

第2章 絶対戦争と現実の戦争

〔戦争の目的と目標〕

戦争計画は、軍事行動のすべてを総合するもので、それによって個々の軍事行動は、一つの最終目的に向けた作戦へと調整される。他の個別の目標は、この計画のなかで、最終目的に合致するよう調整される。戦争によって何を達成し、また戦争において何を得るか、との問いに答えないまま開戦する者はいないだろう。いや、言い換えると、合理的な者ならそのような戦争は始めるべきではないのだ。

戦争で何を達成するかが戦争の〔政治的〕目的であり、戦争で何を得るかが戦争の〔作戦上の〕

目標である。この基本的構想により、すべての方向性が決まり、どれだけの手段を用いるか、どれだけのエネルギーを投入するかが決められる。そして、これが軍事行動の細部にまで影響を及ぼす。

〔理論的概念としての絶対戦争〕

筆者は〔第1篇〕第1章で、軍事行動の自然な目標は敵の撃滅であると述べた。また、この概念に哲学的に忠実であろうとすれば、他に目標はありえないことを示しておいた。

このことは戦争を遂行する双方に妥当することである。それゆえ、本来、〔絶対戦争からすると〕軍事行動には休止はおろか、中断などありえず、一方の軍が撃破されない限り、軍事行動は決して終結しない。

しかし、軍事行動の中断に関する章〔第3篇第16章〕で、この純粋な敵対関係の原理が〔理論上のものであり〕、この原理の実際の担い手たる人間、および戦争を構成している一切の事情、この双方に適応される場合にはどうなるか、を示した。戦争の機構《マシーン》の内的な理由により、中断されたり、敵意が弱められたりする、ということである。

しかし、このような緩和・修正を認めるだけでは、至るところに見られる戦争の具体的な形態と、戦争の本来の概念とを橋渡しするには、かなり不十分である。大半の戦争を見ると、それは双方の憤激の発露にすぎないような様相を呈している。双方が武器をとっているものの、自己自身を守り、敵に恐怖心を与え、あわよくば敵に一撃を加えるだけ、といった様相なのである。そこでは二つの破壊勢力が激突しているのではなく、二分した勢力が所々で小競り合いを演じているにすぎない。

〔絶対戦争の障壁〕

では、このように双方の全面的激突を妨げているのは、どんな障壁なのか。戦争が実際には、理論的な思考から予想されるように展開しないのはなぜか。

その障壁は、国家の活動で戦争が関係する、無数の要因、諸勢力、相互関係のなかに存在している。それら要因の複雑な絡み合いのなかで、理論上の必然性は発現が妨げられており、単純に論理の糸をたどるようには展開しないのである。この屈折した回路のなかで、理論上の必然をたどるのが止まっているのだ。戦争の大小を問わず、厳密な論理的帰結を追究するより、人間はその時々の考えで行動するものだからである。それゆえ、このように錯綜した事態に当面しても、自己の無知、中途半端、不徹底には気づかない。

しかし、戦争全般を司《つかさ》る当局者が、片時も〔戦争の〕目標を失うことなく、これらのすべての関係を実際に概観するだけの知性を有している場合はどうであろうか。――その場合にも、その国の他の当局者がすべて、同じような洞察力を有しているわけではないので、そこに反目が生じる。ここに至り、多数の反対者を説得するには、大変な努力が必要となる。だが、多くの場合、その努力も十分なものとはならない。

こうした矛盾は、敵・味方の一方にだけ生じることもあるし、両方に生じることもある。いずれにせよ、それが原因となり、戦争はその概念とは別の、中途半端なものとなったり、内的関連を欠いたものとなったりするのである。

〔現実の戦争と絶対戦争〕

戦争は〔現実には理論上の絶対的概念から離れた〕こういうものである。そのため人は、近年のような絶対的な戦争を経験しなかったなら、戦争の絶対的性質についての本書の概念に対し、それが現実的なものかどうか、疑問を抱かれたことであろう。だが、フランス革命という短い序奏の後、勇猛果敢なナポレオンが登場してすぐ、戦争はその〔絶対的な〕概念が完全に具現するところとなった。彼の下にあって戦争は、敵を完全に打倒する時点まで間断なく継続され、敵も間断なく反撃を実行した。この現象が、われわれの眼を本来の戦争の概念に向けさせ、その厳密な帰結の探究に駆り立てたのであった。これまた、自然で必然的なことではなかったろうか。

では、われわれは戦争の本来の概念〔絶対戦争〕に固執し、いかに現実の戦争が多様であろうと、一切の戦争を概念に従って判断すべきなのか。理論のあらゆる要求を、戦争のこの概念から導き出すべきなのであろうか。

まず、この点が明確にされなければならない。戦争は〔絶対戦争という〕本来の概念通りのものであるはずだ、とするのか、戦争は概念と異なるものでありうる、とするのか――これを決定しなければ、戦争計画について、何も確たることは言えないからである。

もし、〔概念通りという〕前者の立場をとるなら、そこでは理論は必然的なものに近づき、より明快で、曖昧な点のないものとなろう。だが、その場合、アレクサンダー大王や〔古代〕ローマ時代の諸戦役からナポレオンよりも以前の全戦争をどう評価すればよいのであろうか。

これら戦争を〔理論と違うということで〕すべて除外してしまうべきなのだろうか。いや、そんなことをするなら、自らの非を恥じることとなろう。さらに悪いことに、もう十年もして、再び戦争がここでの理論とは別ものになれば、強力な論理に支えられたこの理論も、現実の前に無力をさらすこととなるかもしれない。

それゆえ、戦争の実相については、単にその概念から構成するのではなく、そこに混入してくる一切の夾雑物《きょうざつぶつ》も考慮に入れることを承認しなければならない。われわれは、人のもたらす戦争とその形態は、その時々の支配的な思想・感情や諸関係に発するという見解を受け入れざるをえない。諸部分に見られる本来の惰性、軋轢《あつれき》、人間精神の自己矛盾、不確実性、怯懦《きょうだ》などがそうである。正しく戦争をとらえようとするなら、戦争が絶対的形態をとった場合でさえそうであり、ナポレオンの下での戦争でさえそうだったのを、認めねばならないのだ。

〔戦争の理論〕

もし実際に戦争がそのようなもの〔夾雑物も入り込んだもの〕であり、そして、各戦争の原因と形態が、その戦争に影響を及ぼす全要因の総合的な帰結ではなく、全要因のうちその時々に支配的ないくつかの要因の帰結であるのを認めねばならないとするなら、おのずから次のようなこととなろう。――その場合、当然、戦争は種々の可能性、蓋然性、運・不運に左右されざるをえないのであり、戦争の厳密な理論的推断を下すことなど、まず不可能であるか、何の役にも立たないか、頭を捏《こ》ね繰り回す手段でしかないこととなる。このことからして、ある場合には戦争ははなはだ戦争らしいものとなるし、ある場合には極めて戦争らしからぬものとなるのである。

いやでも戦争の理論は、このことをすべて承認しなければならない。とはいえ、理論が戦争の絶対的形態を掲げ、それを一般的な照準枠組みとするのは、理論の義務でもある。そうしていれば、理論から何ものかを学ばんとする者は、常にこの指標を見失うことなく、一切の希望や恐怖の尺度とし、可能な場合や必要な場合、いつでも理論に準拠を求めるはずである。

われわれの思考と行動の根底には、ある原理がある。それは、行動を決定する理由がまったく異なった領域のものでも、思考と行動に特別な傾向や性質を付与するものである。それは、画家がキャンバスに下塗りする色によって、その絵に様々な雰囲気をもたらしうるのと同様である。

今日、理論がこのような働きをなしうるとすれば、それは最近の戦争によるものである。戦争に表れる破壊的な力について、注意を促す実例がなかったとしたら、そんな理論はただ空しく叫ばれただけであったろう。現在では誰もが経験済みのことだが、〔そういう体験がなかったなら〕誰もがそんな戦争が生じるはずはない、と考えただろう。

プロイセンは一七九八年に、七万の兵をもってフランスに侵入した。だが、敵の反撃にあい、敗北することを予感し、またフランスの反撃が旧来の欧州での勢力のバランスを崩壊させるほど強力なものと予測していたなら、どうであったろうか。それでもあえて侵入を企てただろうか。

一八〇六年にはまた、プロイセンが十万の兵をもってフランスとの開戦に踏み切ったが、ピストルでの一発が地雷に火を点《つ》ける役割を果たし、炎上を招くのを知っていたなら、あえて開戦していただろうか。……

第3章〔戦争の内的関連〕〔軍事的諸目的の重要性と傾注する力の量について〕

A・戦争の内的関連

〔絶対戦争での結果の意味〕

戦争の絶対的形態に着目するか、あるいは、それとはいろいろな程度で異なる諸々の現実的形態のいずれに着目するかで、戦争の結果についても考え方が二分される。

戦争の絶対的な形態では、すべてが必然的理由から生じ、すべてが迅速に他に影響を及ぼす。いうなれば、実体のない、どっちつかずの空間などない。絶対戦争では、たった一つの結果、つまり最終的結果だけが問題となる。それを決めるのは、まず、戦争に伴う無数の要素の相互作用である。そして、厳密な意味での、一連の戦闘のすべての相互関連である。さらには、どの勝利〔の過程〕にもあり、それを越えると衰弱と敗北につながる〈勝利の限界点〉である。これら戦争の固有の特徴のすべてによって、結果が決まるのである。

その最終的結果に至るまでは、いかなる勝敗の決着も、利益も損もありはしない。いうなれば、終わりよければすべてよし、である。〔絶対戦争という〕この概念によれば、戦争は分割不可能な全体として存在するだけであり、個々の要素（個別の戦闘の結果）は、全体との関連で部分的な価値を有するだけである。

ナポレオンは一八一二年に、モスクワと、ロシアの領土半分を占領したが、これは彼の意図した講和を成立させる場合にのみ、価値ある占領なのであった。この攻略は彼の戦役計画では一部分でしかなく、計画の実現には、残りの半分たるロシア軍撃滅が必要であった。それまでに獲得されていたものに、ロシア軍撃滅が加わっていたなら、確実に講和は結ばれていたことであろう。しかしナポレオンは、初期の作戦で既にその機会を逃していたので、ロシア軍撃滅は達成できなかった。その結果、達成された半分の成果は、まったく役に立たなかっただけでなく、かえって破滅を招くこととなった。

戦争で得る戦果についての、このような〔絶対戦争の〕概念は、〔二つの極からなる〕連続体の一方の極をなす考え方と言えよう。これに対してもう一つの極には別のとらえ方がある。その〔現実の戦争〕の考え方によれば、戦争の結果は個々に独立した諸々の戦果の累積であることになる。ゲームでの対戦のごとく、前の試合の結果は、後の試合に何らの影響も及ぼさない、という考え方になる。ここでは戦果の合計だけが問題となり、個々の戦果は得点として蓄えておけるものとなる。

〔戦争の理論と戦争の二つの考え方〕

戦争の第一の考え方〔絶対戦争〕が、事物の本性からして真実だとすれば、第二の考え方〔現実の戦争〕は、歴史に照らして真実である。これまでの戦争では、何か困難をもたらすことなく、わずかばかりだが利益をもたらす例が無数にあるのだ。戦争の激烈さが緩和されるにつれ、このような事例がさらに多くなるであろう。しかし、第一の考え方が完全に妥当する〔絶対〕戦争などまずありえないように、どの点においても第二の考え方が適合する、というような〔究極の現実的〕戦争もほとんどありえない。

二つの考え方のうち、第一の考え方を前提にすれば、どの戦争も、もともと一つの全体をなすものと見なし、高級司令官は最初の一歩から目標を明確に掲げ、すべての努力をこれに向けなければならない。

戦争の第二の考え方を認めるとすれば、わずかな利益でも、それだけが追求されることがあるし、その後は成り行きに任せられる。

これら二つの考え方は、それぞれ何らかの結果につながるものなので、理論としてはそのいずれをも欠くことができない。しかし理論では、この二つの考え方がそれぞれ別の方法で適用されるのであり、第一の考え方は、あらゆる場合について根本概念として適用され、第二の考え方は状況に応じて修正していく場合にのみ使われる。

〔十九世紀初頭における戦争の激変〕

〔プロイセンの〕フリードリヒ大王は、一七四二年、四四年、五七年、五八年と、シュレージエンとザクセンからオーストリアに向けて、新たに攻勢を開始した。このとき大王は、これらの作戦がシュレージエンとザクセンの占領とは異なり、新たな長期的領土獲得をもたらすものではないことを、よく認識していた。大王はこれによりオーストリアの征服を目指したのではなく、追求していた目標は、時間を稼ぎ、戦力を強化するというもので、ずっと限定的であった。彼はその際、自らの生命を危険にさらす恐れなく、この限定的な目標を追求できた。

それに対して、一八〇六年にプロイセンが起こした軍事行動や、一八〇五年と〇九年にオーストリアが起こした軍事行動は、そうではなかった。両国の目標は、フランス軍をライン河以西に追い出すというもので、相対的に控えめな目標だった。だが、両国が次のことを慎重に検討せずに始めていたとしたら、愚かだったということになる。成功するにせよ、失敗に終わるにせよ、作戦の第一歩に始まり講和に至るまで、すべての事態の推移のなかで何をもたらすか、あらかじめ推測しておかねばならないはずだったのである。この作業は、どの程度までなら、両国が危険を冒すことなく勝利を追求できるか、また、どの地点で、どのようにして敵の勝利を阻止できるかを見定めるのに、不可欠であった。

この二つのケースの状況で、相違がどこにあるかは、歴史を注意深く観察することで知りうるだろう。十八世紀のシュレージエン戦争の時代には、戦争はいまだに内閣〔政府〕だけの仕事であり、国民は無批判についていく道具として加わっただけであった。だが、十九世紀初頭には交戦両国の国民が戦局で重きをなすようになっていた。また、フリードリヒ大王の敵側の高級司令官は、君主の命令を受けて行動する立場にあり、それゆえ慎重さを最も強く求められた。しかし、プロイセン、オーストリアに敵対していたのは、一言でいうなら、戦争の神その人〔ナポレオン〕であった。

〔戦争の絶対化と国家・国民〕

このように戦争が新しい状況となったことから、従来とはまったく異なる考察が求められることになったのではないか。一八〇五年、〇六年、〇九年に、プロイセンとオーストリアは、それまで可能性の高かった、旧来の馴染《なじ》みの事態ではなく、最悪の事態を考える必要があったのではないか。そして、若干の要塞や中規模の地方の占領とはまったく異なる努力を払い、計画を立てる必要があったのではないか。

プロイセン、オーストリアは、その軍事力がフランスに対し危険なほど劣勢になっているのを知りながら、適切な対策をとらなかった。両国がそうしなかったのは、戦争のこのような変化が、いまだ歴史に明確に表れてはいなかったからである。だが、一八〇五年、〇六年、〇九年の戦争、およびそれ以降の戦争は実際に、その破壊的な力でもって、新しい絶対戦争の姿を示したのであった。

つまり理論上は、いかなる戦争であっても、まずそのありうる性格と概略を把握することが求められるのだが、それは政治的な意図と、その時代の状況によって変化するのである。戦争が蓋然性からして絶対戦争としての性格を強めるにつれ、また、戦争を遂行する諸国の傾注する力が大きくなるにつれ、それら諸国をいっそう強力な渦に巻き込み、戦争の各種の出来事がますます緊密に関係することとなる。戦争への最初の一歩を踏み出すにあたり、まず最後の結末を考えておくことが、それだけ緊要となるのである。

B・軍事的諸目的の重要性と傾注する力の量について

〔敵に加える強制力の大小〕

戦争という手段を使って、敵に加える強制力がどの程度になるかは、敵・味方双方の政治的要求の大小によって決まる。この場合、双方が互いに相手方の政治的要求の大小を認識していれば、それが、どれだけ双方が力を注ぐかの尺度となろう。しかし、政治的要求はどの場合にも公然と表明されているとは限らない。これが、双方の用いる手段に差異が生じる第一の要因である。

双方の国の状態や状況は、互いに同一ではない。これが、双方の手段に相違が出る第二の要因となる。

各国政府の意志の強さ、性格、能力も異なっている。これが第三の要因となる。

これら三つの要因が考慮され、敵の抵抗力、敵が用いると思われる手段、敵の立てる目標を、明確に測ることができなくなるのである。

〔敵・味方の相互作用とその限定〕

戦争では傾注する力が不十分だと、戦果が得られないだけでなく、重大な痛手さえも生じることがある。そのため双方はそれぞれ相手を圧倒しようとし、そこに相互作用が生じる。このような相互作用により、極端な目標が設定されると、それを達成するために傾注される力も極端なものとなる。そうすると、政治的要求・主張についての考慮が忘れられ、手段と目的の釣り合いが失われていく。こうして極端な目標に向けて過大な力が注入されるが、多くの場合、国内の事情のために中途で挫折することとなる。

このようにして戦争当事者は、再び中庸に引き戻され、政治目的の達成に見合う適切な目標を設定する、という原則に従うこととなる。この原則にのっとるため戦争当事者は、どの場合にも絶対的な成果を収めるとの意図は断念しなければならない。また、ほんのわずかな可能性など計算していてはならない。

〔戦争遂行の《術》〕

ここに至ると知性の働きは、論理学や数学のような厳密な科学の領域を離れ、言葉の広い意味での《術》《アート》の域に移る。つまり、見渡しがたいほど多数の対象や関係から、一連の判断を通じて、最も重要にして決定的な事柄を取り出す《術》である。言うまでもなく一連の判断には、どれほどか漠然とした世界で、すべての要因や相互関係を比較し、把握する能力が含まれる。同時にそれは、関連性の薄いものや重要性の低いものを敏速に排除し、厳密な理論的方法では難しい速さで、当面の最重要課題を見つけ出す能力も含まれる。

すると、戦争遂行にどんな手段を、どの程度、投入する必要があるかを明確にするには、敵・味方の政治目的を考慮し、双方の力関係と諸般の事情を考えねばならない。敵国の政府と国民の性質、能力などを考慮し、味方についても同じことを考えなければならない。他の諸国との政治的な結びつきや、その戦争がそこに及ぼしうる作用についても考察する必要がある。

このような複雑多岐な諸関係を比較・考量し、速やかに〔戦争に用いる手段を〕決めるのは難しいことであり、天才の慧眼《けいがん》のみがなしうることである。画一的な学問的思考では処理できないのは明白である。

〔戦争の指導と軍事的天才〕

この課題についてナポレオンが、〈ニュートンのような人物でさえ辟易《へきえき》する代数の難問のごときもの〉と譬《たと》えたのはまったく正当である。

重視されている事象が多種多様で複雑であり、当てはめるべき判定基準が不確定な状態では、正しい結論を導くのは、かなり難しい。この任務は重大であり、そのことで課題がより複雑になったり、困難になったりするわけではないが、やはり任務を達成すれば、達成した場合の功績は大きくなるのを、見逃がしてはならない。

危険や重責が迫ると、凡将の場合、知性の働きが高まったり、活動が盛んになったりすることはない。いや、普通は逆に低下する。したがって、そのような場面で判断力を強化し、高められるとしたら、その人物は疑いなく、類ない偉大な精神の持ち主と判断してよい。

〔時代と各国の状況〕

目前に迫る戦争について、どんな目標を立てうるか、どんな手段が必要となるかについては、そのときの特殊な情勢も含め、全体的に十分に考慮したうえでなければ判断できないことを、まず認めなければならない。また、その判断は、戦争でのすべての判断と同様、決して純粋に客観的ということはありえず、そこでの結論は、一個人であれ複数であれ、君主、政治家、高級司令官の精神的・道徳的な資質の持ち主によって下されなければならないことも、認識されねばならない。

この点を、より一般的、より抽象的に扱うため、各国が置かれていた時代と状況を確認しておきたい。そこで、ここで歴史を少し見ておく。

文明化の中途にあったタタール、古代の〔ギリシア諸都市の〕共和国、中世の領主や商業都市、十八世紀の諸国王、また十九世紀の君主や諸国民は、どれもが、独自の方法で、独自の目標をもって戦争をしてきた〔以下、それぞれ見ていく〕。

〔古代の軍隊と戦争〕

新しい住居地を求めるタタールの一団は、妻子とともに民族として移動したので、数では他のどの軍よりも多かった。その目標は敵を打倒するか駆逐することだった。高度な文明を手にしていたなら、この方法でタタールは行くところすべてを征服しつくしていただろう。

ローマは別だが、古代では〔ギリシア諸都市の〕共和国はいずれも小国であり、その軍隊はなおさら小さいものであった。人口の大部分を占める奴隷を兵士にしていなかったからだ。

共和国の数はたいへん多く、互いに緊密な関係にあり、おのずと均衡が保たれていた。バラバラな小さなものが、自然の法則に従って均衡を保つのと同様であり、それが大規模な戦闘を起こすのを妨げていた。そこでの戦争は、平地を略奪したり、一部の都市を占領したりする程度で、少しばかりの影響力を確保しようというだけだった。

ローマだけは、この法則から外れていた。だが、それもローマの歴史の後期のことである。それまで長い間、ローマは戦利品を獲得したり、同盟関係を締結したりするために、小部隊で周辺諸国とありふれた戦いをしていただけだった。ローマは次第に大きくなったが、それは戦闘によってではなく、同盟関係によるものだった。少しずつ近隣諸国と手を組み、ローマ帝国に同化することで、大きくなっていったのである。ローマが他国を侵略することで拡大し始めるのは、南イタリアを支配下に置いてから後のことであった。

カルタゴは滅び、スペインと〔フランスなど〕ガリア地方は征服された。ギリシアは打倒され、ローマの支配はアジアとエジプトにまで広がった。この時期、ローマの軍事力は巨大になったが、そのためにさほど努力するには及ばなかった。ローマの富がその軍を賄《まかな》った。ローマはもはや古代の〔ギリシア諸都市の〕共和国とは比べものにならなかったし、以前のローマとも違う存在となり、比類ない大国として屹立《きつりつ》していた。

アレクサンダー大王の戦争もまた、比類のない様式のものだった。わりに小規模だが特によく鍛えられ、組織された軍隊でもって、大王はアジアの脆弱な諸国をなぎ倒した。情け容赦なく、また休むことなく、広大なアジアを席巻し、インドに達した。〔ギリシアなどの〕共和国にはなしえないことだった。ある意味で彼自身が傭兵隊長のようだったが、その大王にしてこのように短期間になしえた遠征であった。

〔中世の軍隊と戦争〕

中世の大小の君主国は、封建制軍隊でもって戦争を遂行した。戦争はすべて短期間に限られており、短期間にできないものなら、不可能と見なさざるをえないとされた。封建制軍隊は、それ自体、主従関係に組み入れられていた。半ば法的な義務と、半ば自由意思にもとづく契約による、

〔緩やかな〕真の連合であった。

武器と戦術は自力救済、個人間の闘争を基盤としており、大軍の組織行動には適さないものであった。総じて当時ほど、国家の内的結合がゆるく、個々の国民が自立的に振る舞っていた時代はなかった。これらの要因のすべてが、この時代の戦争を極めて独特の様式に規定していた。

中世の戦争は比較的、敏速になされ、両軍が無益に戦場で睨み合うことは多くなかった。戦争の目的は多くの場合、敵を懲らしめることであり、敵を撃滅することではなかった。敵国の家畜を奪い、城に火を放ち、あとは自国に引き揚げるというような具合であった。

〔傭兵隊〕

〔中世の〕大商業都市や小共和国は、傭兵隊《コンドッティエーリ》を徴募した。それは資金を要したが、外見からして、たいへん限定的な戦力でしかなかった。さらには兵力としても脆弱で、士気も低く、忍耐力は

期待できなかった。その戦闘は形だけのもののようだった。

要するに、憎悪や敵意も、もはや国家をして戦闘行動に駆り立てなくなり、取引の対象になったのである。戦争から危険性の大半が失われ、まったくその性質を変えたのだった。このような性質から戦争の定義を引き出しても、当時の戦争には、何も当てはまらなくなった。

〔常備軍〕

封建制の社会機構《システム》は、次第に一定の領土を支配する〔統一的な主権〕国家に移行していった。国家としての結合はより強くなり、個人的義務は〔忠誠から〕実務的なものとなり、ほとんどの場合、金銭となった。また、封建制軍隊は、傭兵に変わった。

傭兵隊がこの橋渡し役を果たし、しばらくの間、比較的大きな国の機構となった。しかし、これは長くは続かず、短期間に限って雇われた兵士が常備の兵士となった。そして、この国家の軍事力が国庫に拠る軍隊となった。

〔過渡期の軍隊と中世の政治〕

この段階に至る過程は極めて緩慢で、先の三種類の軍隊が並存して見られたのも、当然であった。フランスのアンリ四世の統治下〔在位一五八九～一六一〇〕では、封建制軍隊、傭兵隊、常備軍が並立していた。傭兵隊は、〔十七世紀前半の〕三十年戦争まで存在した。またわずかながら十八世紀まで痕跡《こんせき》を残している。

この間、それぞれの時代に独特の軍隊が存在していたのと同様に、欧州諸国の情勢も独特の様相を見せていた。総じて欧州は小国に分裂していた。一部は内政不安定な共和国であり、別の諸国は小規模で、政府権力が極めて限られた、不安定な王国であった。

こうした国は真の統一国家と見なせるものではなく、緩やかに結合した諸勢力の集合体でしかなかった。それゆえ、このような国を、簡潔で論理的な思考様式に従って行動する、知性ある存在と思ってはならない。

〔中世の対外交と戦争〕

中世の対外政策と戦争は、右のような観点から見られなければならない。このことは、ドイツの諸皇帝が五百年もの間、断続的に行ったイタリア遠征を考えてみれば分かる。その企ては、一度もイタリアを完全に征服する結果となっていない。それだけではない。それを意図することすら、なかったのだ。

これを病癖《びょうへき》的な失策、時代精神の誤った思い込みだと考えるのは容易だが、しかし、多くの理由によるものと考える方が合理的である。今われわれはその理由を、知的に推測できないわけではなかろうが、当時の人々が取り組んでいたようには生々しく感じ取れない。先のような混沌とした状況から出現してきた諸大国は、統一を果たし、国家の様態を整えるのに長い期間がかかったので、勢力とエネルギーは主にそのことに傾注された。外国の敵との戦争はわりに少なく、戦争が起きたとすればそれは国家としての内的結合が未熟なことを示すものであった。……

〔十八世紀の軍隊・戦争〕

〔十八世紀には〕軍隊は国庫によって維持されていたが、君主は国庫を半ば自分の私有財産と見なしていた。少なくとも政府の財産であって、国民のものではないと見ていた。他国との関係は、商業上の若干の関係を別にすると、多くは国庫と政府の関心事であり、国民の利害とは何の関係もなかった。……

古代の諸共和国や中世の国家では、国民は相当数が戦争に加わっていたが、十八世紀のような状況では、民衆は戦争との直接の関係を絶たれ、一般的な国民的資質の優劣を通じて、戦争に間接的な影響を及ぼすにすぎなくなっていたのである。

政府は民衆から離れ、自らを国家と見なすようになったが、その度合いに応じて戦争は、政府にのみ関わりのある事業となった。政府は公金を支出して、自国や周辺国の放浪者を駆り集め、戦争を遂行するようになったのである。その結果、各政府が用いうる手段は大幅に限定されるに至った。そこで交戦両国は、相互の手段の範囲や継続能力を見通すことができた。こうして戦争はその最も危険な性質を失うに至った。つまり無制限な力の行使がなくなり、また、それと結びついている、種々の、推測しがたい面がなくなったのである。

〔十八世紀の戦争の本質〕

〔十八世紀には〕敵の資金、国家財政、経済的信用性は、おおよそのところ知ることができた。敵軍の規模も分かっていた。戦争直前での大幅な兵力増強は不可能だった。したがって敵の兵力の限界を見通しえたので、ほぼ確実に自軍の全滅を防ぐことができた。また、自軍の制約をも感じることができたので、穏当な目標を選ぶことができた。……

それゆえ、戦争の遂行は本質的に、時間と偶然によって決まるカードゲームのようになった。その意義からすれば、それは幾分、強硬な外交、力ずくの外交交渉のようなものとなった。そこでは会戦や包囲攻撃は、外交上、交わされる通牒《つうちょう》のごときものだった。どんな野心をもつ者でも、講和締結に備えて、幾分敵より優位に立つというのが目標であり、それ以上のものを求めなかった。

……

〔時代による変化〕

〔フランスの〕ルイ十四世は欧州諸国のパワーの均衡を覆そうとの野心を抱いており、十七世紀末には向かうところ敵なしの状態となっていた。だが、それにもかかわらず戦争のやり方は古臭いものだった。その軍は、当時の欧州では最も強大で、最も裕福な王国にふさわしい装備ではあったが、本質的に他国の軍隊と何ら変わりがなかった。

敵地での略奪や破壊は、タタール人や古代人はもとより、中世の戦争でも大きな役割を果たしていたが、もはや時代にそぐわないものとなっていた。当然だが、野蛮な行為と考えられ、敵の報復を招く恐れがあったのだ。敵国政府よりも、敵国の国民に大きな害を及ぼしてしまうため、〔軍事的〕効果は弱いばかりか、生活状態を停滞させるだけだというのだ。

その結果、戦争は手段だけではなく、その目標の面でも、軍隊だけに限定されるようになった。

要塞や戦闘陣地に拠る軍隊は、そこに籠《こ》もり、あたかも国家のなかの国家のように〔なり、社会にあまり影響を及ぼさなく〕なった。そのようななかで、次第に戦争の暴力的な要素も弱くなっていったのである。

欧州諸国はすべてこの傾向を歓迎し、知性が発達したことの必然的な帰結と理解した。だが、それは誤解であった。知性の発達は決して矛盾を受け入れず、先述のように〈2×2＝5〉というような不合理は決して受け入れないからである。このことは後でも触れる。ともあれ、このように戦争の在り方が変化したことは、一般の国民に恩恵をもたらした。この変化によって戦争は政府間だけの問題となり、一般の人々の利害関心から離れていくようになった。この事実だけは見過ごされてはならない。

当時、国家の戦争計画は、攻撃側であれば敵のいくばくかの領土の奪取が中心であり、防御側ではそれを阻止することが中心であった。個々の戦役計画は、攻撃側では敵の要塞を攻め落とすことであり、防御側では攻略を阻止することであった。また会戦も、それが避けられないギリギリの時点で始まった。その状態に達する前に、単に勝利を得たいという内的な衝動に駆られて戦を仕掛ける高級司令官は、無謀だと見なされた。

会戦は普通、一回の攻城戦で終わり、大規模な会戦でもせいぜい二回で終わった。冬季の宿営は攻守双方に不可欠と見なされていたが、その間に一方が不利な態勢に陥っても、他方がそれに乗じることはありえなかった。冬季には両軍の接触がほぼ完全に中断されるからだ。いうなれば冬季の宿営は、通常なら継続される作戦行動に一定の限界を設けていたと言えよう。……

〔十八世紀における変化〕

戦争がこのように遂行されるものとなり、戦闘力に様々な制約が大きく課せられても、それは自然なことと考え、誰も矛盾とは感じなかった。それどころか、実に見事に整っていると、皆が考えていた。十八世紀には戦争についての批評・論評が始まっていたが、もっぱら戦争術の分野に関心を向け、些細な問題ばかりを論じており、〔政治のからむ〕戦争の開始や、戦争の終結〔講和〕は扱われていなかった。

そこでは、偉大だとか完璧だといった讃辞があふれていた。〔オーストリア陸軍の〕ダウン元帥は、敵のフリードリヒ大王に完全に目的を達せられ、主君たる女帝マリア・テレジアの目的は達成できないでしまったのだが、そのダウンでさえも名将と称えられる有様だった。

正確な判断がなされたことは少なく、稀であった。兵数が敵より多ければ何らかの上首尾な戦果を得なければならないとか、過度に技巧に頼る戦争術は誤っているなどという、健全な常識にもとづく判断さえも、あまり下されなかった。

〔フランス革命と戦争の変化〕

こういう状況の下でフランス革命が勃発した。それに対し、オーストリアとプロイセンは外交的な戦争術で対応しようとしたが、効果がないのをすぐに知らされることとなる。両国は旧来の考え方でこの状況をとらえ、大幅に弱体化していた〔フランス〕軍と戦えばよいのだと、希望的に観測していた。だが、一七九三年、予想をはるかに超える強力な軍隊が眼前に現れた。

戦争は突如、再び国民の事業となった。しかも自分を国家の公民と考える三千万もの人々が直接関わるものとなった。ここでは、この大きな変化に至った当時の状況には立ち入らない。それがもたらした、関連する結果のみを記すこととする。国民が戦争に加わるようになって戦争が変化し、これまで内閣と軍だけのものだった戦争で、国民が重きをなすようになったのである。

これ以後、戦争は用いられる手段でも、傾注される力でも、いかなる限界もなくなった。戦争を遂行するエネルギーに対抗するものは何もなくなり、フランスを敵とする国は大変な危険にさらされるようになった。

しかし、革命戦争がすべて終わるまで、その効果が十分に表れることはなかった。革命軍側の将軍たちが究極の戦争目的に向かって止まることなく進軍し、欧州の君主国をなぎ倒す、ということにはならなかった。幸運にも〔オーストリア軍やプロイセン軍など〕ドイツ側の抵抗が成功し、フランス軍の勝利の流れを食い止める場面もあった。その理由は、フランス軍の戦闘での技術面における不十分な点に求められよう。その不完全さは、まず一般の兵士レベルで露呈し、次に高級司令官レベルで明らかになった。最終的には当時の総統制のフランス政府そのものにも見られた。

〈ナポレオン登場とその反作用〉

ナポレオンはその手で、この不完全性を一掃した。国民の総力を基盤とするフランス軍は、他国の旧式の軍隊を問題とせず、圧倒的な強さを示して、着実に全欧州を席巻した。それに旧来の軍隊を対抗させる限り、フランスの勝利に疑いの余地はなかった。

だが、そのときまさに反作用が生じ、対抗する動きが起こってきた。まずスペインでは〔ゲリラの誕生で〕、おのずと国民を巻き込む戦争となった。オーストリア政府も一八〇九年、絶大な努力で初めて予備役と後備軍〔郷土防衛軍〕を組織し、それらは目標を達成できただけでなく、予想を大きく上回る成果を収めた。一八一二年にはロシアが、スペインとオーストリアに倣う新しい政策をとった。出遅れた感はあったが、その広大な国土のゆえに、戦力を大きく高めることができた。実際、その成果は素晴らしいものであった。

ドイツではまずプロイセンが立ち上がり、国民を戦争に組み込んだ。人口が戦前の半分に減り、財政破綻で信用を失っていたにもかかわらず、一八〇六年の時の倍にあたる兵士を戦場に送った。プロイセン以外のドイツの領邦も徐々にこれに倣った。オーストリアは、一八〇九年ほどではなかったが、大軍を組織した。ドイツの領邦とロシアがフランスとの戦争に送り込んだ兵士の数は、一八一三～一四年の二度の会戦で、約百万人に達した。……

〔絶対戦争への動き〕

こうして戦争は、ナポレオンの出現以来、一変した。戦争はまず一方の〔フランス〕側で国民全体の関心事となり、次いで他方の〔敵国〕側でもそうなって、戦争は性質を一変するに至った。いや、むしろ戦争の本質的・絶対的な形態に大きく近づいたと言うべきだろう。戦争で利用できる手段に明白な制限がなくなり、政府や国民のエネルギー、情熱にも限界がなくなっていった。手段の規模の増大と、戦果をもたらす可能性の拡大、さらには人々の感情の高まりなどにより、戦争遂行へのエネルギーの量が大幅に増大した。軍事行動の目的は敵の撃滅となった。敵が力尽きて無力になるまで、戦闘を中断して敵と交渉するのは、ありえないこととなったのである。

このように戦争は、従来の制約から解き放たれ、本来の力の要素をすべて発揮するようになった。その理由は、戦争という国家の重大事に国民が加わるようになったことにある。そして、この国民の関与の原因は、フランス革命の影響で各国内に生じた状況と、欧州諸国がフランスに感じた脅威、この二つに求めることができよう。

このような状態は今後も続くのか。欧州での今後の戦争はすべて、常に国力の限りを尽くして戦われるのか。国民に影響する利害関係によって戦われるのか。あるいは次第に政府と国民の分離が〔生じ、旧来の戦争が〕再び立ち現れるのか。――これらについて判断するのは困難であり、あえて断言するつもりもない。

だが、次のように言っても誰も異議を唱えないだろう。つまり制約というものは、ある意味で、何が可能なのか、人が限界に気づかないでいることに本質があるので、いったん制約が除かれると、再びその制約を課すのは難しいであろう。少なくとも、重要な利害対立が生じると、今日見られるように、敵対心が武力衝突に発展するであろう、と。

〔戦争の特殊な面と普遍的な面〕

歴史の概観はここまでとする。こうして歴史を振り返ってきたのは、それぞれの時代の用兵について簡単にいくつかの原則を指摘するためではなく、各時代には独特の戦争、独特の制約条件、独特の拘束があることを示すためである。早晩、これを哲学的な原則に則して検討する必要があるが、要はそれぞれの時代にはそれぞれの戦争理論があった、ということである。

それぞれの時代の出来事は、その時代の特殊性を考慮して判断されなければならない。些細なことを詳細に研究するのではなく、自らを時代の文脈において考え、物事を大局的に見る者のみが、過去の高級司令官を理解したり、評価したりできるのである。

しかし、用兵が、その時代に独特な国家と軍隊の関係に規定されているにせよ、なお多少なりとも普遍的なものや、それ以上にまったく普遍的なものが必ず含まれているはずである。戦争の理論は、その普遍的なものこそ研究対象とすべきなのである。

〔戦争の理論と戦争の普遍性〕

戦争が絶対的な力を発揮するようになった近年、戦争には普遍的な妥当性と必然性が極めて多く含まれている。しかし、今後も戦争が絶対的性質を維持し続けるかどうかは、不確かである。それは、戦争の多くの制約が一度取り払われたものの、次に別の制約が戦争を拘束するかもしれないのと同様、不確かなのである。

したがって、絶対的な戦争だけを扱う戦争の理論は、外部からの影響でその戦争の性質が変わった場合、必ず排斥《はいせき》されるか、そうでなくとも〈誤っている〉と非難されるだろう。戦争の理論が、戦争を理念的関係ではなく、現実の状況の下での戦争についての教えでなければならないとしたなら、このようなものは戦争の理論の目的ではないこととなる。

つまり理論は、対象を検討し、分類し、整理しながら、絶えず戦争の発生につながりうる状況の多様性を幅広く認識するものである。そうすれば理論は、過去の時代や当時の要請を考慮しながら、過去の戦争と今日の戦争の両方を包含する、大まかな戦争の見取り図を描くことができるだろう。

こうして筆者は次の結論に達した。——戦争の当事者が定める目標と、それを達成するために投入される手段は、そのとき、当事者が置かれている個々の状況の影響を受ける。だが同時に、その時代の特徴や、普遍的な諸要因からも影響を受ける。そして最後に、戦争の本質から導かれる普遍的な結論にも従わねばならない、と。

第4章　軍事目標のより詳細な規定——敵の撃滅

〔撃滅の概念〕

戦争の目標は、本来の〔理念的〕概念からすると、敵の撃滅でなければならない。これこそ本書の出発点をなす根本概念である。

では敵の撃滅とは何か。そのためには、敵国全体の占領は必ずしも必要とは限らない。……〔ここで一七九二年から一八一五年までの歴史的諸事例を検討してみる〕

これらの戦例もまた、戦争における結果が一般的な要因によって決定されるのではないことを示している。その場に居合わせないと分からないような個別の要因、また話題にされることもない多くの精神的な要因はもとより、歴史ではただ逸話として出てくるだけの些細なことや偶然の出来事でさえも、しばしば決定的要因となることがある。

この場合、理論としては、戦争の当事者間の主要な関係に留意する必要がある、としか言えない。敵・味方の主要な関係からして、一つの重心、力と運動の中心が形成され、すべてがここに依存している。したがって戦争では、重心に向かって、全力を挙げて集中的に突破していくことこそが肝要である。

〔敵の重心〕

常に、小は大に依存し、重要でないものは重要なものに、偶然的なものは本質的なものに依存している。これこそが考察を導く糸である。

アレクサンダー大王、〔スウェーデンを強国にした〕グスタフ・アドルフ、〔同国の〕カルル十二世、フリードリヒ大王にあっては、重心はすべてその軍隊にあり、軍が粉砕されれば、彼らの役割も終わりを告げた。

国内が諸勢力に分裂している国では、重心はおおむね首都にある。強国に依存している小国では、重心はその同盟国の軍隊にある。複数の国が集まって同盟を結んでいる場合、鍵は利害の一致にあり、重心はそこにある。〔ゲリラなど〕民衆が武装している場合には、指導者たる人物と世論に重心がある。だから攻撃は、それぞれ重心をなすものに向けられねばならない。

自軍の攻撃により、敵がひとたびバランスを失ったら、均衡回復の時間的余裕を与えてはならない。攻撃はその方向に続行しなければならない。言い換えると、徹底して勝者は攻撃を敵の一部分ではなく、全体に向けなければならないのである。仮にも兵力の優勢を恃《たの》み、悠々と敵の一地方を攻略したり、そのわずかな戦果の確保に汲々としたりして、大きな戦果を逸するようなことがあってはならない。攻撃側は、敵兵力の中核を目指し、戦争での全体的勝利を得るため、全力を尽くすことでのみ、敵を打倒できよう。

しかしながら、軍事行動の目標となる敵の中核がどのようなものであろうと、敵の戦闘力の撃破こそ勝利の最も確実な手段であり、最も重要な事項である。

多くの経験からすると、敵の完全な撃滅の条件は次のようなものと思われる。

一、敵側で軍が重心となっている場合は、軍を撃破する

二、敵の首都が、国家権力の中枢であるだけでなく、政治団体や諸政党の基盤が置かれている場合、首都を占領する

三、敵の最も重要な同盟国が〔直接の〕敵国より有力な場合、この同盟国に有効な打撃を加える

〈同盟諸国に対する戦争〉

これまで本書ではすべて、戦争での敵を単一の国と前提してきた。一般的にはそれでよい。しかし、先に明らかにしたように、敵の撃滅は、敵の重心に集約される抵抗を打破することで達せられ

るのだが、そうである以上、これまでの前提を離れ、複数の国からなる敵に対する場合、どのような相違があるのか、検討しないわけにはいかない。

複数の国が同盟して他の国と戦争をする場合も、政治的には単一の戦争である。ただ、その政治的結束の程度は様々である。

問題は、それぞれの国がそれぞれ独自の利害を有し、それを追求する独自の力をもっているか、あるいは一国に依存しているかである。どこか一国に依存していると見なせる状況に近い場合、それだけ多数の敵を単一の敵と見なすのが容易になる。また、それだけ自軍の主要な活動を、敵の主要部分へと集中させることができる。また、それが可能な場合はいつも、これが成果を上げる最良の手段となる。

したがって、次のように原則を定式化できよう。つまり、一個の敵を撃破することで敵の残りの部分を撃破できる場合は、その一個の敵の撃破を目標としなければならない。その敵が、敵の全体に共通する重心と見なせるからだ。

この考えが許されない場合、つまり一個の重心に集約できない場合もあるが、それは極めて稀である。だが、そういう場合も絶無というわけではない。その場合は、それぞれが別の目標をもつ、複数の戦争と見なして対応するしかない。

そこでは、複数の敵が自立性を有しており、敵の全体の勢力は、自軍よりずっと優越していることとなる。もう敵の撃滅などとは考えられなくなる。

〔敵の撃滅〕

ここで、〔複数の敵の撃滅という〕この目標は、どんなときに可能であり、勧められうるか、という問いに、より詳細に取り組むこととしよう。

まず、自軍の戦闘力が次の目的に十分なほど、強力でなければならない。

一、敵に対して決定的な勝利を収められること

二、勝利を得た後に、敵が戦力の均衡をもはや回復できない点にまで追い込むのに必要な戦力を投入できること

次にまた、ある敵に勝利した後に、新たに別の敵が立ち上がり、最初の敵から手を引かざるをえない事態とならないよう、政治的立場を強固にしておかなければならない。

フランスは、一八〇六年にプロイセンを完全に撃滅したが、そのことで全ロシアを敵とするという重荷を負った。だが、フランスは強力であり、プロイセン内で自軍をロシアから防御できるだけの状態にあった。

またフランスは、一八〇八年にスペインで同じように、イギリスと事を構えることになったが、首尾よく運べた。しかし、オーストリアに対しては、そうはいかなかった。フランスはスペインでかなり弱体化していた。もしフランスが、オーストリアに対して物理的な力と士気の面で大きな優位を確保していなかったなら、スペインを完全に放棄せざるをえなかったであろう。

この三つの例は、十分に検討されねばならない。〔戦争での勝敗は三審制の裁判と似ており〕一審や二審で勝っても、最終審で敗訴すれば〔負けであり〕、裁判費用をも負担しなければならない

のである。

〔戦争での時間〕

戦力そのものを考察し、戦力でもって達成しうる戦果の見積もりをする場合、力学との類推から、しばしば時間を力の一要素と見なし、こう考える立場が現れる。全力なら一年でやれることだとすると、半分の力なら二年でできる、というような考えがそれである。明確に語られるときもあれば、暗黙の裡《うち》に想定されるときもあるが、このような見解が戦争計画の基礎にされることがある。だが、それはまったくの誤りである。

地上のあらゆる活動と同じように、軍事行動にも時間が必要である。〔リトアニアの〕ヴィルナからモスクワまで、徒歩で八日では行けないのは、誰にも理解できる。しかし、力学に見られるような時間と力の相互作用は、軍事では見られないのである。

交戦する両者とも、時間は必要である。問題は、両者の状況からして、いずれの側が時間によって特別な利益を得るのか、である。両者の局面をよく検討するなら、利益を得るのは、明らかに劣勢にある側である。理由は力学的なものではなく、心理学の法則にもとづくものだ。優勢な者に対する羨望《せんぼう》、嫉妬、不安、そしてときには劣勢な方への同情の念――これらすべてが劣勢な側に自然な味方として作用する。友邦が支援に動いたり、他方、優勢な側で同盟関係が弱まり、分裂したりするかもしれないからだ。時間によって大きな利益を受けるのは劣勢な側である。

さらに考慮しなければならないのは、先述のように、戦闘での最初の勝利を生かすには、大変な力が求められることだ。そのときに努力すればいいというのではなく、努力の継続が必要なのだ。大きな世帯を維持するには、努力も続けないといけないようなものである。敵の領土の占領がもたらす国力の増加も、この支出増加に見合うとは限らない。時間がたつと、征服は容易になるどころか、次第に困難となり、しまいには力不足となり、時間の経過が情勢逆転をもたらすこととなる。

〔時間の推移と優勢・劣勢〕

一八一二年に〔ロシア遠征を企てた〕ナポレオンは、ロシアとポーランドから資金と物資を得た。だが、占領を続けるなら、モスクワに送らねばならなかったであろう数十万の兵士を、それで整えることができたか〔そうではなかった〕。

だが、占領された地域が極めて重要であり、その内部に未占領地域にとって死活的な地点があるなら、占領されていることの悪影響は病巣のように周囲に広がるだろう。占領している側がその状態で特に何かしなくとも、失うよりは得るところが多い、という状況も生じうる。〔被占領側に〕外国から支援がなければ、時間の経過とともにこのプロセスはさらに進む。占領されていなかった地域も、自然と占領されていくだろう。

時間もまた、占領している側の力の一因となりうるのだ。だが、そうなるのは、劣勢な側の反撃が不可能で、もはや状況の逆転が考えられない場合だけである。つまり、劣勢な側の力の要因であるはずの時間が、価値をもたなくなった場合である。それは、占領側の主目標が達せられ、勝利の極限点が過ぎている、ということである。敵は既に撃滅されているという状態なのだ。

〔迅速な攻勢戦争〕

以上の議論で筆者が明らかにしようとしたのは、次のことである。つまり、敵国を短期間かつ十分に征服し終えるのは、不可能なこと。また、征服を完了させるには、ある程度の期間で活動を分けて行うことが絶対に必要だが、〔あまり〕時間をかけるのは、容易にするよりも、困難にする、ということである。

この主張が正しいとすれば、征服する側はそれを完遂するに足る力を有するときには、中断することなく、次々に手を打たなければならないことになる。当然だが、戦闘力を結集したり、別の方策をとったりするために短い休止を入れるのは、ここで述べていることとは別である。

〔緩慢な攻勢への批判〕

私見では、攻勢戦争は迅速で、とどまるところのない決戦行動を特徴としている。この見解から本書では、これと反対の見解を批判した。その見解は、一気呵成《いっきかせい》の征服よりも、緩慢な攻勢、確実で安全な方法、いわゆる準則にのっとった方式をよしとするものである。筆者は、このような見解の基礎となっている論拠を崩しえた、と考えている。

しかし、筆者の主張は、これまで本書の論旨に従順に賛同してこられた読者にさえも、あるいは極めて逆説的な見解との印象を与えかねない。また、筆者の主張は、一見して思われることと、まったく異なるものであり、旧来の僻見《へきけん》のように染みつき、書物でも繰り返し述べられている考えに異議を唱えているのである。筆者が批判している見解の論拠らしきものの不確かな点について、詳しく論じておくのが賢明かと思うのである。……

〔攻勢戦争の吟味〕

いわゆる準則にのっとった攻勢戦争の概念の根底にあるものを詳しく検討すると、一般に次のようなことが要件とされている。

一、攻勢側の前進の途上にある敵の要塞を攻略する
二、必要な備蓄を集積する
三、倉庫、橋梁、陣地など、重要な地点の築城工事をする
四、冬季に兵力を休養させたり、兵舎で軍を休養させたりする
五、翌年の増援を待つ……

これらはそれぞれもっともな目的であり、攻勢戦争をスムーズにするかもしれないが、しかし、戦果を確かなものとはしない。逆に、多くの場合、高級司令官の気持ちを躊躇させたり、内閣が決断を迷ったりするのに、もっともらしい口実を与えるものである。その点を以下、右の一〜五を逆の順で検討していくこととする。

一、増援を待つのは双方とも同じだが、どちらかといえば防御側の方に当てはまる、と言える

……

二、敵も自軍と同じように休養する
三、市・町〔の施設〕や陣地の工事は軍隊の仕事ではなく、休止の理由とならない

四、今日では軍隊は自ら補給を行う……
五、敵の要塞の攻略は、攻撃を中断させるものと見なされない……
このように筆者は、攻勢戦争において、行動の休止、休息の期間、途中での休養はいずれも、当然のものとは考えない。……

〔防御と原理〕

敵の完全な撃滅を目標に掲げることのできる司令官が、防御だけに専念することはありえない。そもそも防御の直接の目的は、既に保有しているものを維持することにある。したがってまったく積極的原理を欠いた防御などというものは、戦略的にも戦術的にもありえるはずはなく、戦争本来の性格と矛盾する。だから、どんな防御側も、防御の有利という点を利用した後は、ただちに攻撃に転じなければならない。……

第5章 〔軍事目標の詳細な規定〕続き

限定的な目標

〔撃滅が困難な場合〕

前章で、軍事行動本来の絶対的目標は、可能なものなら敵を撃滅することだ、と述べた。では、その条件が整っていない場合、どうすべきか。ここではこの点を考察する。

敵を撃滅する条件としては、物質的な面や精神的な面で極めて優位に立っている必要がある。また、進取の気性に富む精神や、危険を厭《いと》わぬ性向などが必要である。このいずれをも欠く場合、軍事行動の目標は、敵国の一小部分あるいは若干の領土を占領するか、好機を待ちながら既得地を維持するか、このいずれかに限られる。後者、つまり既得地の維持は、普通、防御戦争の目標である。

二種類の目標のいずれがより適切か。——これについては、後者の目標を表すのに用いた表現、〈好機を期しての待ち受け〉が手掛かりとなる。これは将来、好機が訪れるのを待たねばならない、というのが前提となる。この待ち受け、つまり防御戦争は、そうした見通しによってなされる。それに対して、将来の見通しが味方よりも敵に有利と思われる場合は、常に、現在の状況を生かし、攻勢《オフェンシヴ》作戦を行う必要がある。

そして第三は、最も普通のケースで、敵・味方のいずれもが、将来に何ら明確な成果を期待できないので、攻撃か防御かの選択を将来に求めえない場合である。この場合、攻勢的な戦争を始める側は、明らかに政治的に攻撃意図を有し、軍事行動を起こす積極的理由をもつ側である。攻勢側は、目標達成のために軍備を整えている以上、十分な理由なく無為に過ごす時間はすべて味方の損失となるからだ。

〔攻勢か防勢か〕

〈攻勢戦争か、防勢戦争か《ディフェンシヴ》〉いずれを選択するかの根拠を挙げたが、それは敵・味方の相対的な戦力の比率とは何の関わりもなかった。だがなお、攻勢・防勢の選択は、主として相対的戦力比率から決定するのがより合理的だ、と思われるかもしれない。しかし筆者は、そのような考え方をすれば正道《せいどう》から逸脱する恐れがある、と考える。筆者のこの単純な推断の論理的な正しさは、誰しも疑いえないものと思われるので、ここで具体的な場合について、それが不合理となる場合がないかどうか検討しよう。

ここで、ある小国について考えてみる。その小国が、極めて優勢な兵力をもつ国と紛争状態に陥り、その情勢が年々悪化すると予想される。この小国が戦争を不可避と見る場合、その小国がそれほど形勢が不利でない時期を生かすのは、いけないことであろうか。

つまりその小国は、攻撃を敢行しなければならないのである。しかし、それは攻撃そのものが小国に利益をもたらすからではない。むしろ攻撃により戦力の不均衡は大きくなることだろう。とすれば要するに、この小国が攻撃に出るべき理由は、不利な時機が到来する以前に、事態に決着をつける必要があるからである。少なくとも、一時の利益を得て、後にこれを利用していくほかないからである。この説明は、かくべつ不合理ではないように思う。

敵がこの小国を攻撃するだろう、と確信するなら、この小国は防勢戦争を選択し、防御側の当初の有利を享《う》けることができるし、そうして構わない。また、それで時間を無駄にする危険もありえない。

〔見通しが不明の場合〕

次に、より大きな国と戦争状態にある小国が存在し、また、今後の見通しが分からず、攻勢か防勢かの決断を下しにくい場合を考えてみよう。その場合、その小国が政治的に積極的な姿勢をとっているなら、目標に突き進むべきだと、筆者は主張するものである。

小国が、数的に優越している強国に対し、積極的目的を抱くほどの大胆さを有しているなら、行動に出なければならない。敵側が攻勢に出てこないようなら、敵を攻撃しなければならないのだ。小国が攻撃を実施するときになって政治的決心を翻《ひるがえ》したのならともかく、そうでない限り、待ち受けなど愚かなことである。もっとも、決心を翻すケースは少なくなく、その戦争に不明朗な性格を与えるのに大きな力がある。そして、戦争を研究する者を当惑させる。……

第6章 〔軍事的目標に対する政治的目的の影響〕〔戦争は政治の一手段である〕

A・軍事的目標に対する政治的目的の影響

〔戦争と同盟〕

他国の危機に際し、手を差し伸べようとする国があったとしても、自国の危機のことのように真剣になるとは、誰も思わない。いくらかの援軍を送ってみて、進捗がはかばかしくない状況になると、自分たちの義務は果たしたとばかりに、犠牲の少ないうちに難局から上手に逃れようとするものだ。

欧州諸国の政治では、攻守同盟を結び、相互に支援を義務とする伝統がある。しかし同盟諸国も、利益をともにし、同じような国を敵としている、という意味で結ばれているのではない。その戦争の目的、敵国がどう取り組んでいるのか、といったことと無関係に、普通、一定の戦闘力をただ互いに送る、との約束を交わしているにすぎない。

このような同盟の形式では、〔支援すべき〕同盟国には、敵国と本当の意味での戦争を戦っているという意識はないのである。本来なら戦争は、宣戦布告に始まって講和条約に終わるのだが、そういう戦争とは思っていないのだ。同盟の概念も決して明確に規定されていないので、同盟という言葉の使用もまちまちなのである。

同盟関係にもとづき、一万、二万あるいは三万の兵士を交戦中の同盟国に派遣するので、自由に使ってよいというような整った約束ならば、話はずっと分かりやすい。援軍の使い方はすべて出先の国に任され、必要に応じ自由に使ってよいのなら、派遣された兵士を傭兵と考えればよいので、物事は内的に一貫し、戦争の理論もあまり混乱しないで済むからだ。

ところが実際にはまったく異なる。同盟国を援《たす》けるべく派遣された部隊には高級司令官がいるのが普通であり、その司令官は自らの本国政府の命令にしか従わない。本国政府はそれ自体の目標を示してくるので、現地の司令官の意図は半端なものになってしまうのである。

〔同盟国の思惑〕

同盟を結んでいる二つの国が、第三国に対し本格的に交戦状態にある場合でも、両国は一致してその国を共通の敵と見なしているとは限らない。つまり、自分たちがその第三国に撃滅されないよう、なんとしてもその国を撃滅しなければならない、と考えているわけではないのだ。逆に、商取引でもあるかのように、解決が図られることが少なくない。具体的には、自国が直面するリスクや、そこで期待される見返りを考慮し、派遣兵士の数を三万とか四万と決め、それ以上の兵力を失わないようにする、という扱いがなされることがある。

このような考え方は、自国にとってあまり重要でない同盟国を支援するケースに限られない。両国が重大な利害を共有する場合にも見られる。必ず外交的な交渉の余地が残されており、同盟国と交渉にあたる者は、まず条約に定められた最低限の兵力派遣の線に抑えるものである。その後、政治情勢が変化し、兵力が必要になった場合、残りの勢力で自国の方針を追求できるようにするためだ。

〔ナポレオン以後の同盟〕

これまでは、同盟戦争についてのこのような考え方は、まったく一般的だった。だが近年、大きく変わった。ナポレオンの登場とともに無制限な力の行使が生じ、極度の不安が人々を襲って、対ナポレオン同盟のような、自然な同盟の考えになったのだ。

これまでの同盟の考えは、中途半端で、変則的なものであった。戦争と平和とは、根本において程度の差にすぎないような概念ではないからである。だが、それにもかかわらず、以前の考えもまた人間の弱点と欠陥に深く根差したものであり、理性が無視してもよいような、単に外交上の古風な風習ではなかった。

〔弱い政治目的による戦争の停滞〕

最後に、同盟のない自力の戦争もあるが、そこでも同じように、政治的動機〔の強弱〕が戦争の遂行に強い影響を及ぼす。

敵に対しわずかな犠牲しか求めない場合を考えてみる。その場合、われわれは戦争によって〔講和で〕わずかな同等物を引き換えに得るだけで満足するし、たいした努力もせずに達せられるものと思っている。敵もだいたい同じように考える。

ここで、交戦国の一方が誤断した場合のことを考えてみる。自軍は敵よりわずかながら強力だと思ったのだが、それは誤りで、優越どころか実際には弱いことに気づいた場合である。普通そういうときには、資金や他の物資は欠乏しており、厳しい戦いに挑む士気も欠けている。そのような場合に、その軍は窮地を脱することに努めるだけで、根拠もなしに戦況の好転を願う。そうこうする間、衰弱する人のように、戦争はただ続いていくのである。

〔動機の弱い戦争もある〕

このようにして、薄弱な動機による停滞が生じ、戦争の特性である交戦国間の相互作用、敵を凌駕せんとする努力、暴力行為、際限ないエスカレーションは、消えてなくなるように見える。そして、双方とも厳しい脅威の印象が弱まり、極めて限定された範囲でしか行動しないようになる。戦争に及ぼす政治目的の影響は認められねばならないのだが、それを認めるとするなら、そこには限度がないので、〔絶対戦争とは逆の〕極端な場合も出てくる。敵を威嚇し、交渉を有利にするだけが目的の戦争も存在するのである。

戦争の理論が哲学的な考察であり、そういうものでありたいというのなら、ここで当惑を感じてしまうのは、明らかである。戦争の概念において必然的なものがすべて、あたかも姿を消すかのように映り、戦争の理論は論拠をすべて失う危機に立たされる。

しかし、やがてそこに自然な活路が開かれてくる。軍事行動において、それを抑制する要因が強くなる場合、言い換えると、軍事行動の動機が弱い場合、それに応じて軍事行動がそれだけ消極的で不活発になり、戦争本来の原理から遠ざかるようになるのである。

戦争術は全体として、ただ慎重なものとなり、敵・味方のバランスが急に自軍に不利になったり、半端な戦争が総力戦争になったりしないようにすることだけに注意を向けるようになるのである。

B・戦争は政治の一手段である

〔異なる手段を交えた政治の継続〕

これまで本書では、戦争について、また個人・社会集団の利害の間に見られる対立関係について考察してきた。そこでは、対立関係にある全要素を見逃さないよう、両者のそれぞれの側について、個別に考察しなければならなかった。両者の対立関係は人間そのものの本性に根差しており、哲学的知性でもってしても解きえないものである。だが現実には、これら対立する諸要素は、相互に打ち消し合いながらも部分的に結びついている。

そこで、ここから先では、このような一体をなしている面について考察する。本書で最初にこの統一されている面について言及しなかったのは、これらの要素の間にある矛盾を明確に指摘するためであり、各要素を別々に扱う必要があったからである。さて、これらの要素を統合するものは何であろうか。それは、戦争は政治の相互作用の一部であり、それ自身が独立して存在するものではない、という考えに求められる。

無論、今日では戦争が、政府や国民の政治的関係からのみ生じることが知られている。しかしながら普通は、戦争が始まると政治的交渉は中断され、まったく別の状態になって、戦争独自の法則に従うようになる、と考えられやすい。

〔戦争にグラマーはあるが、独自の論理はない〕

だが〔それは誤りであり〕私はこう主張する。――戦争は、他の手段を交えて行う、政治的交渉の継続に他ならない、と。〈他の手段を交えて行う〉としたが、そのことで主張しようとしたのは、政治的関係は戦争そのものによって中断もしなければ、まったく別のものに転化するのでもない、ということである。むしろ、用いる手段こそ異なるものの、政治的な相互作用は本質的に継続しており、戦争での事象を貫く主要な流れは、開戦から講和に至るまで、切れ目なく続く政治の姿だ、ということである。

それ以外に、いったい何が考えられるというのか。そもそも外交文書〔のやり取り〕が途絶えたからといって、各国と各国政府間の政治的関係が途絶えるものであろうか。確かに戦争には〔言語での「文法」のような〕運用方法《グラマー》はある。しかし、戦争には独自の論理などは決してありはしないのである。

それゆえ、戦争は決して政治的交渉から切り離しえないものであり、もし切り離して考察されるようなら、関係するあらゆる糸が切断され、戦争は意味も目的もないものとならざるをえない。

〈現実の戦争の自己矛盾〉

戦争がまったく単純なもの、つまり敵対感情がそのまま発現されたような戦争についても、この考え方を失ってはならない。理由はこうだ。――戦争の基底にあり、戦争の主要な方向を規定している要素について、第1篇第1章で、敵・味方の戦力、双方の同盟関係、双方の国民や政府の性質といった要因を列挙したが、これらで政治的性質を有していないものがあろうか。また、それらの要因で、政治的交渉の全体と強く結びついておらず、分離できるものがあろうか。そんなものはないのである。

現実の戦争を考える場合、この概念は二重の意味で不可欠である。まず現実の戦争は〔絶対戦争の〕概念通りに首尾一貫したものでもなければ、極端にまで力を推し進めるものでもない。戦争は、中途半端なもの、自己矛盾を含むものだからである。また、戦争が、戦争それ自体の法則だけに従うことはありえず、ある全体の一部と見なされねばならず、その全体とは政治だからである。

政治《ポリティーク》は戦争を手段として利用する間、戦争本来の性質に由来するストレートな帰結をもたらさないようにする。戦争の最終的な可能性については思い悩まず、ひたすら直近の確実な戦果にのみ思いをめぐらせる。

そのため戦争をめぐる状況が全体として極めて不確実になり、戦争は一種のゲームのようになる。政策《ポリティーク》について各国の政府・内閣は、ゲームで練達と技量を競うように、敵国を凌駕するのを誇りとするに至る。

〔政治への戦争の従属的性質〕

政治は、戦争から極めて破壊的な要素を奪い、単に道具のようなものに変えてしまう。戦争は、両腕でもって全力で振り上げる、恐るべき太刀、しかも一度使えば、二度と使えない太刀のようなものだが、政治はこれを手軽な軍刀のようなものにしてしまうのだ。ときにはフェンシングの試合用の細身の剣のようなものとなり、それで突き、フェイントをかけ、相手の剣をかわすようなものになるのだ。

このようにして戦争と臆病な生き物たる人間との間の矛盾は、いちおう解決される。これを解決と認めるなら、ということではあるが。

戦争が政治に属するとすれば、戦争が政治によって特質づけられるのは当然である。政治が大規模で強力になれば、戦争もそうなる。その程度は際限なく、戦争はついには絶対的な姿に到達する。だから、〔現実の戦争がそうでないにしても〕絶対的形態の戦争を無視する必要などない。いや、絶えず絶対的形態を思い浮かべていなければならない。……

〔政治と軍事〕

政治は、内政上の一切の利害関心《インタレスト》、また人々の生活上の利害、さらには哲学的知性から考えられる関心《インタレスト》・主張など、すべてを統一し、調和させるものである――これが本書の前提である。政治・政策《ポリティーク》は、もともと何か決まっているものがあるのではなく、もっぱら一切の利益の代弁者として他の国に対峙するだけなのである。

政治が誤った方向に陥り、支配する者の名誉心、私的利害、虚栄心の道具となる場合もあるかもしれないが、ここではそれは考えない。兵術の書が政治に訓戒を垂れるなど、もっての外《ほか》だからである。ここでは政治を社会全体の一切の利益の代弁者と考えればよいからでもある。

すると残る問題は、戦争の計画に際し、政治的な観点は、〔純粋に軍事的な観点というものが考えられるとして、そういう〕純軍事的観点に道を譲るべきか否か、ということになる。つまり、政治的な観点を完全に消滅させ、軍事的な観点に従属させるべきか、あるいは政治的観点を支配的な位置に置き、軍事的観点がそれに従うようにすべきか、である。

〔その回答だが〕政治的観点が戦争の開始とともに完全に消滅するなどということは、その戦争が敵対感情だけから発する、生死をかけた戦いである場合しか、考えられない。既に述べたように、あるがままの戦争は、政治そのものの表現に他ならない。政治が戦争を生み出す原因である以上、政治的な観点が軍事的な観点に従属するなどということは、不合理もはなはだしい。政治は頭脳であり、戦争はその手段にすぎないのであり、決してその逆ではないのだ。そうなると両者の関係は、軍事を政治的視野に従属させる以外にはありえない。……

〔戦争の基本方針は内閣が決定〕

戦争を指導し、戦争の基本線を規定する最高の視点は、政治的な観点以外にはありえない。……このような立場からのみ戦争計画は、首尾一貫したものとして立てられる。また、それによって、状況の把握と判断はより容易で自然なものとなり、確信は強固になる。また、行動の動機はより確信に満ちたものとなり、戦史もまた、より理解しやすくなる。

この立場からすると、政治的利害と軍事的利害の対立は、少なくとも本質的には存在しなくなる。両者に対立が生じるとすれば、それは洞察が不完全なためと見なされるべきである。政治が、容易に成就できない要求を戦争に課すようなことは、〔本書の前提では〕ありえない。つまり〈政治はそもそも、己の利用しうる手段の範囲を知っているはずだ〉という、当然で不可欠な前提に、そぐわない状態になっているのである。

政治が軍事的な諸般の事情を正しく判断している場合には、戦争の目的に適うような方策・方針はどのようなものかを決めるのは政治の役割であり、政治のみが果たすべき任務なのである。

要するに、戦争術は最も高い立場では政治となる。しかし、この場合の政治・外交とは、外交文書を書く代わりに、会戦《シュラハト》を行うというものである。

この見解では、戦争の重大な事象や軍事計画については純粋に軍事的な判断に委ねられるべきだ、との考えは許されないばかりか、有害でさえあるのが分かる。実際、多くの国の内閣が行っているように、戦争計画立案の際に軍人に諮問して、内閣の行うべきことについて純粋に軍事的な助言《アドバイス》を聞こうとするのは、不合理な方法である。

また、純粋に軍事的視点で戦争や戦役の計画を策定するため、国家の有する戦争手段を、すべて〔軍人たる〕高級司令官に任せるべきだと主張する理論家がいるが、それはこれ以上に不合理的である。

今日の軍事機構が極めて複雑かつ巨大であるにしても、戦争の基本線は常に内閣によって決められるべきである、というのが広く経験の示すところである。専門的観点からいうなら、軍事当局ではなく、政府当局によって決定されている、ということである。

〈戦争目標に適した決定と政治〉

このことは、物事の性質からして当然である。戦争のための主要な作戦計画は、どれ一つとして政治的関係の洞察なしに立案されるようなものはないからである。ところがまったく逆のことが言われている。〈政治が戦争の遂行に有害な影響を及ぼしている〉と非難する人がいるのだ。だが、それは言い方を誤っている。

非難される事態があるとすれば、それは政治そのものである。政治《ポリティーク》が正しい、つまり政策《ポリティーク》が目標に適っている、という条件が満たされているなら、それは必ずや戦争に有益な影響を及ぼすのである。政治の影響により目的達成が妨げられているとしたら、その原因は政策が誤っていることにこそ、求められるべきなのだ。

〔軍事的手段と政治家〕

政治家が特定の戦争手段や方法について、本質に適合しない誤った効果を期待する場合だけは、政治がその決定によって戦争に悪影響を及ぼすことがある。外国語に習熟しない者は、ときに正しい考えを抱きながらも、自分の考えを正しく伝えられないことがある。それと同様に、政治もまた正しい意図をもちながら、その本来の意図に合致しないやり方でものを決めることが、まま見られる。

このようなことは限りがなく、頻繁に見られた。そのことで判然と示されているのは、政治の運用のためには軍事についてのある程度の理解が欠かせない、ということである。

ここで議論を先に進める前に、誤解されやすい点に注意を促しておきたい。君主が自ら政治を行っていない場合のことだが、首相の適性のことである。書類に埋もれて仕事をする陸軍大臣、学識ある〔軍事〕技術者、戦場で有能な軍人、その誰もがそのことで最善の首相になれるなどと、筆者はまったく考えていない。

言い換えると、軍事についての理解力が、首相たる主要な資質だとは考えていないのだ。優秀で卓越した頭脳、強固な性格こそが主たる資質である。軍事についての理解力は、何らかの方法で補えるものである。……

〔政治と軍事の関係適正化〕

戦争を政治の意図に完全に合致させ、また、政治がその手段たる戦争に無理な要求を押しつけたりしてはならない。だとしたら、どうすべきか。政治家と軍人の要素が同一人物の内に兼備されていればよいのだが、そうでない場合、とるべき手段はただ一つしかない。最高司令官を内閣の一員に加えるほかない。それによって内閣は、司令官が下す最も重要な〔軍事的〕判断を共有できるようになる。これは内閣、すなわち政府自体が戦場の近くにあり、事柄を遅滞なく処理しうる場合にのみ可能である。……この制度は〔既に試みられており〕効果は完全に立証されている。

最高司令官以外の軍人が、内閣で影響を及ぼすのは極めて危険である。それが健全で有益な行動を生み出すことはめったにない。……

〔フランス革命と戦争〕

フランス革命は対外的に莫大な影響を及ぼした。その影響の根源は、フランスの用兵が新しい手段、新しい見解の下に行われたことにあるのではない。むしろ、政治技術や行政技術が一変し、政府の性格、国民の状態が変化したことに根源があるのは明らかだ。これらの事態を正確にとらえられず、他国の政府が旧来の手段により、圧倒的な新兵力に対抗しようとしたのは、明らかに政策上の誤りである。……

〔戦争は政治の道具〕

戦争は政治の道具である、と繰り返し述べておきたい。戦争は必然的に政治の性格を帯びるのであり、政治の尺度で測られねばならない。したがって戦争の遂行は大筋において政治そのものである。戦争において政治はペンの代わりに剣を用いるが、だからといって政治は、それ自身の法則に従って考えるのをやめはしないのである。

第7章 限定的な目標 攻勢戦争

〔攻勢戦争の限定的目標〕

敵の撃滅を目標とできない場合でも、なお直接の積極的目標が存在しうる。ただ、その場合には、積極的目標といっても敵国の一部占領以上ではありえない。

そうした占領の有効性は、敵国の国力を弱めることにある。そして、敵の戦闘力を低下させ、自軍の戦闘力を増大させる。部分的にせよ敵の犠牲のうえに戦いを進めるものである。さらには、敵の一部領土の占領は、講和の際に純益と見なせる。というのは、長く領有してもよいし、他に利益になるものとの引き換えにも使えるからだ。

敵国の占領に関する、このような見解は、極めて自然なものである。攻撃の後に得た占領地の防御に特に懸念があるのでないなら、まったくそうである。……

〔敵領土占領の条件〕

敵領土の一部占領という〔限定的〕目標を立てうるか否かは、次の点にかかっている。〔第一に〕占領地を継続して確保しうる見込みはあるか否か、〔第二に〕一時的な占領（侵攻か陽動作戦での占領）が、占領のためのコストに見合うものか否か、〔第三は〕特に、敵・味方の均衡を覆すような強力な逆襲の恐れがないかどうか、という点である。……

一点だけ付け加えねばならないことがある。

この種の攻勢《オフェンス》が、別の場所で失うものをカバーするのに適切とは限らないことである。敵の領土を占領するのに追われているうちに、敵もどこかで同じような行動をするかもしれない。自軍の企てが、敵にとって死活的な重要性のあるものでなければ、敵の占領をやめさせることはできないだろう。それゆえ、損得のバランスで、プラスか否かをよくよく考えてみなければならない。

一般に、敵の領土を征服して得るものより、自国を敵に占領されて失うものの方が大きい。敵領土での占領地と、自国領土での被占領地の価値が、同じ場合でもそうである。占領する際に自国の多くの兵力が浪費されるからである。……自国領土の保持は常に切実な問題である。また、国土の一部が占領されて被る苦痛は、敵地の占領で得られるものがはるかに大きくないと、相殺されはしないのである。

〔限定的目標での攻勢〕

これらのことから、次のような結論となる。目標の限定的な戦略的攻勢では、この攻勢で直接、掩護《えんご》されない地点の防御に、かなりの勢力を割かねばならない。それは、敵の重心に対する攻撃より、ずっと多くの兵力を要する。また、そのため、この種の攻勢では時間的・空間的に兵力を集中できない。

少なくとも時間的に集中を図ると、ある程度それに有利な地点へ同時に、かつ攻撃的に前進させる必要が生じる。また、この攻勢により、ある程度少数の兵力でもかなりの力になるという、防御の利点を失うこととなる。

限定的目標での攻勢では、攻撃側の戦力配備が〔分散し〕平均化する。そのため、全軍事行動を主要な行動に集中し、主要な観点からこれを導いていくのは、不可能となる。軍事行動は拡散されたものとなり、随所で《摩擦》が大きくなり、偶然に委ねられる余地が大きくなる。……

第8章　限定的な目標　防勢

〔絶対的拒否だけではいけない〕

防勢戦争の究極的な目標は、先述のように、決して〔攻撃を防ぐだけの〕絶対的拒否にあるのではない。劣勢に立つ側も、敵が弱体になったなら、脅威を与える何らかの手段を有していなければならない。

防勢戦争の目標は、敵を消耗せしめることだ、と言う人があるかもしれない。攻勢側は積極的戦果を欲しているのだから、それを成就できなければ、兵力の損失以外に何もなかった場合も、一歩後退を意味するからである。他方、防勢側の目標は現状維持なので、損害を多少被った場合も無駄ではない。現状維持という目標は達成できているからである。

だから、単なる現状維持が防勢側には積極的目標になりうるのだ、と人は言うかもしれない。この見解は、攻勢側が何回か攻撃を仕掛け、失敗に終わって疲弊し、攻撃を断念するのが確実なら、正しいと言えるかもしれない。しかし、その必然性はないのである。また、双方の実際の消耗を見ると、防勢側に不利となっている。……

したがって、敵が必ず諦めるという理由はなく、結論はこうなる。――攻撃側が攻撃を繰り返すとき、防御側がそれを防ぐほかに何の手だてもないのでは、いずれ攻撃が成功してしまい、防御側はそれを防げない。……

〔防勢の意義〕

確かに、攻撃側の消耗、いや疲弊でも、講和に至ることはある。だが、それは大半の戦争に見られる半端な性質によるものであり、合理的に考えて、それをすべての防御作戦に共通する究極の目標とは見なせない。防御側では、本来の性格である待ち受けが目標となっているのである。

待ち受けの概念には、情勢の変化、状況の改善を待つことも含まれている。状況の改善が、その国の軍の内的手段、つまり抵抗だけで果たせない場合、外的な変化に期待することになる。外からの状況改善とは、〔国際的な〕政治情勢の変化に他ならず、防御側に新しい同盟国が現れたり、相手の同盟関係が崩れたりするのがそれである。

したがって、これが防勢側の目標、つまり、戦力が劣り、敵に有効な打撃を与えられない場合の目標である。しかし、先に述べた防勢の概念に従うなら、これが防勢のすべてではない。先述の概念からすれば、防勢は相対的に強力な戦争の方式であり、この強さがあるゆえに、いろいろな程度の反撃を目指す場合にも用いられる。

〔防勢の二つの目標〕

防勢の目標についての、この二つの範疇は、初めから区別しておかねばならない。この二つは、防御の作戦にそれぞれ異なる影響を及ぼすからである。

〔受動的な〕第一の場合の目標は、自国の領土を侵略されないようにし、可能な限り長く維持することである。それで時間を稼ぐのである。時間稼ぎが目標達成の唯一の方法だからである。そこで防勢側が最大限果たしうる積極的な目標は、講和の交渉で自らの意図を実現する機会を得ることだが、そのような目標は、いまだ戦争計画に盛り込みえないものである。……

しかし、第二の範疇の目標では、防勢に積極的な意図が盛り込まれており、その防勢はより積極的な性質を帯びている。そこでは反撃が可能になっているが、防御の積極的性質は、反撃が強力になるのに応じて強くなる。……

第９章　敵の撃滅を目標とする作戦計画

〔戦争計画の二原則〕

これまで、戦争で設定される各種の目標について詳しく検討してきた。次にこれらの目標に応じて生起する三つの段階を考慮し、どのように戦争全体を計画するかを考察する。

これまでこの問題について述べてきたことからすると、全戦争計画では次の二つの原則が重要であり、それが他のすべての指針となっているのが分かる。

第一の原則は、敵の戦闘力をできるだけ少数の重心に絞ることである。可能なら一つの重心に絞るのが望ましい。次に、その重心への攻撃をできるだけ少数の主要行動に絞り込むことである。これも可能なら一つの主要行動に絞るのが望ましい。最後に、他の一切の行動をできるだけこの主要行動に従属させることである。要するに、攻撃はできるだけ集中的に行うのが第一の原則である。

第二の原則は、できるだけ速やかに行動することである。したがって、十分な理由もなく、中断・迂回をしてはならない。

〔敵の重心の絞り方〕

敵の軍隊をどのようにして一つの重心に絞るかは、次の事情によって異なる。

第一に、敵の政治的状況による。敵国が一人の君主に率いられている場合は、重心を絞るのに難しい点はない。また、敵が〔複数の国の〕連合軍であっても、それが共通の利益を求める同盟関係によるものでない場合、重心を絞るのに特に困難はない。他方、共通の目的を追求する同盟関係にもとづき敵連合軍が編成されている場合は、同盟関係の強度により異なる。これについては先に述べた。

第二に、敵のいくつかの部隊が行動する戦場の状況による。

敵の軍隊が単一の戦場に一緒に位置している場合、事実上、一個の統一体をなしているので、重心を絞るのに特に問題はない。敵の軍隊が単一の戦場で、兵力がいくつかに分けられている場合は、統一性は絶対的なものではない。だが、個々の部隊の間にはなおも十分な連携が保持されている。だから、一つの敵部隊に対する決定的な打撃は、他の部隊にも及ぶ。いくつかの部隊が隣接の戦場にあり、戦場の間にほとんど何の自然障壁もない場合、敵の一部隊に加えられた決定的な打撃は、やはり敵の他の部隊に及ぶ。

しかし、〔複数の〕戦場が遠く離れ、戦場と戦場の間に中立地帯や大きな山地などがある場合、一部隊が打撃を受けても他の部隊への影響は極めて弱く、ないに等しいこともある。さらに各戦場が、攻撃されている国の、極めていろいろなところに位置し、そのため遠心的に作戦を遂行せざるをえない場合、戦場と戦場の関係はなくなる。……

〔重心への攻撃とその例外〕

敵の重心を全力で攻撃するという原則については、一つだけ例外がある。付随的な作戦行動をすると非常に有利な状況を確実にもたらすと見なされる場合が、それである。ただ、それにも前提がある。兵数の明白な優位が確保されており、付随的な作戦行動に戦力を割いても、主戦場での作戦が危険にさらされないことである。……

したがって、戦争計画の起案で第一に考慮しなければならないのは、敵の重心がどこにあるかを突き止めることであり、できれば一つに絞ることである。第二には、その重心に向けた戦闘力を、一つの主要な攻勢的行動に統一させることである。

〔奇襲〕

〔先述のように、戦争計画の〕第二の原則は、戦闘力を迅速に使用することである。意味なく時間を浪費し、迂回路をとるのは、すべて戦闘力の浪費であり、戦略の原則から大きく外れるものである。

しかし、一般に攻撃での唯一の利点が奇襲にあって、奇襲によって会戦で先制できることを心に留めておくことは、それ以上に重要である。敵に奇襲をかけて対応できなくするのは、強力な揺さぶりであり、敵を撃滅まで追い込むのに、奇襲なしですませられることはめったにない。

それゆえ戦争の理論では、最も短い経路をたどって目標地点に到達すべきであり、進軍すべき方向について右か左かと、いつまでも評定を重ねていてはならないと、説かれる。……

ナポレオンは決してこの原則から外れることがなかった。部隊から部隊へ、ある国の首都から別の首都へと移動するときには、必ず最適の経路をとった。……

〔追撃〕

大勝利を得たなら、躊躇なく追撃するのみであり、休憩、息継ぎ、態勢の立て直しなど、すべて無用である。また、必要な場合には、新たな方向に攻撃したり、敵の首都を攻略したり、敵の援軍や敵国の根拠地を攻撃することとなろう。……

理論のうえでは、敵の撃滅を意図するなら、敵に向かって前進だけが求められる。ただ、危険があまりにも大きいとして、高級司令官が前進を中断し、戦闘正面を拡大することは許される。しかし、より巧みに敵を撃滅するためにそうするなどというのは、理論上、厳しく非難されることだ。

敵の崩壊が徐々に進む場合もなくはないが……〔時間を置くと〕敵がその間に戦力を回復したり、再び抵抗に奮い立ったり、外国から新たに援軍を得たりする。逆に、一気に進むなら、昨日の成果は今日の成果を確実にし、燎原《りょうげん》の火が燃え広がるように、拡大する。……

安全を確保するために前方への突進をためらうことなど、あってはならない。……脇目も振らず前進し、それに伴う不利益は、不可避のものと見なすべきだ。……

〔ロシアの特殊性〕

〔面積が極めて広いため〕ロシアという国は、完全な征服、つまり占領を続けられる国ではない。

少なくとも今日の欧州のある一国の軍隊ではできないし、ナポレオンの率いる五十万の軍でもってしてもできない。ロシアは、それ自身の弱さか、内部抗争によるほか、屈服させる方法はない。……

〔戦役の検証〕

結果こそ、最も妥当な基準である。……だが、結果からだけ判断して、高級司令官の英知のほどを評価してはならない。戦役で敗れた原因を探究することは、戦役の検証とは異なる作業である。当時、その原因が見落とされていたり、まったく考慮されていなかったりしたことが証明されて初めて、検証は可能となり、高級司令官の下した判断について評価できるのだ。……

〔高級司令官〕

〔複数の国が協力して戦う場合、異なる国の軍を混合させて〕戦闘力を結合できれば別だが、そうでない場合、中途半端に戦闘力を分割するよりも、完全に分割してしまった方がよい。……異なる国の二人の独立した高級司令官が同じ戦場に立つほどまずいことはない。……

総司令官の個人的特性に関しては、まさに人それぞれだが、一般論として一つだけ述べておかなければならない。配下の部隊には最も慎重で用心深い人物を司令官にあてるのが通例だが、そうではなく、最も進取の気性に富んだ人物を据えるべきだ。先述の繰り返しになるが、複数の部隊が戦略的に分かれている場合、戦略的戦果を上げるには、個々の部隊がそれぞれその兵力を十分に発揮することが、何よりも重要だからである。そうしておくなら、ある部分での失敗も、他の部分で取り返せるのだ。

しかし、各部隊が十分に力を発揮するには、敏速に判断でき、進取の気性に富む指揮官が、己の信念にもとづいて行動できる人物でなければならない。危急の場合には、どう行動するかを、純粋、客観的、冷静に評価していては、間に合わないからである。……

〔作戦計画の原則〕

これまで全般的に戦争計画について述べ、この章では特に敵の撃滅を目標とする戦争計画について述べてきた。その意図するところは、敵の撃滅という戦争計画の目標がすべてに優先する目標であることを指摘し、その次に、目標達成の手段と方法を規定する基本原則を明らかにすることであった。

これは、〔個々の〕戦争で何をしたいのか、何をなすべきなのかを明確に自覚してもらうためであった。また、必要不可欠なこと、普遍的なことを抽出した。個別の事柄や偶然の事柄にはそれなりに注意を払ったが、恣意《しい》的な事柄、根拠のないもの、戯《たわむ》れのようなこと、空想的なもの、詭弁《きべん》的なものは扱わないようにした。

もし本書がこうした目的を達しているとしたら、筆者は任務を遂行できたと考えてよいだろう。……

訳者解題

ここでは、『戦争論』について、ごく最小限の解説を加えておく。

著者のクラウゼヴィッツは、一七八〇年生まれの軍人である。『戦争論』執筆中の一八三一年にコレラに罹《かか》り、五十一歳で急逝している。

ビスマルクによるドイツ統一（一八七一年）以前のことであり、プロイセン王国の時代である（プロシャは英語名）。未完の遺稿がマリー夫人の手で編集され、出版されたのが『戦争論』である。『遺稿集』全十巻のうちの第1～3巻として、一八三二～三四年に刊行されている。

クラウゼヴィッツの苗字には、正式にはフォンという貴族の称号がついているが、豊かな家ではなかった。貴族だったかどうかで議論があるくらいであり、早くから軍に入隊し、軍で教育を受けて頭角を現した。

ナポレオンのフランス軍との戦いに従軍し、捕虜となった時期があり、その間フランス語を習得し、フランスに勝てるプロイセン軍とする決意を固めている。ロシア軍とも接触があるが、ロシア語は習得できずに終わったようである。

プロイセンでは、恩師シャルンホルストとともに軍制改革を志したが、満足できる結果は得られなかった。そればかりかプロイセンが一時、フランスと軍事同盟を結んだので、クラウゼヴィッツはナポレオンの敵となったロシアの軍に幕僚として加わり、参戦している。臥薪嘗胆《がしんしょうたん》の決意は半端ではなかったのである。その後、プロイセン軍に復帰して、活躍した。

当時、大成功を収めていたナポレオンの軍制、戦略・戦術を徹底して分析し、対抗策を練った。『戦争論』はその産物で、「次の対フランス戦のために書かれた」と評される側面を有している。ただ、それにとどまらない普遍性を秘めており、それが今日でも世界中で読まれている理由である。戦争についての「最高の古典、いや唯一の古典」などと評される。孫子を知るわれわれ東洋人からすれば「東の孫子、西のクラウゼヴィッツ」というところか。

しかし、軍人としては閑職に追われるなど、不遇な面があった。ただ、そこで得られた時間を『戦争論』の執筆に向けることができたのは、歴史の皮肉である。外交官として不遇だったマキアヴェッリが、『君主論』執筆に精力を傾注できたエピソードを想わせる。

職業的な不遇が人生そのものを無益なものとするわけではないことを思いながら、『戦争論』を紐解くのも一興であろう。

優れた評伝にP・パレット『クラウゼヴィッツ』(白須英子訳・中公文庫)がある。

＊　＊　＊

最後になったが、この抄訳は以下のような理由で、原書第2版ではなく第1版をもととしている。

前述のように『戦争論』第1版は、クラウゼヴィッツの没後一八三二～三四年に刊行された。

それから二十年ほどして、マリー夫人の弟で軍人のブリュール伯爵が修正を加えて第2版を刊行した。読みやすくする、といった考えだったと想像する。細かな修正は数百ヵ所にのぼるが、大半は問題ないものとされる。以後、長らく第2版が標準とされた。邦訳でいうと篠田英雄訳（岩波文庫）、馬込健之助訳（旧岩波文庫）はこちらに依拠している。

ただ、後の研究により、「改竄《かいざん》」のような誤りと指摘される個所が明らかになり、旧西ドイツでは一九五二年から第1版にもとづき刊行されるようになった。レクラム版も第1版に依拠している。清水多吉訳（中公文庫）は、第1版に依っていた旧東ドイツ版の翻訳だったので、この誤りを逃れている。

その個所は第8篇第6章B（本書三七二頁）で、政治と軍事の関係を論じた、極めて重要な個所だ。――「政治家と軍人の要素が同一人物の内に兼備されて」いれば理想的だが、「そうでない場合、とるべき手段はただ一つしかない。最高司令官を内閣の一員に加えるほかない。それによって内閣は、司令官が下す最も重要な〔軍事的〕判断を共有できるようになる」。

クラウゼヴィッツの主張は、内閣が軍事的な決定にも関与できるようにする、ということなので、〔〕での補足も含め、よく読めば政治優位であるのが分かろう。

第2版はこうなっていた。かなり思い切った訳の篠田訳を引く。「政治家と軍人とが一心に兼備されない限り、残された途は、――最高の将帥〔司令官〕を内閣の一員に加え、最も重大な時機には内閣の審議および決議に与らしめるという制度だけである」（岩波文庫下巻、三三四頁）

これだと、軍人が政治的決定を主導すると読めるので、逆の意味になるということで、「改竄」と言われているのである。ちなみに馬込訳では、「内閣の一員たらしめ、最も重要なる場合にその評議と決議とに参加せしむる」とあり、ボンヤリ読んでいると第1版との違いを意識しない。

私も「改竄」と聞いていたので、注意して読んだが、最初はどう違うのか分からず、何度も読み返してようやく分かった次第だ(独文はnämlich den obersten Feldherrn zum Mitglied des Kabinetts zu machen, damit dasselbe teil an den Hauptmomenten seines Handelns nehme.)。ドイツの友人の政治学者に確認して、やっと自信を得たくらいなので、違いはスイスイ理解できるものではない。というわけで、私は「改竄」というよりは、不注意に手を加えたものと判断しているが、どうだろうか(ちなみに、第2版の独文はこうである——damit er in den wichtigsten Momenten an dessen Beratungen und Beschlüssen Teil nehme.)。

また、第2版は第8篇を第7篇と同じ(草案)としているが、第1版には草案(Skizzen)とついていない。内容上の完成度も高く、草案は誤解を与えかねないと思うので、入れなかった。

変わらざる議論の軸――『戦争論』を読む意義

塚本　勝也（防衛省防衛研究所　社会・経済研究室長）

なぜ、読まれざる古典なのか

一八三二年に初版が刊行されて以来、クラウゼヴィッツの『戦争論』ほど広く読まれてきた戦争の専門書はないであろう。日本を含めた各国で数次にわたって翻訳され、その思想や意義に関する研究も後を絶たない。また、戦略や安全保障に関する研究の盛んなイギリスやアメリカでも基本書とされ、大学の授業で必読文献として掲げられていることも多い。それゆえ、最初から最後まで読み通したことはないにせよ、その内容にいささかなりとも触れた人間は少なくないであろう。

だが、『戦争論』は戦争に関する古典としての地位を確立したものの、その宿命も背負っている。古典は「称賛されるが読まれることのない本」と皮肉られることがあるが、アメリカにおけるクラウゼヴィッツ研究の第一人者であったマイケル・ハンデルも、『戦争論』を「よく引用されるものの、上辺だけしか読まれていない作品」であると述べている。その理由は、『戦争論』が極めて理論的かつ抽象的であり、退屈で古色蒼然とした部分も含まれるため、丁寧に繰り返して読まないと理解できない大作だからであるという。

『戦争論』がこのような性格を帯びるようになった最大の理由は、著者であるクラウゼヴィッツがその完成を見ることなくこの世を去ってしまったことにある。本書の「編者〔マリー夫人〕序」にもあるように、クラウゼヴィッツの遺稿は彼の忠実な助手であった妻マリーによって編集され、まず初版が世に出された。その死後は、彼女の弟で軍人であったブリュールによって編纂が引き継がれ、その後も様々な編集がなされたものの、クラウゼヴィッツが完全に推敲《すいこう》を終えたのは第1篇第1章のみであり、その完成度は全編を通じて一貫していない。

また、クラウゼヴィッツは自らの主張を明らかにするために、数多くの戦史の事例を引用している。その際、クラウゼヴィッツは彼の時代から比較的近い時期の戦例を用いているものの、その事例は十八世紀のフリードリヒ大王や十九世紀初期のナポレオンによる戦いが中心となっている。それゆえ、現代の読者のほとんどがそれらについて背景知識を持ち合わせておらず、具体的なイメージがわきにくいこともその理由の一部であろう。

だが、こうした数々の障害にもかかわらず、『戦争論』は時代を超えて読み継がれてきた。それどころか、クラウゼヴィッツの水準に匹敵する著作ですら、現在に至るまで登場していないという評価さえある。アメリカにおける戦略研究の先駆者であったバーナード・ブロディは、『戦争論』を「戦争に関する最も偉大な著作であるだけでなく、まさしく唯一の傑作」とまで評している。

なぜ、不朽の名著なのか

ではなぜ、『戦争論』は現在まで不朽の名著とされているのだろうか。その最大の理由は、現代にも通用する主張にある。とりわけ最大の貢献は、よく知られているように、「戦争は他の手段をもってする政治の継続」であると喝破した点にある。戦争は単に無目的な殺戮《さつりく》を行うものではなく、政治目的をもって行われるものである。それゆえに、同じく暴力行為を用いていても、経済的理由や個人的な目的のために行われる犯罪行為などとは大きく異なってくる。

もちろん、戦争において政治目的が最も重要とはいえ、その目的は利用可能な手段によっても制約を受ける。それゆえ、政治目的とそれを達成する手段との間では不断の調整が必要であることは当然となる。また、このテーゼこそが、国民によって選挙で選ばれた政治家、つまり文民による軍の統制である「シビリアン・コントロール」を肯定する大きな根拠となっているのである。

次なる大きな理由は、戦争が複雑で不確実である点を強調したところにある。戦争ではすべてが単純なように見えるが、「ごく単純というのが曲者で、実は難しい」とし、そうした困難が積み重なると「摩擦」になるという。この摩擦こそが現実の戦争と机上の戦争を区別する唯一の概念とされる。

従来、戦争についての著作は、どうすれば簡単に勝利が得られるか、というノウハウに焦点を当てたものが多かった。例えばクラウゼヴィッツの同世代人であるアントワーヌ・アンリ・ジョミニは、戦争の不変の法則を発見したと主張して、各国の軍人から支持を集めてきた。この点、『戦争論』は類書とは大きく異なり、そうした楽観的な見方を強く戒める稀有な存在となっている。

選択的受容と意図的無視

『戦争論』の記述や表現には難解な個所も散見されるものの、その主たる主張は明快であり、疑問の余地は少ない。にもかかわらず、クラウゼヴィッツの教えは、後世の軍人や戦略家によって選択的な受容や意図的な無視が繰り返されてきた。

その傾向が最も顕著だったのは、皮肉なことにクラウゼヴィッツの母国であるドイツであった。ドイツでは、自国の英雄の著作として『戦争論』が比較的早くから一定の評価を受けていた。ドイツでその名をいっそう高めたのは、普墺《ふおう》戦争や普仏戦争の勝利の立役者と言われる陸軍参謀長のモルトケであった。モルトケは、自身に最も影響を与えた本として、聖書やホメロスの著作などと並べて『戦争論』を挙げるほどであった。

しかし、モルトケが『戦争論』から影響を受けたのは、軍事に対する政治の優越や、戦争の不確実性ではなかった。むしろ、クラウゼヴィッツが同じく強調していた点である、戦闘における精神力の重要性、決戦による敵の軍事力の撃滅や決定的な地点における戦力集中の必要性を、より重視していたのである。

イギリスの戦略研究の泰斗であったマイケル・ハワードは、これらの点は当時のドイツの軍人の間で支配的だった風潮を反映したものであり、それを『戦争論』から吸収したにすぎないと指摘している。このような『戦争論』の選択的な受容は、その後のドイツ軍でも受け継がれていったのである。

選択的な受容という点では、ドイツと何度も戦火を交えたフランスでも同様であった。フランスではドイツに多少遅れて『戦争論』が読まれるようになったが、むしろドイツよりも熱心に受け入れられたと言われる。

ここでも重視されたのは、戦争における精神力の重要性であり、ドイツに対して軍事力で劣っていたこともその背景にあった。つまり、物量で劣るフランス軍がドイツに対して優位に立つには精神力しかなく、その精神力を高めるために攻撃的なドクトリンが採用された。その結果、第一次世界大戦において、塹壕《ざんごう》で機関銃を備えて待ち構えるドイツ軍に対してフランス軍が無為な突撃を繰り返し、多数の死傷者を出したことはよく知られている。

遅れていた英語圏での受容

他方、英語圏でのクラウゼヴィッツの受容は、大陸国家に遅れていた。その大きな要因は、クラウゼヴィッツの思想が軍国主義的と見なされ、その影響によってドイツが戦争を引き起こしたとして嫌悪されていたことにある。とりわけイギリスは、第一次世界大戦でドイツ、フランスと並んで多くの死傷者を出したが、クラウゼヴィッツの戦略思想が多くの犠牲を生む戦闘形態をもたらしたという批判が高まった。

そうした背景もあり、第一次世界大戦の経験を踏まえ、バジル・リデルハートのような戦略家がクラウゼヴィッツよりも効率的とするアプローチを提唱する一方、『戦争論』の存在自体が忌避されるようになったのである。

また、アメリカでもジョミニの影響が根強く、第二次世界大戦以前にクラウゼヴィッツが注目されることはなかった。第二次世界大戦においてもドイツと日本を圧倒的な物量と火力で撃破し、無条件降伏させたため、以降、戦闘に勝利すれば自動的に戦争にも勝利できるとする信念が強まり、クラウゼヴィッツのいう戦争の政治目的は特別に意識されなかった。『戦争論』が脚光を浴びるようになったのは、ベトナム戦争が泥沼化してからである。当時、世界最強の米軍はベトナムにおいて戦闘ではほとんど無敗を誇ったが、最終的に戦争に敗れることになった。ベトナム戦争を通じ、アメリカは戦争における政治目的の重要性や摩擦がもたらす不確実性について身をもって経験したと言える。

それゆえ、米軍のベトナム撤退後の一九七六年に、今や英語圏での『戦争論』の定番とも呼べる、ピーター・パレットらが翻訳・編集にあたったプリンストン大学出版による英訳が世に出たのは、まったく偶然ではあるまい。それ以降、英語圏でもクラウゼヴィッツが注目されるようになったが、アメリカは二十一世紀になってもアフガニスタンやイラクでベトナムと同様の過ちを繰り返している。

最後に、日本では陸軍がドイツをモデルとしていたことから、ドイツ留学者を中心に『戦争論』が比較的早くから翻訳・紹介されていた。軍医としてドイツに派遣されていた森鷗外がその翻訳に協力したこともよく知られている。しかし、クラウゼヴィッツの選択的な利用が顕著であったドイツを経由して輸入したこともあって、軍事に対する政治の優越という最も根幹的な主張は学ばれなかった。むしろ、ドイツと同じく決戦主義や精神力の重視に注目が集まり、第一次世界大戦以降にシビリアン・コントロールから逸脱し、「軍部の独走」とも呼べるような状況を防げなかったのである。

二十一世紀でも妥当か？

『戦争論』はそのスケールの大きさゆえに様々な解釈がなされ、結果として誤用や誤読もなされてきたが、その有用性は現在でも認められている。クラウゼヴィッツは戦争の「文法《グラマー》」は変化しても、その「論理」は変化しないと強調しているが、その主張の多くは時代を超越した普遍的な価値を有すると見なされている。英語圏でのクラウゼヴィッツ再評価に大きな役割を果たした、イギリスの戦略研究者コリン・グレイは、クラウゼヴィッツが説く戦争の一般理論はこれまでで最も説得力があり、現代はもちろんのこと、二十二世紀でも妥当である可能性が高いという。

他方で、『戦争論』が書かれた時代背景や地理的制約によって、現代の戦略環境には適合しないとの批判があることも確かである。その一例は、『戦争論』は陸戦を中心としたものとなっているという批判である。

クラウゼヴィッツは陸軍の軍人であり、大陸国家であったプロイセンの出身であったこともあって、この点は避けがたいとも言える。技術の発達に伴って、戦争は海だけでなく、空や宇宙、さらにはサイバー空間にまで広がっており、個別の領域に特有の戦略を説く論者も少なくない。

とはいえ、『戦争論』が陸上以外の分野に応用できないというわけではない。例えば、海軍の戦略家として有名なジュリアン・コーベットは、クラウゼヴィッツの理論を海軍戦略にも援用し、同じく海軍戦略の大家であるアルフレッド・マハンと並び称されるまでになっている。

また、『戦争論』が国家間戦争を狭い対象とし、正規軍による戦闘を中心とした分析であることについても批判がある。かつて「クラウゼヴィッツは永遠である」と称えた、イスラエルの戦略研究者であるマーチン・ファン・クレフェルトは、その著『戦争の変遷（*The Transformation of War*）』において、もはや国家間の通常戦争は時代遅れとなり、今後はテロリストやゲリラといった非国家主体による紛争が中心になると説いた。

さらに、戦争も合理的な政治目的ではなく、様々な主体の多様な目的のために行われ、戦うこと自体が目的ということもあり得ると指摘している。こうした主張の妥当性について疑問の余地がないわけではないが、『戦争の変遷』の表紙には、「クラウゼヴィッツ以来、最も根本的な武力紛争の再解釈」と記されており、現代の戦略論争でも『戦争論』を軸に議論が展開されているのである。

＊　＊　＊

クラウゼヴィッツは『戦争論』を著すにあたって、「二、三年で忘れられるような著書」ではなく、戦争に関心をもつ人間なら「誰でも一度ならず手にするような本」を目指したという。『戦争論』の今日における位置づけを考えると、クラウゼヴィッツの目的は十二分に達成されたと言える。

だが、『戦争論』は難解であるがゆえに、その主なターゲットである軍人はもちろんのこと、政治家や研究者すらも、貴重な時間を投資して読むことを敬遠してきた。それゆえ、本書のように現代的で読みやすい訳をそのエッセンスを抜き出す形で世に問うたのは、クラウゼヴィッツの意図を体現するだけでなく、読者が気軽にその真髄に触れられるようになったという点で、戦略研究の裾野を広げるうえでも極めて重要な貢献である。

また、憲法で戦争を放棄しており、クラウゼヴィッツの説く「戦争とは他の手段をもってする政治の継続」というテーゼは無縁と思われる現代の日本でも、その含意は小さくない。現憲法下でも日本は自衛隊という実力組織を有しており、その役割は様々な地域・分野において拡大しつつある。それゆえ、軍事的手段によっていかなる政治目的が達成可能で、何ができないかを常に意識しておくべきであろう。

訳者は将来的には抄訳にとどまらず、全訳を考えているという。日本を代表する国際政治学者の永井陽之助は、日本でもクラウゼヴィッツの邦訳は多数公刊されているものの一長一短であり、「ドイツ語の初版本を底本として、英訳本（プリンストン大学版）を参考にして、日本版の決定訳（完訳）が公刊されるのを期待したい」（『現代と戦略』文藝春秋、一九八五年、三六〇頁）と述べた。今回の抄訳はまさしく永井の理想にかなり近いものと言える。だが、『戦争論』の随所にちりばめられた叡智を余さず味わうためにも、全訳の完成を心から願ってやまない。

主要用語・概念定義集

※重要な用語の定義を集めた。五十音順とした。
※篇はローマ数字で、章は算用数字で示した。ＡＢの節はそのまま示し、数字の項目は（）で示した（例：第8篇第6章BはⅧ6B）。
※『戦争論』での定義・説明を示した。長い場合は端折ってある。クラウゼヴィッツの本書での定義であり、どれだけ一般的かは当然、別問題である。

【カ行】

外線（作戦）（Äußere Linie）〔包囲など、求心的な軍事行動〕。攻撃側の求心〔集中〕的形式と、防御側の遠心〔分離〕的形式との関係は、攻撃と防御の関係に似ている。求心的形式では輝かしい結果を得られるのに対し、遠心的形式は得られる成果が確実である。攻撃側の目的は積極的だが、脆い面があり、防御側の目的は消極的だが、強力である（Ⅵ4）。

学（問）（Wissenschaft）純粋に知識を目的とするものを学（学問）と呼ぶ（それに対して、目的が生産的な能力なら、建築術のように、術とよぶ）（Ⅱ3⑴）。

創造・創作が目的なら術であり、探究・認識が目的なら学となる（Ⅱ3⑵）。

カメレオン（Chamäleon）戦争は、具体的な局面に応じて性質を変え、真にカメレオンさながらである（Ⅰ1㉘）。

緩和（Modifikation）　現実世界が入り込み、抽象的世界において極限に向ける力について、〔抑制し〕緩和する作用が働く（Ⅰ1⑻）。

軍事的天才（kriegerischer Genius）　軍事的天才とは、種々の精神力を調和的に複合したものである。いくつかの精神力が特に優れているにしても、他の精神力の発揮を妨げるようであってはならない（Ⅰ3）。

創造性に富むよりは、分析を重視すること。部分的に深めて考えるより、包括的に物事をとらえること。気持ちを掻き立てるより、冷静でいられること。そういう人物こそ、戦争において同胞と子弟の幸福、祖国の名誉と安全を託しうる人物である（Ⅰ3）。

撃滅（Vernichtung）　戦闘力は撃滅されねばならない。敵の戦闘力をして、もはや戦いを継続できないような状態に陥れなければならない。敵の戦闘力の撃滅とはこの意味で理解されるべきである（Ⅰ2）。

敵の戦闘力の撃滅では、戦闘力の概念を物質的なそれに限る必要はない。いや、精神的戦闘力も必ず含めて考えるべきだ。物質的・精神的な戦闘力は、二つが絡み合い、引き離せないからだ（Ⅰ2）。

撃滅には、直接的な方法と間接的な方法がある。会戦が主要な手段だが、それが唯一の手段ではない。要塞の占拠や一部地域の占領も、それ自体、敵戦闘力の破壊をもたらす。……〔間接的な〕手段はたいてい過大評価されているが、会戦のような価値を有するのは極めて稀である。……わずかな犠牲で済むので人は惑わされやすいのだ（Ⅶ6）。

決着（Entscheidung）　戦闘には勝敗の決着を指し示す時点が必ず存在する。その後に戦闘が再開される場合、戦闘の継続ではなく新しい戦闘と見なされねばならない（Ⅳ7）。

現実の戦争（wirklicher Krieg）　戦争については、単にその概念から構成するのではなく、そこに混入してくる一切の夾雑物も考慮に入れることを承認しなければならない。……戦争の諸部分に見られる本来の惰性、軋轢、人間精神の自己矛盾、不確実性、怯懦などがそうである（Ⅷ2）。

現状維持（**国際社会**）（Erhaltung des Bestehenden）　欧州が一千年にわたり存続しているのは、列国の総利害の現状維持的傾向にもとづいているためなのは、疑いない。バランスを著しく破壊する変動が起これば、列国の多数派はいち早くこれに反対し、この変動を打破しようとするか、緩和させる動きを見せる（Ⅵ6）。

高級司令官（Feldherr）　高級司令官を養成するのに、あらゆる細かい知識が必要だなどと主張する者は、笑うべき衒学者だ。人間の精神というものは、授けられる知識や思想によって養成されていくものだからである。偉大な知識のみが偉大な器をつくり、小知識は小人物をつくるだけである（Ⅱ2⑽）。

高級司令官は、国家についての博識の学者である必要はなく、歴史学者や批評家である必要もない。だが国内外の政治の大局には精通していなければならない（Ⅱ2㊺）。

〔複数の国が協力して戦う場合〕中途半端に戦闘力を分割するよりも、完全に分割してしまった方がよい。異なる国の二人の独立した高級司令官が同じ戦場に立つほどまずいことはない（Ⅷ9）。

攻勢会戦（Offensivschlacht）　攻勢会戦の特徴は、包囲するか、〔敵の側面か背後を突く〕迂回の方法にある。さらには、会戦を挑むことにある（Ⅶ7）。

国民〔**民衆**〕（Volk）〔近年〕明らかになったのは、国家の力、戦争遂行力、戦闘力の形成で、国民の勇気と志操が大きな役割を果たしていることである（Ⅲ17）。

国民兵や民衆の武装闘争も、地形により戦闘力を発揮する。民衆や国民兵は、個々人について見ると熟練度や勇気は必ずしも卓越していないが、戦闘精神は旺盛である。山岳地域など障害物のある地形では威力を発揮する（Ⅴ17）。

民兵や武装した〔ゲリラなど〕民衆部隊は、敵の主力はもちろん、敵の大部隊に対しても用いるべきではない。敵の中核を粉砕しようなどと意図すべきではなく、ただ敵の表面部分や周辺部分を侵食することに限るべきだ（Ⅵ26）。

【サ行】

策源（Operationsbasis）　軍は糧食と武器を補充する策源〔供給地〕に依存せざるをえない。そのためには策源と密接な連絡を保つ必要がある。策源は、軍の生存と維持に不可欠の条件である（Ⅴ15）。

三位一体（Dreifaltigkeit）　戦争は独特の三位一体をなしている。第一は、基本的な性質である強制性（暴力性）である。憎悪と敵意からなり、本能と見なせるようなものだ。第二は、計算可能性と偶然性とからなる賭けの要素である。そこから戦争を自由な精神活動とする余地が生まれる。第三は、戦争が政治の道具だという従属的性質である。それにより戦争は純然たる知性の下に置かれる（Ⅰ1(28)）。

指揮官（Führer od. Handelnder ほか）　軍事活動の分野で必要な知識は、指揮官の占める地位によって違ってくる。地位が低ければその知識は局部的であり、地位が高ければより包括的な対象に向けられる。高級司令官として力量のある人物でも、騎兵連隊長をさせたら全然だめな人もいる（Ⅱ2(43)）。

実力（Gewalt）　物理的な力たる実力は戦争の手段であり、相手に自分の意志を強要することがその目的である（Ⅰ1(2)）。

重心（Schwerpunkt）　戦争計画の起案で第一に考慮しなければならないのは、敵の重心がどこにあるかを突き止めることであり、できれば一つに絞ることである。第二には、その重心に向けた戦闘力を、一つの主要な行動に統一させることである（Ⅷ9）。

術（Kunst）　目的が生産的な能力なら、建築術のように、術と呼ぶのが適切である（それに対し、純粋に知識を目的とするものは学・学問である）（Ⅱ3⑴）。

創造・創作が目的なら術であり、探究・認識が目的なら学となる（Ⅱ3⑵）。

準則重視主義（Methodismus）　準則や方式は、複数の可能なものから、反復してできる仕様の一つを選んだものである。普遍的な原則や個別的な行動の手引に依らず、〔マニュアルのような〕準則に従って行動を規定することを準則重視主義と呼ぶ（Ⅱ4）。

準則は、軍事行動が次第に下級の指揮官に委ねられると、いよいよ頻繁に用いられ、不可欠のものとなっていく。だが、上級指揮官になれば準則に頼ることは少なくなり、最高の司令官レベルではまったく用いられない（Ⅱ4）。

勝利の極限点（Kulminationspunkt des Sieges）　どんな戦争でも勝者が、敵を完全に撃滅しうるとは限らない。多くの場合、勝利には極限点というべきものがある。……〔勝利の極限点を過ぎた後〕攻撃する側が己の目標以上のものを求めるのは無益な努力だが、それだけではない。敵の反撃を招きかねない、有害な行動でもある（Ⅶ22）。

侵略（Eroberung）　侵略者は常にすこぶる平和愛好的である。血を流さずして敵国に侵入しようとするのは、侵略者の最も望むところである。だが、そんな行為を許すことはできないので、防御側も戦闘の決意をし、それに備えていなければならない（Ⅵ5）。

政策（Politik）　国家を一人の人間のように擬人化して考え、政策（政治）が国家の知性によって決定されるとすると、その政策には内外のすべての情勢が計算され、把握されているに違いない（Ⅰ1㉖）。

政治（Politik）　政治は、内政上の一切の利害関心《インタレスト》、また人々の生活上の利害、さらには哲学的に考えられる関心・主張《インタレスト》など、すべてを統一し、調和させるものである。……政治は、社会全体の一切の利益の代弁者と考えればよい（Ⅷ6B）。

戦争において政治は、ペンの代わりに剣を用いるが、だからといって政治は、それ自身の法則に従って考えるのをやめはしないのである（Ⅷ6B）。

――と軍事的観点（militärisch）　戦争は政治そのものの表現に他ならない。政治が戦争を生み出す原因である以上、政治的観点が軍事的観点に従属するなど不合理もはなはだしい。両者の関係は、軍事を政治的視野に従属させる以外にはありえない（Ⅷ6B）。

政治家（Politiker）　政治家が特定の戦争手段や方法について、本質に適合しない誤った効果を期待する場合だけは、政治がその決定で戦争に悪影響を及ぼしうる（Ⅷ6B）。

政治家と軍人の要素が同一人物の内に兼備されていればよいが、そうでない場合、とるべき手段はただ一つしかない。最高司令官を内閣の一員に加えるほかない。それにより内閣は、司令官が下す〔軍事的な〕最も重要な判断を共有できるようになる（Ⅷ6B）。

政治目的（politischer Zweck）　戦争の根本的動機としての政治目的は、軍事行動で達成する目標についての尺度となるし、実力の行使をも規定する尺度となる（Ⅰ1⑾）。

絶対戦争（absoluter Krieg）　ナポレオンが登場するに及び、戦争はその〔絶対的な〕概念が完全に具現するところとなった。戦争は敵を完全に打倒する時点まで間断なく継続され、敵も間断なく反撃を実行した。この現象が、われわれの眼を本来の戦争の概念に向けさせ、その厳密な帰結の探求に駆り立てたのであった（Ⅷ2）。

戦術（Taktik）　狭義の戦争術は戦術と戦略に分けられる。戦術は個々の戦闘を形づくる方法を扱う（それに対して、戦略は戦闘の行い方を扱う）（Ⅱ１）。

戦争（Krieg） 戦争とは、相手に自らの意志を強要するための実力の行使だ（Ⅰ１⑵）。

戦争や、戦争における戦役は、次々に生じる個々の戦闘が鎖のように連なっているものであり、一つの戦闘は必ず次の戦闘に影響する。そう考えるのに慣れていないと、ある特定の地点を奪取したり、無防備な土地を占領したりするだけで、自分が優勢になったと誤解する恐れがある（Ⅲ１⑷）。

――と政治（Politik） 戦争とは他の手段をもってする政治の継続（Fortsetzung）に他ならない（Ⅰ１㉔）。

戦争には、政治がまったく消滅してしまったかのような戦争もあれば、逆に政治がはっきり前面に出てくる戦争もある。どちらも政治的なものである（Ⅰ１㉖）。

戦争は、他の手段を交えて行う、政治的交渉の継続に他ならない。〈他の手段を交えて行う〉としたが、その意味は、政治的関係は戦争そのものによって中断もしなければ、まったく別のものに転化するのでもない、ということだ（Ⅷ６Ｂ）。

――のグラマー（Grammatik） 外交文書が途絶えても、政府間の政治的関係が途絶えるものであろうか。確かに戦争には〔言語での文法のような〕運用方法《グラマー》はあるが、独自の論理などは決してありはしない（Ⅷ６Ｂ）。

――の二重の性質（doppelte Art） 戦争の有する二つの性質。一方の性質のものから他方の性質のものに変化することもありうる（覚え書１）。

戦争学（Kriegswissenschaft）⇒戦争術

戦争術（Kriegskunst） 創造・創作が目的なら術であり、探究・認識が目的なら学となる。こう考えてくると、戦争学（兵学）というより戦争術（兵術）と呼ぶのが適切である（Ⅱ３⑵）。

戦争は何か他の術と比べられないが、わりに近いのは商取引である。商取引も人間の利害の対立であり、活動だからだ。しかし、もっと適切な譬えがある。それは政治だ。大きな視点から見れば、政治も一種の取引と見なせるからだ（Ⅱ3⑶）。

戦闘（Gefecht）　戦闘とは何か。第一は、戦闘が空間的には、一人の指揮官の命令が届く範囲で行われるものであって、時間的には連続的に行われている戦いの総称である（Ⅱ1）。

戦略（Strategie）　狭義の戦争術は戦術と戦略に分けられる。戦略は戦闘の行い方を扱う（それに対して戦術は個々の戦闘を形づくる方法を扱う）（Ⅱ1）。

戦略が、戦争目的達成のための戦闘の使用だとすれば、戦略は全軍事行動に、戦争目的に対応した目標を与えるものでなければならない。戦略にそって戦争計画を立案するのであり、戦争目的はそれを達成すべく、一連の行動を決定し、行動と目的を結びつける（Ⅲ1）。

相互作用（Wechselwirkung）　戦争は実力の行使であり、実力の行使には限界がない。だから一方の実力は他方の実力の行使を呼び起こし、そこに相互作用が生じる。それは理論上、行きつくところにまで行く（Ⅰ1⑶）。

【タ行】

戦い（Kampfほか）　戦争の手段はただ一つしかない。それは戦いである。たとえ戦争の手段がどれだけ多様であろうと、戦争の概念上、常に戦争に現れる作用はすべて戦いに源を発している（Ⅰ2）。

戦闘力の差が非常に大きい場合、目算だけで双方の戦闘力が評価できる。その場合、実際に戦いが生じるはことなく、弱者はただちに屈服する（Ⅰ2）。

停止（Stillstand）　防御の利益は極めて大きい。戦争中の軍事行動の停止期間は、その少なからぬ部分がこの事情に由来する。それは戦争の本質と決して矛盾しない（Ⅰ1⒄）。

同盟（Bündnis）　敵の戦闘力を完全に撃滅しなく

とも、敵の勝敗への見通しに影響を及ぼす独特の手段がある。直接、政治的な影響をもたらす工作がそれだ。同盟国を離間させたり、同盟の有効性を失わせたり、自国に新しい同盟国を得るのがそれだ（Ｉ２）。

戦争には国家の存亡をかけた撃滅戦争もあれば、強制された同盟関係や、空文化している同盟関係によって、仕方なしに行われる戦争もある（Ｉ２）。

【ナ行】

内線（作戦）（Innere Linie）〔遠心的な軍事行動〕。攻撃側の求心〔集中〕的形式と、防御側の遠心〔分離〕的形式との関係は、攻撃と防御の関係に似ている。求心的形式では輝かしい結果を得られるのに対し、遠心的形式は得られる成果が確実である。攻撃側の目的は積極的だが、脆い面があり、防御側の目的は消極的だが、強力である（Ⅵ４）。

睨み合い（Beobachtung）撃滅戦争から武装しての睨み合いまで、戦争はそれぞれ軽重様々なものとなっている（Ｉ１⑾）。

【ハ行】

武力による決着（Waffen sent scheidung）武力による決着と、大小の作戦の関係は、現金取引と手形取引の関係に譬えられよう。両者がどれだけ掛け離れたように見えても、また決戦がどれだけ稀になっても、軍事行動である限り決戦遂行の能力は不可欠なのだ（Ｉ２）。

防御（Verteidigung）防御の特徴は、攻撃を待ち受けることである。この待ち受けという特徴は、常に行動を防御的にする。待ち受けの有無という基準だけで、防御と攻撃が区別される。……ただ、防御側も戦争を遂行する意志があるのなら、敵の攻撃には応酬しなければならない（Ⅵ１⑴）。

防勢会戦（Defensivschlacht）防勢会戦では、防御側の高級司令官はできるだけ決戦での決着を引き延ばし、時間を稼がなければならない。勝敗が確定しないまま日没となると、一般には防御側がその会戦で勝ったことになるからである（Ⅶ７）。

【マ行】

摩擦（Friktion）　戦争では計画で考慮に入れられていなかった無数の面倒な事態が発生し、〔積もり積もって〕たちまち予定が狂う。そして当初の目標からはるかに遠いところにとどまらざるをえなくなる。これが〔物理現象と同じような〕摩擦である（Ⅰ７）。

【ヤ行】

用兵（Kriegsführung）　狭義の戦争術。既存の手段を戦争に際して有効に使う技術をいう（それに対し、戦争のためになされる全活動が広義の戦争術。つまり戦闘力をつくる全部の活動であり、徴兵、武装、装具の準備、訓練など、すべてが含まれる）（Ⅱ１）。

用兵とは、戦いの計画、および戦いの指揮である（Ⅱ１）。

【ヤ行】

用兵　Kriegsführung（戦争指導とせず）（訳語５）

【ラ行】

両極性　Polarität

政治　Politik（訳語７）
戦役　Feldzug
戦術　Taktik
戦場　Kriegstheather
戦争学　Kriegswissenschaft（⇔戦争術 Kriegskunst）
戦争指導　⇒用兵（Kriegsführung）（訳語５）
戦争術　Kriegskunst（⇔戦争学 Kriegswissenschaft）
戦闘　Gefecht，Kampf（訳語２）
戦闘編成　Schlachtordnung
殲滅　⇒撃滅（Vernichtung）（訳語１）
戦略　Strategie

【タ行】

大会戦　Hauptschlacht
打倒　Niederwerfung
知性　Verstand

【ナ行】

内線（作戦）　Innere Linie

【ハ行】

批評（検証も）　Kritik
武力による決着　Waffenentscheidung
包囲　Belagerung
防衛　⇒防御（訳語４）
防御　Verteidigung（訳語４）
防勢　Defension（Defensive）（訳語４）
防勢会戦　Defensivschlacht
暴力　⇒実力（Gewalt）

【マ行】

待ち受け　Abwarten
民衆の戦闘　Volkskrieg（国民戦争も）
民衆の武装　Volksbewaffung

訳語対照表

※重要な用語のドイツ語が分かるよう、対照表を掲げた（五十音順）。
※採用していない訳語は⇒で示し、対照的な用語は⇔で示した。
※末尾の（訳語）の数字は、vii～viii頁の「訳語説明」の項目番号。

【カ行】
会戦　Schlacht（訳語２）
外線（作戦）　Äußere Linie
学（学問）　Wissenschaft ⇔術 Kunst
撃滅　Vernichtung（訳語１）
決戦　Entscheidung（決着も）
高級司令官　Feldherr（訳語３）
攻撃　Angriff（訳語４）
攻勢　Offensive（訳語４）
攻勢会戦　Offensivschlacht（訳語４）
攻勢戦争　Angriffkrieg（訳語４）
講和　Frieden
国民　Volk
国民戦争　Volkskrieg（民衆の戦闘も）
悟性 ⇒知性 Verstand
【サ行】
策源　Operationsbasis
指揮官　Befehlshaber, Handelnder（訳語３）
実力　Gewalt
準則　Methode（常套的方法）
準則重視主義　Methodismus
将帥 ⇒高級司令官 Feldherr（訳語３）
政策　Politik（訳語７）
性質　Art（二重の性質 doppelte Art）（訳語８）